생물유전자원 전통지식의 이익공유와 산업화

나고야의정서 대비

생물유전자원 전통지식의 이익공유와 산업화

나고야의정서 대비

김 현 ● 송미장 공저

월드사이언스
WORLD SCIENCE
www.worldscience.co.kr

생물유전자원 전통지식의 이익공유와 산업화

나고야의정서 대비

인쇄 | 2011년 11월 1일
발행 | 2011년 11월 10일
공저 | 김 현 • 송미장
펴낸이 | 박선진
펴낸곳 | 도서출판 월드사이언스

등록번호 | 제16-1601호
등록일자 | 1988년 2월 12일

주소 | 서울특별시 서초구 방배동 864-31 월드빌딩 1층
전화 | 02) 581-5811~3
FAX | 02) 521-6418
E-mail | worldscience@hanmail.net
URL | http://www.worldscience.co.kr

정가 17,000원
ISBN 978-89-5881-189-3

이 도서의 국립중앙도서관 출판시 도서목록 (CIP)은 e-CIP 홈페이지 (http://www.nl.go.kr/cip.php)에서 이용하실 수 있습니다. (CIP 제어번호: 2011004583)

저자 소개

* 김 현(金 玄)
서울대학교 이학박사
UC Davis 연구교수
자생생물의 전통지식 조사 · 연구사업 총괄단장
교육과학기술부 국가기술수준평가 전문위원
환경부 생물다양성 보존 및 이용에 관한 법률제정 자문교수
행정안전부 향토자원의 명품화 · 국제화 추진 자문위원
미국 국립보건원(NIH) 산하 BioMedLib(국립의학도서관 생의학 데이터베이스 검색엔진)의 Top 10 논문 선정)
(현) 전주대학교 대체건강관리학부 교수

학회

한국정신과학학회 창립회원, 한국식물학회 이사, 한국식물분류학회 이사, International Ethnobiology Society 회원, International Ethnopharmacology Society 회원, 미내사클럽 지금여기 편집위원 등

주요 저서

* Trends and developments of ethnopharmacological research in Northeastern Asia: In Trends and Developments in Ethnophamacology(Research Signpost, 2009)

* 민족전통식물학(월드사이언스, 2008)
* 민족생물학(아카데미서적, 1998)
* 체질에 따른 어린이 능력개발법(배명사, 1997)

주요 논문

* Oral traditional knowledge for the treatment of digestive system diseases investigated in North Jeolla Province, Korea(Journal of Medicinal Plants Research, 2011)
* Traditional plant-based therapies for respiratory diseases found in North Jeolla Province, Korea(Journal of Alternative and Complementary, 2011)
* Ethnomedicinal application of plants in the western plain region of North Jeolla Province in Korea, Journal of Ethnopharmacology(Journal of ethnopharmacology, 2011)
* Analysis and recordings of orally transmitted knowledge about medicinal plants in the southern mountainous region of Korea(Journal of ethnopharmacology, 2011)
* Analysis of ethnoveterinary treatments for cattle(*Bos indicus*) diseases referred in Sanrimgyeongje including twelve volumes of literature from the 7th to the 18th century(Journal of ethnopharmacology, 2011)
* Medicinal efficacy of plants utilized as temple food in traditional Korean Buddhism(Journal of ethnopharmacology, 2006) 등 다수

블로그 및 카페

보완대체의학의 세계(http://blog.daum.net/acmworld, http://cafe.daum.net/acmworld)

트위터

http://twitter.com/koreantk

* 송미장(宋美長)
전주대학교 이학박사
고려대학교 생명과학부 Post-Doc.
미국 국립보건원(NIH) 산하 BioMedLib(국립의학도서관 생의학 데이터베이스 검색엔진)의 Top 10 논문 선정)
(현) 전주대학교 건강과학종합연구소 연구교수

주요 저서

* Trends and developments of ethnopharmacological research in Northeastern Asia: In Trends and Developments in Ethnophamacology (Research Signpost, 2009)
* 민족전통식물학(월드사이언스, 2008)

주요 논문

* Oral traditional knowledge for the treatment of digestive system diseases investigated in North Jeolla Province, Korea(Journal of Medicinal Plants Research, 2011)
* Traditional plant-based therapies for respiratory diseases found in North Jeolla Province, Korea(Journal of Alternative and Complementary, 2011)
* Ethnomedicinal application of plants in the western plain region of North Jeolla Province in Korea, Journal of Ethnopharmacology(Journal of ethnopharmacology, 2011)
* Analysis and recordings of orally transmitted knowledge about medicinal plants in the southern mountainous region of Korea(Journal of ethnopharmacology, 2011)
* Analysis of ethnoveterinary treatments for cattle(*Bos indicus*) diseases referred in Sanrimgyeongje including twelve volumes of literature from the 7th to the 18th century(Journal of ethnopharmacology, 2011)
* Medicinal efficacy of plants utilized as temple food in traditional Korean Buddhism(Journal of ethnopharmacology, 2006) 등 다수

머리말

2010년 10월 "생물유전자원의 접근 및 이익 공유(benefit-sharing)"에 대한 국제적 협약인 나고야의정서가 체결되었고, 2012년에 발효가 됩니다.

이 의정서에는 생물유전자원뿐만 아니라 이의 "전통지식"도 똑같이 보호되어야 하며, 이익 공유가 되어야 함을 명시하고 있습니다.

특허로 상징되는 지식 산업 시대인 21세기를 맞이하여, 그 동안 아무도 돌아보지 않던 전통지식이 이제 돈이 되는 시대가 된 것입니다.

생물유전자원 그 자체에만 몰두하던, 20세기를 넘어 이제 전통적으로 계승되어 온 법제, recipe, 가공법 등 다양한 이용법이나 활용법이 지적재산권이 되는 지식자산화 시대가 된 것 입니다.

전통지식의 산업화를 통한 이익공유의 실현은 선진국의 경우 이미 대대적으로 활성화되어 막대한 부가가치를 창출하고 있습니다.

미국의 경우, 다학문적 융합팀을 구성하여, 1998년까지 미국 원주민(인디언) 291종족을 대상으로 약 20년이 넘는 국가 프로젝트로 수행하여 4,029종의 식물유전자원에 대한 약 40,000 가지의 전통지식을 유효 공표하여 그 선취권을 확보하였고, 더 나아가 이를 생물 산업의 원천 기술과 실용화 기술로 적극적으로 활용함으로써, 세계적으로 가장 큰 시장을 형성하고 있습니다.

유럽은 2000년 이후부터 최근까지 EU가 중심이 되어 수천억 달러에 달하는 RUBIA project를 수행하여 유럽 전체의 전통약용식물소재를 발굴하여 오고 있으며, 특히 2008년에는 지중해 연안 7개국의 야생 식용식물에 대한 recipe를 대대적으로 조사하여 유효 공표함으로써 자신들의 지식 자산을 확고히 함은 물론이고 이의 산업화에 박차를 가하고 있습니다.

이외에도 전통지식의 문제는 이제 선진국이나 후진국이 따로 구분 없이 국가의 자산으로 발굴하고 관리하여 실용화와 산업화에 힘을 모우고 있습니다.

그러나 우리나라의 경우, 아직도 유전자원 그 자체에만 모든 역량을 몰두하고 있는 실정이며, 소위 전문가라는 사람들도 우리나라에는 전통지식이 없다는 주장을 부끄럼 없이 하고 있는 안타까운 실정에 있습니다.

이러한 상황 인식은 우리 고유의 전통지식에 대한 실체의 규명과 양과 질에 대한 과학적인 조사마저 관련 정부기관과 관료들의 부족한 이해로 어려움에 직면하게 하고 있습니다.

그러므로 이대로 가면, 한국 고유의 전통지식에 대한 지식 재산권은 없는 것이 되고, 이는 바로 생물주권의 절반이 상실되는 어이없는 상황에 직면하게 되게 됩니다.

특히, 전통지식의 이익 공유에 대한 강제이행 규정이 들어 있는 나고야 의정서가 발효되면, 과학적인 발굴 결과를 세계인들이 인정할 수 있도록 유효 공표되지 않은 전통지식은 한 국가나 혹은 민족의 지식 자산으로 인정받을 수가 없게 됩니다.

급속한 산업화와 도시화는 우리나라의 전통지식을 거의 사라지게 하였습니다. 특히, 전통지식의 원천이자 보고인 농촌, 산촌, 어촌 지역사회의 전통문화가 서구화 되면서, 이제 전통지식은 60대 후반의 노인층들만이 소유를 하고 있을 뿐입니다.

이렇듯 전통지식은 지역사회의 마지막 남은 자산입니다.

저자들은 생물유전자원의 전통지식에 대한 국제정세의 급박한 흐름에 대비하고, 국내의 안타까운 실정이 타개되기를 간절히 바라는 마음으로 이

책을 출판하게 되었습니다.

그러므로 이 책은 전통지식의 발굴과 산업화에 관련된 환경부, 농수산식품부, 보건복지부, 행정안전부 등과 같은 정부 부처와 관련 산하 단체, 연구기관 및 산업계에 종사하는 모든 분들에게 정책을 펴고, 연구를 하며, 실용화하는 데에 초석이 될 수 있을 것입니다.

아울러서, 이 책은 생물유전자원의 전통지식이란 전통문화와 생태지리가 융합된 복합 다층 구조의 지식으로써, 이의 발굴과 정리에는 문화인류학적 연구방법과 생물학적 연구방법이 다학문적으로 적용된다는 점과 우리나라의 전통지식은 점이적 특성과 산포적 특성이 혼합되어 있음을 잘 이해하지 못하여, 조사된 결과는 반드시 질적 검증과 양적 검증을 거쳐야 함을 알지 못하고 기존의 방식대로 일화성의 단순한 채록이 전부로 알고 있는 전문가들은 필독을 해야 할 것으로 생각합니다.

이는 기존의 일화성 조사 보고는 지역사회의 전통지식으로써 과학적 발굴에 이어 질적 검증과 양적 검증을 거치지 않으면, 세계적으로 유효 공표로 인정받기 힘들고, 실용화나 산업화 그리고 이익 공유를 하는 데에 있어서도 소유 주체를 확정지을 수 없기 때문에 많은 어려움에 직면할 것이라는 점에서도 그러합니다.

이 책은 5부로 나누어져 있으며, 23개 장으로 구성되어 있습니다.

제1부는 2개의 장에 나고야의정서와 전통지식에 대한 설명이 되어 있습니다.

제2부는 전통지식에 대한 이해와 활용을 돕는 여러 가지 사례가 정리되어 있고, 전통지식의 구조와 서양지식과의 관계 설정에 대해 설명되어 있습니다.

제3부는 발굴된 전통지식의 산업화, 국제적인 분쟁 그리고 전통지식의 유출 사례에 대해서 정리되어 있습니다.

제4부는 전통지식의 발굴에 대한 인류학적 방법과 조사된 자료의 정리에 대해서 설명되어 있습니다.

제5부는 전통지식의 과학적 발굴과 조사된 자료의 유효 공표를 위한 질적 분석과 양적 분석에 대한 자세한 안내가 되어 있습니다.

마지막으로 이 책이 나오기까지 국내외적으로 어려운 경제 여건 속에서도, 책에 실려진 국가적 그리고 민족적인 중요성에 공감하여 흔쾌히 출판을 해주신 월드사이언스의 박선진 사장님과 정진열 부장님께 감사드립니다.

이 책이 나오기까지는 저자들이 방문할 때 마다 아낌없는 정과 전통지식을 나누어주셨던 전국의 수많은 지역주민 여러분들께 마음 깊은 고마움과 감사함을 전하고 싶습니다.

그리고 초고의 관리에 힘을 모아준 최상훈군과 최인규군에게도 따뜻한 마음을 전합니다.

항상 그렇지만, 쉽지 않은 학문의 길을 이해와 사랑으로 감싸 안아주신 가족 여러분들께 고맙고 감사한 마음을 표합니다.

2011. 10.

차 례

저자 소개 • v

머리말 • ix

제1부 나고야의정서(2010년)와 전통지식

제1장 나고야의정서와 전통지식 • 3

1. 생물다양성협약(CBD: Convention on Biological Diversity)이란? • 3
2. 나고야의정서(Nagoya Protocol)란? • 4
3. 나고야의정서의 주요 내용 • 5
4. 나고야의정서와 전통지식 • 6

제2장 전통지식이란? • 9

1. 전통지식의 종류(김과 송, 2008) • 9
2. 전통지식의 구성(김과 송, 2008) • 13

제2부 전통지식의 이해

제1장 전통지식과 증거의 이해(김과 송, 2008) • 17

1. 민족전통생물학적 증거와 전통지식 • 17

2. 전통지식의 이해를 위한 기본적인 접근 • 19

제2장 전통지식의 실용적 이해 • 21

제3장 전통지식의 사회문화적 이해 • 29

제4장 전통지식의 문화 생태적 이해 • 41

1. 인간 제물(human sacrifice) • 44
2. 남성 지상주의(male supremacy) • 45
3. 불결 금기(pollution taboo) • 46
4. 인척 회피(in-law avoidance) • 46
5. 악령처(惡靈處, evil spirit homes) • 47
6. 신성한 숲(sacred groves) • 48
7. 약의 조제(drug preparation) • 49

제5장 전통지식의 분포와 역동성 • 51

1. 지식의 원천 : 전통지식의 파급 • 51
2. 지식의 원천 : 전통지식의 차별적 분포 • 54
3. 지식의 역동성 : 관찰, 실험 그리고 적응 • 56

제6장 전통지식과 서양과학 지식 • 61

1. 전통지식으로부터의 배움 • 61
2. 큰 통합을 향한 작업 • 73

제3부 전통지식의 산업화와 국제적인 관심

제1장 전통지식의 한국 발굴 사례 • 81

1. 식물관련 전통지식 • 82
2. 동물관련 전통지식 • 87
3. 버섯관련 전통지식 • 89

제2장 전통지식의 국내외 실용화 및 산업화 사례 • 91

1. 마다가스카르의 일일초(*Catharanthus roseus*)와 한국의 비파나무 (*Eriobotrya japonica*) • 91
2. 옥수수의 조상종인 테오신테(teosinte, *Zea diploperennis*)와 한국의 다마금 • 93
3. 멕시코의 말벌(*Catolaccus grandis*)과 한국의 논거미 • 94
4. 열대의 개미(*Pseudomyrmex triplarinus*)와 한국의 불개미 (*Formcia yessensis*) • 95

제3장 전통지식의 국제적 생물약탈(biopiracy) 사례 • 99

1. 심황(*Curcuma longa* L.) • 99
2. 님나무(*Azadirachta indica* A. Juss.) • 100
3. 바스마티 쌀(*Oryza sativa* L.) • 102
4. 카바(*Piper methysticum* G. Forst.) • 103

5. 아야후아스카[*Banisteriopsis caapi* (Spruce ex Griseb.) C.V. Morton] • 104
6. 퀴노아(*Chenopodium quinoa* Willd.) • 105
7. 후디아[*Hoodia gordonii* (Masson) Sweet ex Decne.] • 106
8. 기타 사례들 • 107

제4장 한국 전통지식의 유사 유출 사례 • 109

1. 관절염 치료를 위한 "닭뼈곰탕" • 110
2. "김치" 담그는 법에 대한 유사 특허 • 112

제5장 전통지식의 발굴에 대한 국제적 동향 • 115

1. 선진 산업국가 • 115
2. 후발 산업국가 • 119
3. 개발도상 국가 • 124

제4부 전통지식은 인류학적 연구이다 (김과 송, 2008)

제1장 지역민들과의 대화 • 129

1. 조사 지역의 정보제공자 • 132
2. 신뢰감의 설정 • 138

3. 야외 자료의 신뢰성 • 140
4. 비밀 지키기 • 145
5. 참여자 관찰과 야외 일기 • 148
6. 자유 해답식 대화 • 155
7. 반구조식 면담 • 159

제2장 민속에서 민족전통식물학 정보의 발굴 • 163

제3장 조사와 분석 기법 • 173
1. 구조적 상호관계 • 173
2. 조사와 분석 기법의 결과 • 174
3. 조사 • 175
4. 조사 질문 • 178
5. 분석 기법 • 180
6. 우선 순위 • 183
7. 직접 모형 순위 • 186
8. 삼자 비교 • 187
9. 양자 비교 • 195
10. 자료 분류 • 199

제5부 전통지식의 발굴과 검증

제1장 한국 전통지식의 연구 현황 • 205

제2장 전통지식의 과학적 발굴 • 215

1. 과학적 발굴 • 216

제3장 한국 전통지식의 과학적 발굴 모델 • 221

1. 예비 조사 • 224
2. 본 조사 • 227

제4장 전통지식의 데이터 정리(김과 송, 2008) • 249

1. 전통지식 자료 • 249
2. 시각적 도움 • 262
3. 회신의 감소 법칙 • 268
4. 가설의 검정과 설 • 268

제5장 조사 결과의 질적 분석과 검증 • 273

1. 질적 결과의 방법과 분석 • 273
2. 질적 연구의 검증 • 275

제6장 조사결과에 대한 양적 분석과 검증 • 279

1. 이용 범주(UC = Use Category) • 279
2. RCI 표본 크기 • 280
3. 통계분석 • 281
4. RCI 지수의 종류와 적용 • 282

제7장 조사결과의 유효 공표 • 295

1. 문헌 전통지식 • 295
2. 구전 전통지식 • 296
3. 구전 전통지식의 유효 공표 • 298

제1부

나고야의정서(2010년)와 전통지식

제1장 나고야의정서와 전통지식

1. 생물다양성협약(CBD: Convention on Biological Diversity)이란?

산업혁명 이후 생물종 감소와 생태계 파괴가 가속화됨에 따라, 생물다양성 보전의 필요성이 강조되고 이에 대하여 세계적으로 공감대가 형성되어 1992년 리우 정상회의에서 채택되고 1993년 발효되었다. 한국은 1994년 비준서를 기탁하여 1995년부터 발효되었다. 협약당사국은 현재 EU를 포함하여 193개국이 포함되어 있으며, 당사국총회는 매 2년마다 2주간 열린다.

생물다양성협약의 3대 목적은 ① 생물다양성 보전, ② 그 구성요소의 지속가능한 이용, 그리고 ③ 생물유전자원 관련 이익의 공평한 공유 등이다.

그림 1. 생물다양성협약(CBD)의 웹사이트(http://www.cbd.int)

2. 나고야의정서(Nagoya Protocol)란?

나고야의정서는 유전자원의 접근 및 이익 공유(ABS : Access to genetic resources and Benefit-Sharing)에 대한 것으로 생물다양성협약 당사국총회에서 2000년에 채택된 "카르타헤나 바이오안정성 의정서"에 이은 2번째 의정서이다.

이 의정서는 2010년 10월 채택된 이후 2011년 2월 1일부터 2012년 2월 1일까지 각국의 서명 기간을 거쳐 50개국이 비준서를 유엔사무총장에게 기탁한 후 90일째 되는 날에 발효된다. 의정서가 발효되면, 생물 유전자원과 이와 관련된 전통지식을 이용할 국가는 그 자원을 제공하는 국가에 사전 통보, 승인(Prior informed consent)을 받아야 하며, 그러한 유전자원과 이와 관련된 전통지식의 활용으로 발생한 이익(금전적, 비금전적 이익을 포함)에 대해서는 상호 합의된 계약조건(Mutually agreed terms)에 따라 공유하여야 한다.

그림 2. 나고야 의정서(Nagoya Protocol)

3. 나고야의정서의 주요 내용

나고야의정서(Nagoya Protocol)의 구성 체계는 전문(Preamble), 30개 조문 그리고 2개 부속서로 되어있다. 주요 조문을 보면, 일반 조항은 목적(제1조), 용어의 정의(제2조), 적용범위(제3조), 공평한 이익 공유(제4조), 유전자원의 접근(제5조), 유전자원 관련 전통지식(제9조), 의무준수체제(제12~14조)에 이어 총회 개최 등 행정 관련 조항으로 총회 개최(제20조), 사무국(제22조), 서명 및 발효(제26~30조) 등으로 구성되어 있다. 마지막으로 부속서 부분에는 금전적, 비금전적 이익 종류(부속서 1)와 정부 간 회의 개최 등 향후 작업 일정(부속서 2) 등이 있다.

의정서의 주요 조항 별 내용을 살펴보면, 다음과 같다.

[제1조 목적]

생물유전자원의 이용에서 발생하는 이익을 자원산국 또는 자원제공국과 공평하게 공유해야 함을 밝히고 있다.

[제2조 용어의 정의]

당사국, 협약, 유전자원의 이용, 파생물 등에 대한 용어 정의들이 포함되고 있다.

[제3조 적용 범위]

해외 유전자원 및 토착사회와 지역사회(indigenous and local communities)가 보유한 유전자원 관련 전통지식에 대한 접근, 연구, 상업화 활동 등에 대한 규정이 포함되고 있다.

[제4조 공평한 이익 공유]

유전자원 및 유전자원과 관련된 전통지식의 이용으로부터 발생하는 이익을 자원 원산국 또는 제공국과 공평하게 공유하도록 법률, 행정, 정책적 조치를 해야 함을 밝히고 있다.

[제5조 해외 유전자원의 접근]

유전자원 및 유전자원과 관련된 전통지식을 이용하고자 하는 주체는 사전에 자원 원산국(또는 자원 제공국)의 국내법에 따라 사전 승인을 받도록 규정하고 있다.

[제6조 긴급 상황에서의 조치]

전염병 발생 등 긴급 상황 시에는 절차 간소화를 통한 신속 대응함을 규정하고 있다.

[제9조 유전자원과 관련된 전통지식]

지역 토착민이 보유한 유전자원의 전통지식의 경우 지역 토착민으로부터 사전 승인을 받고, 이익 발생이 예상될 시에는 상호 합의한 계약이 체결되도록 국내법, 행정조치 등의 수립을 권장하고 있다.

[제12조~제14조 유전자원 접근(ABS : Access to Genetic Resource) 이행을 위한 의무 준수 체제]

유전자원과 유전자원의 접근에 대한 사전 승인에 관한 국내입법, 사전 승인 정보를 국제적으로 공유하는 ABS 국제 인증서 발급, 상호 합의조건에 포함되는 항목, ABS 이행 관련 의무사항을 감시하는 체크포인트 등 ABS 이행 국내입법 또는 행정 조치를 규정하고 있다.

4. 나고야의정서와 전통지식

생물다양성협약 제8조 (j)호에 의하면, 전통지식은 "생물다양성의 보전 및 지속가능한 이용에 적합한 전통적인 생활양식을 취하여 온 토착, 지역사회의 지식, 혁신적 기술 및 관행"이라고 정의하고 있다.

이에 비하여 나고야의정서의 전문의 부속서 24항에서는, 한 발 더 나아가 유전자원의 전통지식을 "토착, 지역 사회에서 생물 다양성의 보전 및 지속가능한 이용에 적합한 풍부한 문화적 유산이 반영된 구전, 문헌 그리고 다른 형태의 지식들"로 명확하게 정리하고 있다. 그러므로 유전자원의 전통지식은 구전 지식, 문헌 지식 그리고 다른 형태의 지식으로 구성된다고 볼 수 있다. 나고야의정서는 이들 유전자원의 전통지식들 중에서도, 구전 전통지식이 가장 중요함을 여러 부분에서 표현하고 있다. 이러한 사실은 전문의 부속서 21항을 보면, 정확하게 파악할 수 있다.

즉, 첫째, 유전자원과 전통지식은 토착, 지역사회와 분리될 수 없는 상호관계를 가지고 있다는 점을 강조하고 있고, 둘째, 생물다양성과 그 구성요소들의 보전과 지속 가능한 이용을 위해서 전통지식의 중요성을 강조하고 있으며, 셋째, 이들 토착, 지역 사회의 지속가능한 생계유지를 강조하고 있다. 또한, 22항에서는 토착, 지역사회가 소유하고 있는 전통지식에 대한 주위 상황의 다양성을 강조하고 있다.

이러한 점들을 모두 충족하는 전통지식은 현재 토착, 지역민들이 이용하고 있는 구전 지식뿐이라는 사실이 명백하다.

21. *Noting* the interrelationship between genetic resources and traditional knowledge, their inseparable nature for indigenous and local communities, the importance of the traditional knowledge for the conservation of biological diversity and the sustainable use of its components, and for the sustainable livelihoods of these communities,
22. *Recognizing* the diversity of circumstances in which traditional knowledge associated with genetic resources is held or owned by indigenous and local communities,
23. *Mindful* that it is the right of indigenous and local communities to identify the rightful holders of their traditional knowledge associated with genetic resources, within their communities,
24. *Further recognizing* the unique circumstances where traditional

knowledge associated with genetic resources is held in countries, which may be **oral**, documented or in other forms, reflecting a rich cultural heritage relevant for conservation and sustainable use of biological diversity,

그러나 안타깝게도 우리나라에서는 일반인들은 물론이고 전문가들도 구전 전통지식에 대한 이해가 극히 낮아 의식주를 비롯한 일상생활에서 매일 이용하면서도 그 존재를 부정하고 있는 우스운 일이 벌어지고 있다.

제2장 전통지식이란?

1. 전통지식의 종류(김과 송, 2008)

생물들이 물리, 화학적인 변화를 통해 세계적으로 다양한 생육지에 적응해오는 동안, 인류 역시 세대를 거듭하면서 생물을 이용하는 지식을 축적해 오고 있다. 오늘날 세계적으로 전통이 잘 보존된 인류 집단들은 그들 나름대로 자연과의 상호관계 속에서 축적된 훌륭한 지식들은 물론이고, 육체적으로나 정신적으로 사회를 잘 유지시킬 수 있는 지식들 또한 간직하고 있다.

20세기 전반을 통해 생물학자들과 인류학자들은 다양한 관점에서 민족전통과학적인 기술들에 대한 연구들을 시도하였다. 이 결과, 민족전통과학적인 지식은 다양한 용어로 설명되어져, 적용하기에 따라 의미상에 미묘한 차이를 파행시켜 논란거리들을 만들기도 하였다. 이러한 점들을 극복하기 위하여 민족전통과학 지식에 대한 다양한 전문용어들과 이에 따른 새로운 개념들이 만들어졌다. 하지만, 이렇게 만들어진 용어들조차도 대부분이 전통지식에 대한 서구학자들의 이해의 정도에 따라 만들어졌기 때문에 시간이 지남에 따라 용어의 한계가 넓어지거나 줄어들기도 한다(Cotton, 1996).

다음의 용어들과 개념들은 이 책을 이해하는 데는 물론이고, 전통지식 관련 서적과 학술잡지들을 이해하는데 많은 도움이 될 것이다.

◎ 토착기술지식(土着技術知識, Indigenous technical knowledge : ITK)
수익성 작물의 이용, 해충방제에 식물성 독의 이용 그리고 음식 조리에 있어서 다양한 요리 과정의 응용 등과 같이 전통적인 농부가 가지고 있는 실질적인 기술 지식을 폭넓게 의미한다. 이러한 의미에서 ITK는 원주민들의 문화에서 추출하여 현대 기술에 적용할 수 있는 정보의 보고라 할 수 있다(Rocheleau *et al*., 1989).

◎ 토착농업지식(土着農業知識, Indigenous agricultural knowledge : IAK)
ITK에 관련된 것뿐만 아니라 작물 관리와 가축 생산의 방법, 전통적인 수의학적 치료법 그리고 곡물과 가축의 교배에 대한 방법 등 농업에 속하는 모든 형태의 토착지식을 의미한다. 이 용어의 개념에는 IAK의 지속적인 발전에 원주민들의 실험과 개혁의 역할을 인정하고 있으며, ITK와는 달리 지역 지식의 발전에는 그 지역의 우주관의 영향을 고려해야 한다는 점도 포함하고 있다(Scoones and Thompson, 1994).

◎ 전통생태지식(傳統生態知識, Traditional ecological knowledge : TEK)
원주민과 다른 전통적인 사람들의 모든 생태학적 지식을 의미한다. IAK와 같이 TEK는 지역 지식의 발전과 성향에 대한 지역 환경 인식의 공식적인 영향을 고려하고 있다(Johnson, 1992).

◎ 전원인지식(田園人知識, Rural people's knowledge : RPK)
이 용어도 IAK와 같이 전통적인 농부들이 가지고 있는 지식들에 대해서 사용한다. 그러나 이 용어는 원주민과 다른 전통적인 사람들까지 포함하여 적용하며, 주어진 집단 내의 지식의 분포 그리고 세대에 있어서 제도상 조직과 사회 구조의 영향도 고려하고 있다(Scoones and Thompson, 1994; Millar, 1993).

◎ 전통식물학지식(傳統植物學知識, Traditional botanical knowledge : TBK)
비 산업 집단이 가지고 있는 전체 식물학적인 지식을 의미하고, 식물 이용과 식생 관리에 대한 모든 실용적이고 사회적이며, 생태학적인 관점들을 포괄한다. 그러므로 이 용어는 생존, 소재문화 그리고 의학 등에 이용되는 식물의 관리, 이용방법, 이용원리 그리고 동정 등과 관련된 사항들을 포함한다.

◎ 종합지식체계(綜合知識體系, Integrated knowledge system : IKS)
IAK와 서구과학의 상보적 통합인 농업지식과 정보체계(agricultural knowledge and information system : AKIS)에 대한 Millar의 개념과 같이 IKS는 전통 지식과 서구 지식의 상보적 통합을 의미한다(Millar, 1993). 특히, 이 책에서는 자연과학과 사회과학을 배경으로 가진 공식적인 서구지식에 TBK를 통합하는 의미를 가진다.

특히, 전통지식 연구자들은 각기 다른 집단들에서 식물을 인식하고 관리하며 이용하는 등 생물에 관련한 민족전통과학적 지식에 대해서 연구를 하여 왔다. 비록 이러한 연구들이 지금까지는 지역의 전통적인 원주민들이 가지고 있는 생물에 대한 지식들에 초점이 맞추어져 왔지만, 최근의 일부 연구들은 브라질의 Caboclo(백인과 인디오의 혼혈) 농부들과 중앙아메리카의 Mestizo(백인과 동양인, 흑인과 동양인, 인디오와 동양인의 혼혈) 집단 등과 같은 비원주민 즉, 이주민이나 혼혈인 사회의 전통지식에 대한 연구도 이루어지고 있다. 이러한 집단들은 지역의 전통적인 원주민은 아니지만 그들의 조상이 원주민들과 혼인을 통해 이루어졌으므로, 사실상 수 백년 동안 원주민들의 문화를 공유하고 있다는 점에서 전통지식에 대한 연구를 수행할 만한 가치가 있다.

그림 3. 브라질의 Caboclo(백인과 인디오의 혼혈)

그림 4. 중앙아메리카의 Mestizo(인디오와 동양인의 혼혈)

전통지식에 대한 연구에서는 연구자들과 연구에 참여하는 현지인들 사이에 문화와 언어가 다르기 때문에 어려움도 많고 잘못된 결과를 얻는 경우들이 있다. 이러한 점에 비추어, "전통지식(traditional knowledge: TK)"을 조사하는 과학적 방법에 대해서 소개를 할 예정이며 특히, 전통지식에 대한 정확하고 폭넓은 이해가 전통지식에 대한 연구 조사에 얼마만큼 중요하고 필수적인지에 대해서도 소개할 것이다.

2. 전통지식의 구성(김과 송, 2008)

유전자원의 전통지식은 그림 5와 같이 지역 사회(local community)에 자생하고 있는 유전자원과 관련하여 구전으로 전해 내려오는 전통 문화가 배태된 것이다. 이러한 구전 전통지식은 약학적 자료, 생태학적 자료, 인류학적 자료, 언어학적 자료, 경제학적 자료, 그리고 생물학적 자료 등과 같은 수많은 자료를 얻을 수 있으며, 이들의 다양한 활용을 토대로 다양한 산업의 발전을 도모할 수 있다.

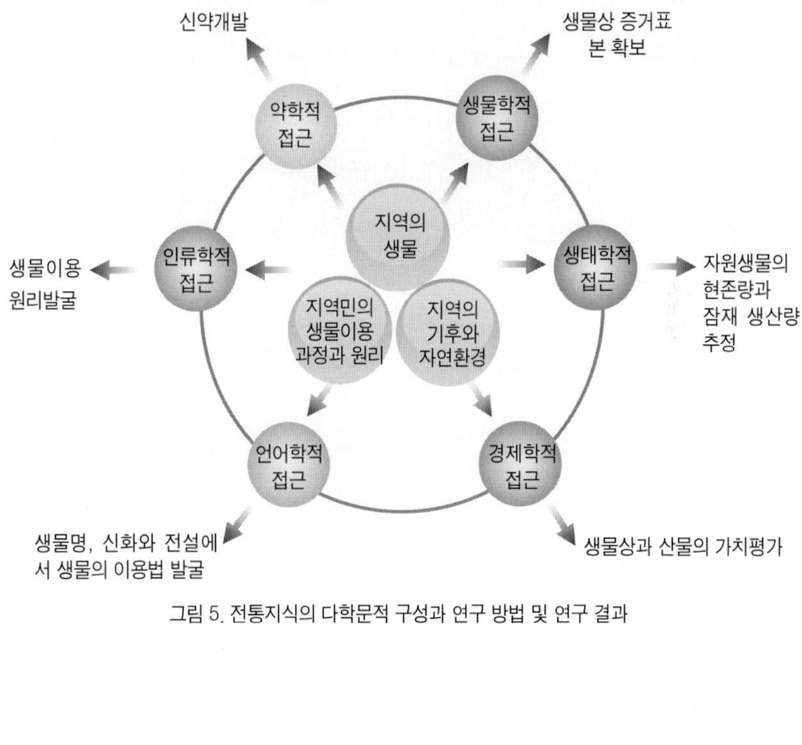

그림 5. 전통지식의 다학문적 구성과 연구 방법 및 연구 결과

제2부
전통지식의 이해

제1장 전통지식과 증거의 이해(김과 송, 2008)

1. 민족전통생물학적 증거와 전통지식

많은 전통지식에 대한 연구들과 연관된 문제점들 중 하나는 민족전통생물학적인 증거와 전통 지식과의 구별을 잘 못한다는 것이다. 이러한 실패는 전통지식에 대한 유효성과 특성을 이해하지 못해서 파생된다. 특별한 도구의 이용이나 특별한 작물을 파종하는 것과 같은 예에서 관찰된 증거들이 서구과학의 관점에서 보면 간혹 부적절하게 보이는데, 이는 전통 지식에 대한 이해가 충분하지 않음을 의미한다. 실제로 전통을 간직한 사람들은 과학자들이 생각하는 것보다 훨씬 많은 영향들에 근거하여 자연 환경과의 타협에 도달한다. 이 점에 대한 좋은 예는 아프리카 중부의 잠비아(Zambia)에서 이루어진 연구에서 찾을 수 있다. 이곳에서의 정상적인 콩 농사 실험을 보면, 평지에 심은 것이 인위적인 둔덕을 만들어 심은 것보다 수확이 훨씬 많다는 것을 보여준다. Copperbelt 지방의 농부들은 평지에 심지만, 중부지방의 농부들은 항상 많은 노동이 필요한 전통적 방법인 퇴비를 더한 인위적인 둔덕에 콩을 심는다. 농부들의 행동이 그들의 "지식"을 나타낸다면 이 행동의 "증거"는 중부 지방의 농부들이 평지 농법의 효율성을 몰랐다는 것이다. 그러나 농사에서는 나타나지 않았지만, 실제 둔덕은 생태적으로 많은 독특한 기능을 가지고 있었다. 예를 들면 둔덕은 그곳에서 자라는 곡물이 예측할 수 없는 기후 변동에도 살아남을 수 있게 발아하여 2개월까지 충분한 수분과 열을 제공하는 물리적인 특성을 가지고 있다(Drinkwater, 1994). 실제로 Copperbelt 지방의 농부들은 둔덕에 콩을 심는 것을 선호하기는 하지만, 콩을 심는 시기에 콩 농사에 필요한 많은 노동력을 확보할 수 없기 때문에 둔덕 농사를 하지 못하고 있었다. 이러한 예에서 볼 수 있듯이 어떤 전통지식에 대한 연구에서든지 채집된 증거들을 특별한 생태적 배경이나 사회문화적인 배경 내에서 정확하게 이해한다는 것은 쉽지 않다는 것을 알 수 있다.

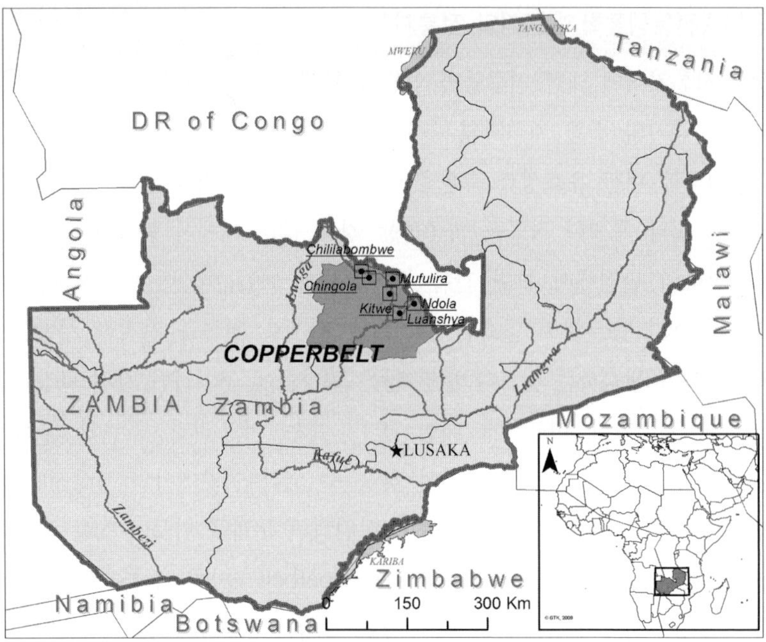

그림 6. 잠비아의 Copperbelt 지방

2. 전통지식의 이해를 위한 기본적인 접근

오늘날 전통지식의 연구에는 크게 3가지 접근 방법이 있다.

① 경제적 혹은 실용적 연구들은 각각의 생물들의 용도를 기록하고, 과학적인 분석방법을 통해 검증하여야 한다. 전통지식에 대한 연구에서 실용적인 접근은 각기 다른 생물들의 이용과 관리에 대한 정보를 얻는 것과 유용생물을 탐색하고, 이 생물들을 생산하며 가공하는 방법을 밝히는 것을 포함한다. 여기에서의 가정은 "생물의 이용이 객관적인 생물 특징에 근거하여 이루어지며, 여러 세대를 거쳐 관찰하고 실험하여 개발된 것이다"라는 것이다. 이런 가정은 간혹 유효하기도 하지만, 이러한 접근은 다른 문화를 가지는 집단에서는 다른 방법으로 자연 세계를 인식한다는 점을 고려하지 않을 수 있으며, 특히, 특정 생물을 이용하는 방법이 매우 다를 수도 있다는 점을 간과할 수 있다.

② 사회 문화적 연구는 생물들이 다양한 사람들에 의해서 어떻게 인식되고 있는지 그리고 이러한 인식이 정신적인 믿음이나 사회 문화적인 관습에 의해 영향을 어떻게 받았는지에 대한 탐구를 한다. 실용 전통지식과 비교해서, 사회 문화적 연구는 특정 개인이나 집단이 생물들이나 생물상을 인식하는 방법을 조사하기 위하여 사회구조나 문화적 상징물에 대한 연구를 포함한다. 이런 접근은 일부 실용적 자료를 이해하는데 매우 중요하다. 즉, 원주민들이 자연을 보는 관점에 심오한 영향을 끼치는 그 지역의 이데올로기(우주관과 사회)는 원주민들이 그들 주변에 있는 생물들을 이용하거나 관리할 때에도 똑같이 영향을 끼친다.

③ 문화 생태적 연구는 생물의 탐색과 관리가 그 지역 환경의 특성과 역동성에 의해서 어떻게 영향을 주고받았는지에 대한 조사를 한다. 지역 원주민들이 인식하고 있는 특성에 따라 생물이 이용되고 관리되는 동안, 생물에 대한 인위적인 선택과 자원관리는 순차적으로 해당 지역의 환경을 구성하는 생물상의 특징에 영향을 준다. 생태학자들은 이러한 환경적인 영

향의 정도와 성질에 대해서 조사를 하지만, 문화 생태학자들은 환경에 지속적으로 영향을 준 문화적 관습들이 생태계를 고착화하는 자연 선택의 압력으로 작용했을 것이라는 점을 입증한다.

20세기 말부터 전통지식 연구자들은 단순한 실용적 연구의 한계를 절감하기 시작하면서, 전통지식에 대한 좀 더 의미가 있는 이해를 얻으려면, 3가지 접근 방법 모두를 이용하여야 한다는 사실을 인식하기 시작했다. 예를 들면, 종교적인 의식과 밀접한 관계가 있는 생물은 실용적인 가치가 전혀 없어도 보호가 될 것이다. 이러한 문화적인 관습은 해당 생물들의 생존에 커다란 영향을 미칠 것이다. 그러므로 실용적인 접근, 인지적인 접근 그리고 생태적인 접근 등이 통합된 접근이야말로 중요한 전통지식 자료들로부터 좀 더 확실한 연구 결과를 얻을 수 있을 것이다.

제2장 전통지식의 실용적 이해

초기 전통지식에 대한 연구의 대부분은 생물들이 음식이나 약용으로 어떻게 이용될 수 있는가 혹은 그 생물들이 전통적인 소재문화에서 어떻게 이용되었는가를 밝히는데 초점이 모아졌었다. 16세기의 수도사들이나 이들보다 뒤에 등장하는 신세계의 정착민들의 연구들은 대부분 원주민들이 어떤 생물들을 이용하고, 이들을 어떻게 동정하며 관리하는지를 기록한 것들로써 일부는 식용, 약용 그리고 장식용 생물 같은 유용생물에 대한 분류학적인 목록이 있는 것도 있으며, 자생생물과 도입생물들을 비교한 보고도 있다. 특히, Densmore는 1928년에 "Chippewa 인디언의 식물 이용(Uses of Plants by the Chippewa Indians)"이라는 보고에서 68종의 약용식물을 기록하는데 이어 그 당시 미국 약전이나 정부 처방전에서 공식적으로 인정되던 16가지 유용 성분까지 보고하였다(Densmore, 1974).

그림 7. Chippewa 인디언들

20세기 후반에 들어, 이러한 약용생물의 전통지식에 대한 연구는 다양한 신약 개발 프로그램들이 전통적인 생물 치료법의 조사에 집중함으로써 더욱 활성화 되었다. 즉, Cox(1994)는 미국 국립암연구소(National Cancer Institute: NCI)의 협력 하에 남태평양 서사모아에서 민족전통약학적 조사를 한 바가 있다. 이와 같은 연구들의 결과, 아래와 같은 전통 식물들에 대한 약학적인 특성을 비롯하여 방충이나 살충 효과, 영양 성분 등과 같은 다른 특성들도 조사되었다.

◈ 약학적 특성

① *Homalanthus nutans*(대극과): 남태평양 사모아 치료사들은 바이러스성 황열병에 처방하였는데, 연구 결과 HIV-1을 포함하여 강력한 항바이러스 효과를 보인다(Cox, 1994).

그림 8. *Homalanthus nutans* (G. Forst.) Guill.

② *Melaleuca alternifolia*(도금양과): 오스트레일리아 원주민들이 자상의 치료와 비충혈에 이용하였는데, 이 식물에 함유된 기름이 다양한 항균력을 보임에 따라 현재는 화장품, 방부제 그리고 대체의학자들에 의해서 널리 이용되고 있다(Thursday Plantation nd).

그림 9. *Melaleuca alternifolia* Cheel

◈ 방충 효과

① *Azadirachta indica*(멀구슬나무과): 수 세기 동안 인도를 비롯한 아시아 여러 국가들에서 살충제로 이용되어 왔는데, 이 식물은 현재까지 발견된 방충제 중 가장 강력한 효과를 보인다(Isman, 1994; Ley, 1990).

그림 10. *Azadirachta indica* A. Juss.

② *Citrullus colocynthis*(박과): 이집트 El dakhla 곡창지대에서 추수하기 전에 방충제로 이용했던 것으로 식물이 함유하고 있는 terpenoid 중에서 가장 쓴 물질로 알려진 triterpenoid cucurbitacin을 함유하고 있어 강력한 방충제로 이용되고 있다(Harborne, 1988; Parrish, 1994).

그림 11. *Citrullus colocynthis* (L.) Schrad.

◈ 영양성분

① *Acacia* spp.(콩과): 오스트레일리아 사막 지방에 사는 원주민들이 이용하는 것으로 현재 밀이나 쌀보다 더 많은 단백질과 지방 그리고 높은 에너지를 낼 수 있는 다양한 성분들을 함유하고 있음이 알려졌다(Brand & Cherikoff, 1985).

그림 12. *Acacia* spp.

② *Lycianthes moziniana*(가지과): 멕시코의 고산지역과 Oaxaca 지방의 원주민들이 전통적으로 재배해 오던 것으로 비타민 C의 함유량은 매우 높고 탄닌 성분은 낮아 현대인들의 기호에 맞는 영양 성분을 함유하고 있다(Williams, 1993).

그림 13. *Lycianthes moziniana* (Dunal) Bitter

때로는 전통적으로 생물을 처리하는 방법도 생물의 이용에 있어서 매우 중요한 정보를 주기도 한다. 예를 들면, 열대지방의 중요한 식용식물인 카사바(*Manihot esculenta*)는 복잡한 전처리 과정을 거쳐 식용으로 이용하는데 이 과정에서 인체에 치명적인 독이 제거되는 것처럼 특히, 약용식물의 전처리 과정은 약성이나 약효에 커다란 영향을 끼칠 수 있다(Beck, 1992).

이와 같이 최근 전통지식에 대한 연구들에서 화학적 분석과 생물학적 분석은 매우 중요한 부분이 되었으며, 이는 과학적인 분석 방법으로 전통적인 생물 이용 방법을 더욱 가치 있게 하는 객관적인 증거들을 다양하게 확보할 수 있음을 보여주는 것이다.

그림 14. 카사바(*Manihot esculenta* Crantz)[왼쪽 : 잎, 오른쪽 : 뿌리]

지금까지 대부분의 연구들은 전통 약용식물의 약학적인 분석만을 주로 하였지만, 일부에서는 전통 식품, 전통 음료, 전통 방충제 그리고 전통적으로 사냥에 이용되는 독 등에 대한 화학적인 연구들도 하였다. 이 결과, 곤충, 진드기, 선충 등 최소한 125종류의 해충을 방제할 수 있는 azadirachtin ($C_{35}H_{44}O_{16}$)과 같은 효과가 놀라운 유효 성분을 발견하기도 하였으며, HIV에 커다란 효과를 나타내는 prostratin($C_{22}H_{30}O_{6}$)은 강력한 항 바이러스성 물질로 미국 국립 암 연구소에서 신약으로 개발되었다(Cox, 1994; Hepburn, 1989).

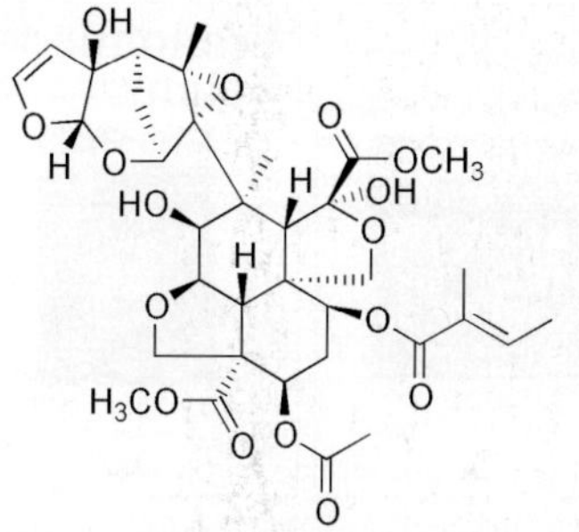

A

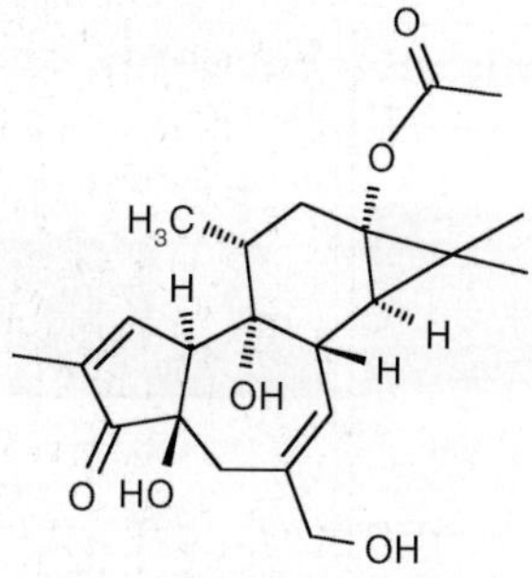

B

그림 15. Azadirachtin($C_{35}H_{44}O_{16}$)(A)과 Prostratin($C_{22}H_{30}O_{6}$)(B)의 분자구조

20세기 후반부터 대부분의 전통지식 발견들은 화학적, 물리적 그리고 문화적인 분석을 토대로 조사된 전통지식에서 나온다. 실제로 1994년에 전통지식 관련 학술 잡지인 Economic Botany에 투고된 논문의 약 70%가 전통적으로 혹은 민속적으로 이용되는 다양한 식물들에 대한 것으로 거의 화학적인 조사와 해당 식물들의 용도와 관련된 다양한 특징들에 대해서 연구를 하였다. 반면에 이러한 연구 분위기와는 달리 아직도 일부 전통지식 연구들은 반드시 포함되었어야 할 중요한 내용들이 빠진 것들이 있었다. 일례로 1990년 NAPRALERT database에 의하면 식물을 이용한 전통 피임제에 대한 보고가 1,249편 있었지만, 이들 중 소수만이 식물의 처리, 처방 용량 그리고 심지어는 남성용인지 여성용인지를 정확하게 구별하여 보고하고 있다(Farnsworth, 1990). 이러한 문제점들 때문에 유용식물들에서 신약으로 개발될 가능성을 평가하는 수리적인 분석과 같은 다학문적이고 교차검증이 되는 방법론들이 필수적이라는 의식이 높아져(Moerman, 1996), 현재는 전통지식 관련 학술지에 투고되는 실용적 성격의 논문들 대부분이 통계적 기법을 이용한 방법론으로 결과를 도출하고 있다.

그림 16. Economic Botany의 표지

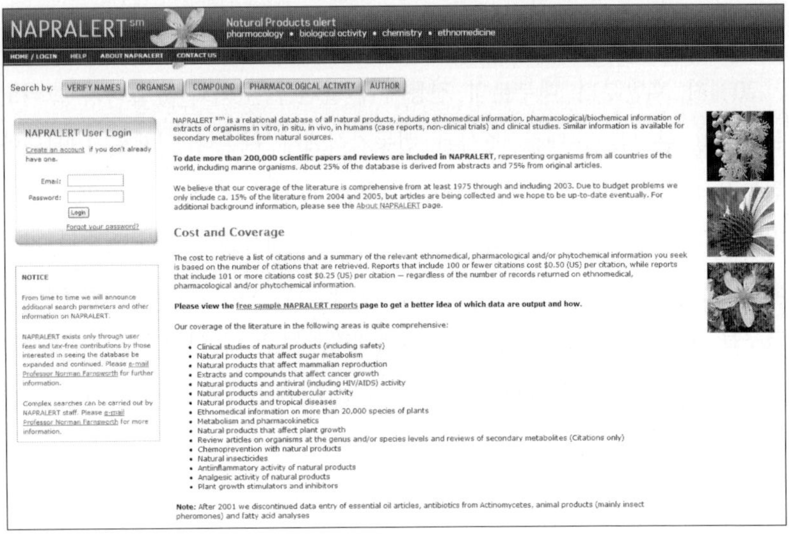

그림 17. NAPRALERTsm의 웹사이트(http://napralert.org)

제3장 전통지식의 사회문화적 이해

실용 전통지식 영역의 연구들이 많은 생물들의 전통적인 응용에 대한 경험적인 증거들을 많이 제공하기는 하지만, 생물 이용에 대한 이성적 기초를 과학적 기술들로 입증한 사례들은 많지 않다. 예를 들면, 특정 지역의 사람들이 특정 생물을 어떻게 인식하는지에 대한 이해는 비이성적으로 보이는 다른 습성들을 설명하는데 도움이 될 것이다. 1950년대부터, 민족전통생물학의 한 가지로 갈라져 나온 사회문화 민족전통생물학(sociocultural ethnobiology)은 이러한 문제를 다룬다. 사회문화 민족전통생물학은 상징적 분석, 사회문화적 분석 그리고 민족전통분류학적인 분석 등을 이용하여 전통을 유지하고 있는 사람들이 생물을 어떻게 인식하고 있는지에 초점을 두고 탐구한다.

■ 상징적 분석(symbolic analysis) : 기본적으로 예술, 신화 그리고 종교의식 등에서 발견되는 주제를 파악하거나 특정 행동에 대해서 통찰할 수 있는 해석을 가능하게 한다. 예를 들어, 영국의 민속을 보면 전호(*Anthriscus sylvestris*)와 왕쥐똥나무(*Ligustrum ovalifolium*)를 줍거나 집안에 들이면 불길하다고 생각해왔는데, 현재까지도 일부 지방에서는 기피를 하고 있다. 반면에, 백합(*Lilium* spp.)과 종려나무(*Trachycarpus excelsa*)는 기독교의 축제에 중요한 상징물이다. 일부 꽃에 대한 이러한 상징성의 기원은 애매모호하거나 심지어는 미신적인 것들이 있다. 예를 들면, 영국의 대

부분의 지역에서는 금작화(*Sarothamnus scoparius*)를 집에 들이면 불길하다고 생각하는데 이러한 믿음은 지금까지도 널리 퍼져있다. 이와 반면에, 민속적인 기원이 잘 정리가 되어 있다는 종려나무의 경우를 보면, 12세기 후반부터 그리스도의 승리의 상징으로 기독교회에서 이용되어 왔다(Goody, 1993; Vickery 1985). 이와 같이 전통적인 집단에서 종교적 혹은 정신적인 함의를 가지고 있는 식물들은 그 집단의 문화적인 배경을 이해할 수 있는 의례적인 행동이나 상징적인 행동과 연관이 되어 있다.

그림 18. 전호(*Anthriscus sylvestris* (L.) Hoffm.)

그림 19. 왕쥐똥나무
(*Ligustrum ovalifolium* Hassk)

그림 20. 백합(*Lilium* spp.)

그림 21. 종려나무[*Trachycarpus excelsus* (Thunb.) H. Wendl.]

그림 22. 금작화[*Sarothamnus scoparius* (L.) W.D.J. Koch]

▣ **사회문화적 분석** : 특정 생물이나 생물상에 대한 해당 지역 주민들의 행동 양식은 사회적인 요소들에 의해서 영향을 받는다. 그러므로 사회문화적인 분석은 전통지식을 조사하는데 매우 중요한 역할을 한다. 이러한 연구들에는 부동산 소유권, 성의 제한 그리고 비전의 지식이나 이를 가진 사람들에 대한 접근성과 같은 요소들을 지배하는 법칙을 탐구하는 것까지 포함한다. 이러한 모든 영향들은 지역 환경에 대한 개개인들의 인식에 심오한 영향을 끼친다. 이러한 예는 다른 집단에 의해서 이미 점유된 지역에 새로운 개인이 들어올 때 땅을 분배하는 독특한 원칙이 있는 오스트레일리아 북동부의 Yolngu 지방에서 찾을 수 있다. 즉, 새로 전입한 사람들은 어떠한 자원이던 이용하기 전에 허락을 받아야만 한다. 새로 들어온 사람들이 이러한 허락을 받지 못하면 땅이 그들에게 식물과 동물을 허락하지 않는다고 믿는 것처럼 그들의 새로운 땅에 대한 적응 노력은 실패할 것이

다(Williams, 1982). 그러므로 이러한 사회적 원칙은 주어진 환경 내에서 개개인이 행동하는 양식뿐만 아니라 효율적인 자원 관리에도 중요한 역할을 한다.

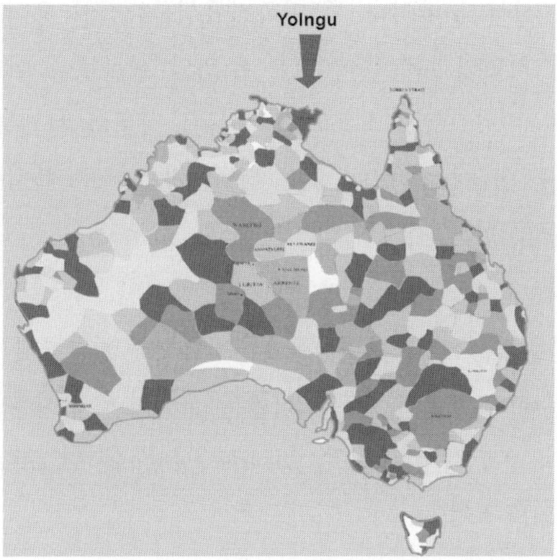

그림 23. 오스트레일리아 북동부의 Yolngu 지방

그림 24. Yolngu 사람들

▣ 민족전통분류학적 분석 : 자연 세계에 대한 지역 집단들의 인식에 대한 폭넓은 접근은 민족전통분류학(ethnotaxonomy) 연구 방법이 유용한데, 이는 특정 지역에 거주해 왔던 사람들이 이용하는 전통적인 분류체계에 대해서 연구하는 분야이다. 즉, 민족전통생물학적인 용어로써 민족전통분류학은 특정 지역의 사람들이 그들 주위의 생물들을 어떻게 명명하고 어떻게 구분하는지 그리고 각기 다른 생물들 사이의 관계를 어떻게 나타내는지에 대한 연구를 한다. 예를 들면, 멕시코의 Tzeltal Maya에는 *skelemal tul pimil*이라는 식물과 *yach'ixal tul pimil*이라는 식물의 이름이 있다. 이들이 각각 다른 식물을 지칭하기는 하지만, 이들 두 분류군은 *tul pimil*이라고 간주되는 어떤 관련성을 맺고 있음을 명확하게 알 수 있다. 린네(Linné)의 분류에 따르면, 이 두 식물은 꿀풀과에 속하는 두 종으로 잎에 나는 털의 유무로 구분되는 즉, *Mentha spicata*와 *M. citrata*이다(Berlin, 1992).

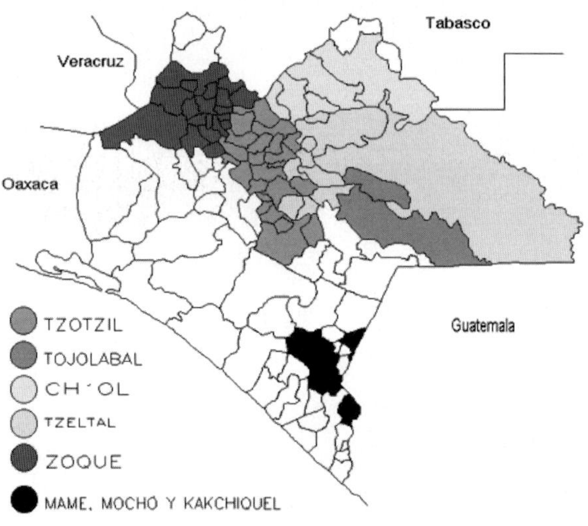

그림 25. 멕시코의 Tzeltal Maya

그림 26. 멕시코의 Tzeltal Maya Indian

A B

그림 27. *Mentha spicata*(A)와 *Mentha citrata*(B)

민족전통분류학 연구의 효시는 Harold Conklin의 유명한 박사학위 논문으로 필리핀 Mindoro의 Philippino섬 주민들의 식물분류에 대한 구조와 내용을 탐구한 "하누누족 문화와 식물 세계와의 관계(The relation of Hanunóo culture to the plant world)"이다. Mindoro의 원주민인 Hanunóo족은 원래 생계를 고산지역에서 화전 농사를 통해 쌀, 옥수수, 바나나 그리고 다양한 근과류를 재배하며 유지한다. 독립된 집단을 이루며 오지에서 살아가는 많은 집단들과 같이 Hanunóo족도 그들이 거주하는 지역의 특별한 지질학적 형상들에 그들 나름대로의 이름을 붙인다. 이에 따라서, Conklin은 연구의 대상을 Yãgaw산 근처에 사는 Yãgaw Hanunóo족으로 정하였다. 아래에서 보는 것과 같이, 원주민들이 부르는 식물의 이름을 가능하면 간단하게 기록하던 이전의 연구들과 달리, 그의 논문은 Hanunóo족이 사용하고 있는 식물 분류 체계를 전체적으로 자세히 설명하는 등 색채 분류 체계를 따라 쓰여졌다(Bartlett, 1929).

그림 28. Dr. Harold C. Conklin

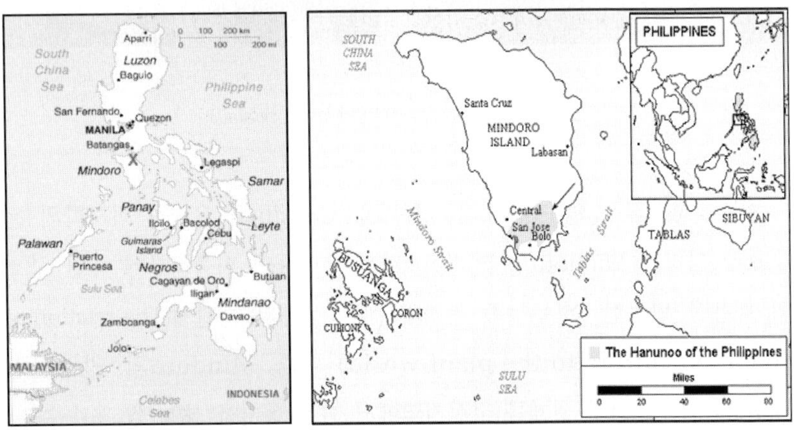

그림 29. 필리핀 Mindoro에서 Hanunóo족이 거주하는 지역

그림 30. Hanunóo족의 전통 가옥

그림 31. Hanunóo족

♣ Hanunóo족의 식물 분류 체제 ♣

가장 높은 단계인 즉, 界(kingdom)는 자체적으로 움직일 수 있는 힘이 없고 단지 위로 자라는 명명되지 않은 생물군이고, 이하 일반적인 범주는 교목, 초본, 덩굴식물 그리고 다른 줄기의 형태를 가진 종류들과 같이 4가지 주요 생활형으로 나누어진다.

표 1. Hanunóo족의 식물 분류 체제

식물범주	Hanunóo 명칭	수
界(Kingdom: plants)	명칭이 없음	1
생활형(줄기 형태)		4
목질성 식물; 교목 나무	*kāyu*	38%
초본; 잡초	*ʔilamun*	35%
덩굴성 식물; 덩굴식물	*wākata*	24%
속이 빈 식물(대나무)		3%
중간군	명칭이 없음	NA
Conklin Type 1	기본적인 명칭	571
(민속 屬: folk generic)		
Conklin Type 2	특징을 더한 기본적인 명칭	>1000
(민속 種: folk specific)		
더 나아간 구분		
(민속 變種: folk varietal)	간혹 명칭이 없음	NA

※ NA : 유용한 데이터가 아님

Hanunóo족은 가장 낮은 단계로, 서로 배타적인 1,600가지 이상의 분류군을 인식하고 있었다. 이 수준의 범주에서 다른 분류군 간의 구분은 모양, 색깔, 크기, 맛, 냄새 그리고 서식지와 같은 특징들을 이용하였고, 이러한 구분은 식물 명칭으로 그러한 특징들이 반영되었다. 식물 명칭 그 자체는 일반적으로 하나 혹은 그 이상의 특징을 설명하는 용어를 가끔 동반하기도 하지만, 대부분 하나의 기본적인 식물 명칭으로 구성되어 있다. 일부의 경우에서는 언어학적 인식 없이 훨씬 더 하위 분류군으로 나누어지기도 하지만, 대부분은 범주의 명칭이 없는 중간군에 포함된다(Conklin, 1954, 1974; Berlin, 1992).

Conklin의 또 다른 업적은 아래와 같이, 그의 분석이 개개의 식물에서부터 식물 군집까지 중요한 식물학 지식을 추론해 줄 수 있는 식물학적 용어를 자세하게 밝혔다는 점이다. 즉, Hanunóo족은 특정 식물 구조를 설명하는 용어 147개와 우점 생활형, 위치 그리고 특정한 종류의 우점도 등의 요인들을 가지고 식생형을 구분하였다는 것이다. Hanunóo족 거주지의 식물상은 열린 초지에서부터 극상 우림까지 그리고 화전 농사지에서부터 자연 식생까지 매우 복잡한 양상을 보였다. 그리고 이러한 양상은 당연히 그 지역 농부들이 사용하는 용어에 영향을 명백하게 끼치고 있었다.

표 2. Hanunóo족 식물 용어의 예

	Hanunóo족 식물 용어의 예
♣ 식물 구조	
• 줄기	기근형 괴근(aerial tuber), 지지근(buttress), 덩굴 줄기의 속(central lumen of rattan stem), 내부 수피, 외부 수피 그리고 수액 등과 같은 특정 구조를 표현하는 약 64개의 용어
• 뿌리/지하부	지하경, 직근 그리고 식용근을 갖는 작물의 질을 표현하는 17개 용어
• 잎	엽초와 같은 구조 그리고 잎맥의 형태 등을 표현하는 29개의 용어
• 과일과 꽃	꽃가루와 씨에서부터 옥수수수염과 과일즙까지를 표현하는 37가지의 용어
♣ 식생형	
• 생태지대	위치에 따라 인식되는 37가지의 용어
baybay	모래 해변을 따라 형성된 식생
dala?agan	조간대 늪 식생(주로 mangrove)
oili	나출된 산지 식생
paŋpaŋ sāpa?	천변 식생
• 관리 수준	초본이 우점하고 잘 관리된 식생의 *parāyan*에서부터 kapurũ?an(1차 림), kakugnan(조절이 안 된 초지 식생) 등과 같이 Hanunóo족이 어떻게 관리하는지를 구별할 수 있는 10가지 주요 식생형이 있다. 또한, 선택적인 화전농지에서부터 장기간 화전농지까지 화전농사의 순환에서 특정 단계의 식생을 표현하는 12개의 용어를 이용하였다.
• 2차림	2차림의 최소한 8가지의 아형(亞型)들은 특정 식물과 연관되어서 인식되거나 우점종에 기초하여 명명되었다. 이러한 분리는 숲의 재생에 필요한 시간이 하나의 아형에서 다른 아형으로 변할 때와 같은 농사의 용어로 특히 중요하다.

이제 민족전통분류학적인 연구들이 특정 용어에 내포되어 있는 지식을 파악하는데 이용될 수 있지만, 여러 학자들은 전통지식에 대한 단순한 증거로써 용어 목록을 이용한다는 것은 위험한 일임을 밝히고 있다(Morris, 1976; Alcorn, 1981; Ellen, 1994). 실제, Conklin의 연구와 이후 연구에서 많은 민속 분류체계들은 많은 전환 분류군(convert taxa) 즉, 인식하고 있지만 특별한 표식을 하지 않는 분류군들을 포함하고 있음을 밝혔다. 더욱

이 Ellen(1994)은 공식적인 어휘에 내포된 지식은 주어진 집단의 다양한 구성원들 사이에 공유된 지식에 영향을 주지만, 개인적인 경험을 통해 얻어진 특별한 지식은 사전적인 인식으로 받아드리지 않는 것 같다는 의견을 제시하였다. 쉽게 굴절되지 않는 지식의 존재는 Alcorn의 농업에 대한 논의를 드높였다(Alcorn, 1989). 예를 들면, 멕시코와 중앙아메리카의 많은 전통 농부들은 그들의 농지에 콩과의 나무를 기르고 있는데, 이는 오랜 동안 토양을 비옥하게 유지시킨다. 이는 세대를 거친 실험과 관찰의 결과로써 그 지역 관습의 일부가 되었으며, 그 지역 의식 생활 내에 유지되고 있다. 하지만, 농부들은 왜 일정한 밀도로 그 나무가 유지되어야 하는지를 확실하게 모른다. 이와 같이, 전통적으로 관습에 내재된 지식은 굴절되기 어렵다(Wilken, 1987). 그러나 일부 전통적인 지식은 사전적 용어에 내재되어 있어 상대적으로 쉽게 파악되지만, 행동에 내재된 다른 지식들은 민족전통생물학적인 자료의 수집에서 간과되기 쉽다.

제4장 전통지식의 문화 생태적 이해

이전에 전통적인 생물의 이용과 관리가 생물 그 자체의 물리, 화학적인 특징에 어떻게 영향을 미치는지는 물론이고, 특정 사회의 문화적인 배경 내에서 생물을 인식하는 방법에도 영향을 미친다는 것을 알았다. 그러므로 추수 때의 터부나 혹은 음식을 준비할 때의 의식 등과 같은 특정 관습은 이와 관련된 문화적인 영향을 파악할 때만이 이해할 수 있다는 것이다. 특수한 전통 사회임에도 불구하고, 처음 접하게 되는 많은 관습들은 비이성적인 것으로 판단하기가 쉽지만, 사실은 매우 중요한 의미를 갖고 있을 수 있다는 것을 이제는 생각해야 한다. 예를 들면, 아마존의 Ka'apor 인디언들은 습관적으로 시체들을 kağwer-rena라 불리는 오래된 화전지역의 특정 지역에 묻는다. 이는 죽은 자의 영혼이 살아 있는 자들에게 위험하다고 믿는 것으로, Ka'apor 인디언들은 kağwer-rena로 가는 모든 길에 죽은 자의 영혼이 되돌아오는 것을 막기 위하여 가시 종려나무, 덩굴 그리고 가시나무와 같은 방해물들을 심는다. 이러한 관습은 결국, 후일 오래된 화전지에 많은 사냥감이 있음에도 불구하고, 그 지역에서는 사냥을 피하게 되고, 이는 곧 사냥감의 지역적인 밀도가 안정하게 유지될 수 있도록 한다(Balée & Gély, 1989). 1940년대 말, 미국의 인류학자인 Julian Steward는 이와 유사한 관찰을 통해 인간의 행동은 궁극적으로 자연 선택의 산물이라는 "문화 생태적 이론(cultural ecological theory)"을 제안하였다.

그림 32. Ka'apor Indians[오른쪽 : 여자, 왼쪽 : 남자]

그림 33. 브라질의 화전지역

그림 34. Julian Steward(1902~1972)

20세기 중반 이래 문화 생태학자들과 생태 인류학자들은 인간의 사회 문화적인 행동이 자연 선택(natural selection)의 압력에 대한 적응(adaptation)으로 설명하는 유물론자들의 설명에 대하여 인류 사회와 그들 자신의 환경관계에 대해서 연구를 해왔다. 이런 생각들의 중심에는 "주어진 환경에서 개체군의 크기를 결정하는 주요 결정요인으로 수용 한계의 개념이 있고 적당한 수준의 개체군을 유지하려는 문화적으로 잘 적응된 관습이 선택될 것이다"라는 생각이 있다(Balée and Gély, 1989; Burch and Ellanna, 1994; Edwards *et al*., 1994; Keesing, 1981; Orlove, 1980; Seymour-Smith, 1986). 하지만, 인류 집단은 주어진 환경의 수용능력을 변화시킬 수 있으며, 이는 많은 학자들이 결정론자(determinant)들의 설명과 인류 집단이 자연 환경의 구속에 적응하는데 그들의 종교나 사회적인 체제를 수동적으로 조절한다는 생각에 대해 회의를 품고 있다(Keesing, 1981).

표 3. 문화 생태학 이론의 주요 발달 단계

연대	문화 생태학 이론의 주요 발달 단계
1949	문화생태학의 선구자로서 Julian Stewart는 최초로 토양의 특성과 환경적으로 결정된 단백질 수준들은 궁극적으로 사회 문화적 표현을 구속할 수도 있음을 제시하였다(Balée, 1989).
1954 ~ 1980	Megar와 Harris 같은 문화 생태학자들은 개체군 집단의 밀도는 그 지역 환경의 수용능력에 의해서 생태적으로 결정된다는 한계 요인설(limiting factor theory)을 공식화 했다. 한계 요인설에서는 개체군 밀도를 낮게 유지하는 사회 문화적인 결정 요인으로 토양의 한계와 단백질의 한계를 들었다(Balée, 1989).
1973 ~ 1981	동물의 먹이섭취 활동에 대한 경제성에 관심이 있는 경제학자들은 생물체들은 주어진 먹이 량에서 그들이 섭취할 수 있는 평균율을 최대로 한다는 "적정 먹이설(optimal foraging theory)"을 제안했다(Emlen, 1973). "한계 가치설(marginal value theory)"은 목초지의 경우 주어진 환경을 위하여 평균 회귀율(mean return rate)을 떨어드리는 회귀 지점을 확보해 놓아야 한다는 것을 예상하게 했다(Charnov, 1976). 이런 설들은 사냥꾼과 채취자들의 생존 전략에 대한 조사에 응용되고 있다(Balée, 1989; Burch & Ellanna, 1994; Edwards *et al*., 1994; Ludvico *et al*., 1991).
1974 ~ 1979	Harris는 개체군 밀도에 작용하는 자연 선택압이 문화적인 변화를 결정하는 주요인이라는 점을 강조하는 "문화 유물론(cultural materialism)"을 제안하였다. "환경 결정론(environmental determinism)"의 이 모델 내에서, 그와 그의 설을 찬성하는 사람들은 상징적이거나 종교적인 표현과 연관이 된 많은 비이성적이거나 이상한 관습들 위에는 생태적 합리성이 숨어 있다는 점을 강조한다(Keesing, 1981; Seymour-Smith, 1986).

1969 ~ 1995	인간 행동에 대한 이런 결정론자들의 설명에 대한 일부 비평은 수용 능력 그 자체는 측정하기 극히 어려울 뿐만 아니라 이는 환경에 대한 세밀한 관리의 결과로써 변화될 수 있다는 점을 지적한다. 또 다른 사람들은 많은 문화적 관습들이 실질적으로는 적응하지 못할 것이라는 점을 제시한다. 더 나아가, 문화 생태학 이론에서 최근 모델들은 환경의 평형이 유지된다는 가정을 제거하였으며, 하나의 집단 내에서 서로 다른 개체들은 그들 자신들이 가지고 있는 지식이나 욕구에 따라 대안적인 전략을 채택한다는 것을 인식하고 있다 (Balée, 1989; Keesing 1981; Orlove, 1980; Seymour-Smith, 1986).

그러나 아래와 같이 문화적으로 결정된 관습들이 기능적인 생태학 용어로 이해되는 많은 예가 있지만 이러한 결정론자들의 자세는 자주 비판의 대상이 된다. 일부 학자들은 주어진 관습을 설명하는데 짧은 용어 혹은 공시적인(synchronic) 용어의 설명은 원래 적응된 행동과 연구 당시 존재하였던 행동을 구별하는데 충분하지 않다는 점을 지적한다. 또 다른 사람들은 문화 생태적인 모델들이 인류는 세밀한 환경 관리를 통해 선택압을 변경할 수도 있다는 사실을 간과한다고 지적한다(Balée, 1989). 그러므로 다수의 연구자들은 인류 지식의 발달에 대한 열쇠는 지속 가능한 행동적 습성들에 대한 수동적인 선택이 아니라 특정 문제를 풀고 해결해가는 인류의 능력이라는 그들의 견해를 견지하고 있다(Alcorn, 1989; Balée, 1989; Keesing, 1981).

1. 인간 제물(human sacrifice) : Harner(1977)는 아즈텍 문명에 있었던 인간 제물의 관습은 당시 멕시코 계곡의 인구압의 결과였다는 제안을 하였다. 그는 일반인에게는 금했지만, 제물로 가장한 넓은 의미의 식인주의는 지배 계층을 위한 단백질 공급원이었을 것이라고 설명했다(Keesing, 1981).

그림 35. 인간 제물(human sacrifice)

2. 남성 지상주의(male supremacy) : 여러 연구자들은 인구 밀도, 단백질의 이용 가능성, 정착 양상 그리고 내부 집단 간의 투쟁 등 사이의 상호관계들을 밝혔다(Gross, 1975; Harris, 1974; Siskind, 1973). 그들은 남성 지상주의의 결정체로써 전쟁을 가정했고, 인구의 증가는 유아 살해 혹은 유아 유기를 통해서 여자 어린이에 대한 문화적 선택을 했었다고 제시했다(Keesing, 1981).

그림 36. 남성 지상주의(male supremacy)

3. 불결 금기(pollution taboo) : 불결의 공포 예를 들면, 어린이가 젖을 덜 땐 상태의 어머니는 이상적인 출산 조절의 형태로 묘사된다(Keesing, 1981; Lindenbaum, 1972).

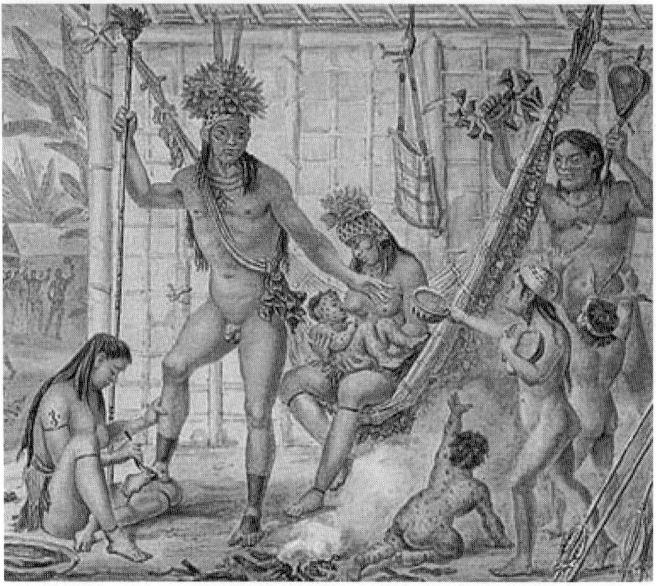

그림 37. 불결 금기(pollution taboo)

4. 인척 회피(in-law avoidance) : 오스트레일리아의 서부 사막 지역의 원주민들의 경우, 모임에서 인척들 사이의 상품과 음식의 교환은 계속적으로 이루어지지만, 인척 기피 행동은 엄격하게 이루어지고 있다. Gould(1982)는 이러한 행동은 감정이나 스트레스에 관계없이 음식을 공유할 수 있을 것이라고 제시했다.

그림 38. 인척 회피(in-law avoidance)

5. 악령처(惡靈處, evil spirit homes) : Mike Balick(1984)은 corozo 야자나무(*Scheelea zonensis*)를 포함한 일부 야자나무에 악령이 깃들려 있는 것으로 믿고 있는 일부 원주민들은 야자나무를 기피한다고 보고하였다. 그러나 최근 이 야자나무들은 Chagas병의 매개자인 곤충이 서식하는 곳으로 조사되었다(Whitlaw & Chaniotis, 1979). 그러므로 문화적인 회피는 이런 좋지 않은 질병으로부터 개체군을 보호할 수 있다.

그림 39. Corozo 야자나무
(*Scheelea zonensis* L.H. Bailey)

6. 신성한 숲(sacred groves) : 오스트레일리아에는 화재로부터 보호를 받는 우림지역의 작은 숲이 있으며 이를 잘 보호하지 못하는 토지 소유자는 눈이 멀게 된다는 전설이 있다. 이는 결과적으로 얌(*Dioscorea* spp.)과 같은 화재에 민감한 유용자원을 보존하게 한다(Concar, 1994).

그림 40. 신성한 숲(sacred groves)

그림 41. 얌(*Dioscorea* spp.)
[왼쪽 : 잎, 오른쪽 : 뿌리]

7. 약의 조제(drug preparation) : 전통적인 치료에서 극히 상징적인 의미로 넣는 일부 성분들이 실질적으로는 약학적인 기능을 갖고 있을 수 있다. 예를 들면, 인도네시아의 *Jamu* 전통에서 생쥐 집을 태운 것과 달걀 껍질의 가루는 생쥐와 같이 쉬운 출산과 새로 태어난 병아리같이 건강한 아기를 얻을 수 있게 한다고 여겨 이용하고 있다. 실제로, 이러한 성분들은 태아와 모체에 유익한 칼슘과 탄소 같은 필수 영양 성분들이다(Sidik, 1994).

그림 42. 약의 조제(drug preparation)

제5장 전통지식의 분포와 역동성

전통지식의 연구에는 그 지역의 정신과 정치적 배경 내에서 상징적, 언어적 그리고 행동적인 증거에 대한 이해가 필수적이다. 그러므로 유용한 전통지식에 대한 증거의 수집에는 특정 정보가 세대를 거쳐 전달되는 방법과 지식이 시공간적인 용어에서 어떻게 변하는 지에 대한 것을 포함한 지식 체계의 구조 그 자체를 일차적으로 이해하는 것이 필요하다. 주어진 전통 집단의 지식을 공유된 정보의 정적이고 획일적인 체제로 생각할 수 있지만, 최근의 연구들은 전통 지식이 본질적으로 역동적일뿐만 아니라 대부분이 특별한 사회적 혹은 개인적인 요인들에 따라 분포된다는 것을 보여주고 있다. 실제, 전통 지식은 이제 지역적인 혁신과 실험뿐만 아니라 환경적 장애 요인에 대한 변화로써 인식되고, 지식의 분포는 나이, 성 그리고 사회적 계급 등과 같은 것을 포함하는 많은 요인들에 의해서 영향을 받을 수 있다는 사실이 밝혀졌다.

1. 지식의 원천 : 전통지식의 파급

최근까지 대개의 전통 사회들의 경우 신화나 전설과 같이 문자 문화가 거의 없거나 전혀 없어서, 구전 전통이 전통지식의 주요한 증거의 원천으로 생각되었다. 그러나 예술품과 의식에 나타나는 상징적인 표현은 많은 정보를 포함하고 있다는 것이 증명되었다. 예를 들면, 안데스 고산지역의 농부들이 만든 호리병에 새겨진 내용은 어린이들에게 안데스 농업에 대한 지식을 가르치는 것들이었다(Salas, 1994). 중앙아메리카의 *milpa* 농업(이동재배의 지역 체제)과 관련된 대부분의 생태학적 지식들은 *milpa* 순환의 각 단계를 나타내는 의식 활동에 온전히 기록되어 있다(Alcorn, 1989). 많은 관습적 기술들과 마찬가지로 대부분의 환경 지식은 어린이가 그들의 부모나 형제자매와 함께 일을 하면서 배우듯이 그대로 배우고(Ulluwishewa, 1993), 사냥 기술 또는 음식과 약용식물을 담기 위한 광주리를 만드는 것과 같은 생존을 위한 공통의 일들은 어린 나이에서부터 배운다. 예를 들면, 유목 집단인 Maasai족의 사춘기 소년들은 목장 지역의 목초들에 대해서 배우고 어린 소녀들은 주로 그들이 집 주변이나 일하는 곳에서 그들의 어머니, 할머니 그리고 누이들에게서 전통 약용 식물에 대한 성질과 이용 방법 등을 배운다(Sindiga, 1994).

그림 43. 중앙아메리카의 *milpa* 농업

그림 44. Maasai족의 소년

그림 45. Maasai족의 소녀들

2. 지식의 원천 : 전통지식의 차별적 분포

초기 민족전통생물학적 연구들에서 지식의 문화 간 차이는 대부분 간과되었다. 그러나 지식은 집단의 생존을 위한 활동과 같은 총체적 문화 요소들에 따라 달라지며, 심지어 한 집단 내에서 서로 다른 개인들은 다른 형식과 수준의 지식을 가진다는 것은 자명한 일이다. 지식의 분포에 있어서 이러한 차이들의 대부분은 나이와 성 같은 특정 사회 문화적 요인들에 의해서 결정되고, 이는 전통지식의 조사 기간에 특정 형태의 정보를 알아내는데 중요한 영향을 미칠 것이다.

표 4. 지식의 문화 간 분포에 영향을 주는 사회문화적 요인

지식 분포에 대한 사회 문화적 영향	
〈문화 간 영향〉	
생산의 양식	민족성
생물학적 환경	종교
외부 접촉의 수준(문화교류)	
〈문화 내 영향〉	
성	직업
나이	일과 결혼을 위한 이주
계급	결혼 시의 나이
출생 장소	친족 관계와 결혼 관계
교육	자녀의 수
	가정에서 세대의 수
읽고 쓸 수 있는 능력	언어 능력

표 4와 같이 어느 집단이든지, 지식이 각 개인들 간에 어떻게 분포하는지에 영향을 미치는 수많은 사회적 요인들이 있다. 이들 중에서 중요한 요인들의 하나는 성으로, 지금까지의 연구들에서는 사냥꾼의 행동과 지식에 대해서만 집중하는 경향이 있었지만, 1970년대 이후, 여성의 역할에 대해서도 관심이 늘어났다. 예를 들면, 페루 Aguaruna족의 경우, 카사바의 변종들에 대한 정보는 여성들에게서 얻어졌고(Boster, 1985), 민족전통조류학(民族傳統 鳥類學)적인 지식은 남성들에게서 더 많이 얻어졌다(Berlin,

1992). Aguaruna족에게 있어서, 지식의 차별적 분포는 분명히 성의 역할에 관련이 있다. 즉, 여성은 식물을 재배하고, 남성은 사냥을 한다는 것이다. 지식의 분포는 나이, 계급 그리고 사회적 지위와 같은 요인들에 의해서 결정될 수 있으므로, 이는 개별 정보 제공자에게 얻을 수 있는 정보의 성질에도 영향을 줄 수 있으며, 결국에는 특정 연구자들에 의해서 밝혀지는 정보의 형식에 중대한 영향을 준다. 실제, 특정 정보를 여성에게서 얻어 낼 때, 남자들은 대개 자세한 정보를 원하지 않거나 이해하려고 하지 않는다는 가정 하에 남성 연구자들에게는 보다 일반적인 용어로 설명하는 경향이 있다. 이런 현상은 Maasai족의 생태학적 지식에 대한 연구에서 명확하게 보여주었다. 즉, Maasai족의 목동들은 연구자들이 관련된 생태학적 개념을 토론할 수 있는 지식을 가지고 있다고 판단할 때에야 비로소 그들이 가지고 있는 그들만의 독특한 환경 지식에 대해서 밝히기 시작했다 (Western & Dunne, 1979).

그림 46. Aguaruna족

3. 지식의 역동성 : 관찰, 실험 그리고 적응

전통지식에 공식적인 경험들과 정보교환이 지속적으로 어떻게 기여를 하는지에 대해서도 많은 연구들이 이루어지고 있다. 예를 들면, Rhoades (1989)는 페루의 Tupac Amaru 지방의 산림 지역에서 전적으로 발전된 임간 농법의 새로운 체계에 대해 보고를 하였고, Boster(1984)는 페루령 아마존에 사는 Aguaruna Jiavaro족들이 그들에게 주요한 식량 자원인 카사바(*Manihot esculenta*)의 유전적 다양성을 어떻게 계속적으로 유지하고 확장시키는지에 대해서 조사한 바 있다. 특히, Boster(1984)는 Aguaruna족은 카사바의 재배 품종들을 잃어버렸을 경우, 희귀한 자생하는 종류 중에서 선택하거나 혹은 다른 집단(심한 경우 수 백 마일 떨어져 있음)과의 식물 교환에 의해 새로운 유전질(遺傳質, germplasm)을 도입하여 보충한다는 것을 알아냈다. 많은 경우에 이런 새로운 재배 작물은 실험을 통해 평가를 한다. 즉, 미국 애리조나주의 Hopi 인디언들의 경우, 최소한 두 명 이상의 정보 제공자들은 옥수수(*Zea mays*)의 새로운 변종들을 실험하고 있었으며, 다른 정보 제공자는 새로운 종자를 교환하는 뉴멕시코 주의 Pueblo 인디언들로부터 얻은 표주박(*Lagenaria siceraria*)을 재배하고 있었다(Soleri & Cleveland, 1993).

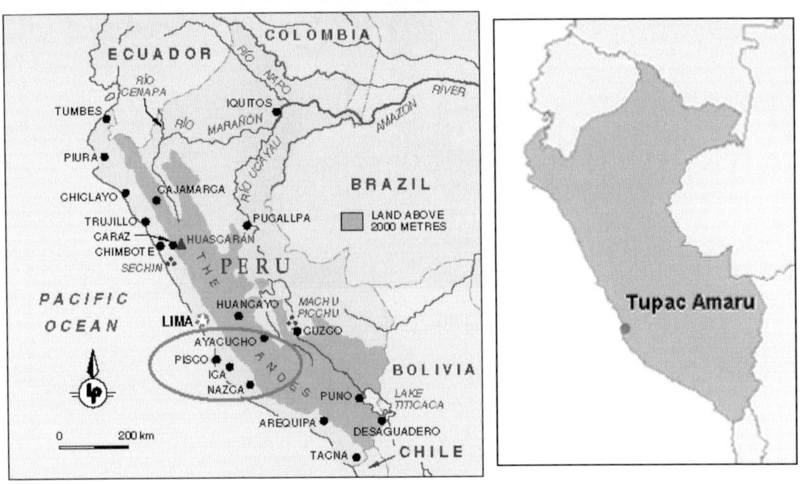

그림 47. 페루의 Tupac Amaru 지방

그림 48. Aguaruna Jiavaro족

그림 49. 카사바(*Manihot esculenta Crantz*)
[왼쪽 : 잎과 열매, 오른쪽 : 뿌리]

그림 50. 미국 애리조나주의 Hopi Indians

그림 51. 인디언 옥수수

그림 52. 뉴멕시코 주의 Pueblo 인디언들

그림 53. 표주박[*Lagenaria siceraria* (Molina) Standl.]
[왼쪽 : 잎과 열매, 오른쪽 : 꽃]

많은 경우들에서 보면, 특정 사회의 새로운 기술이나 관습은 그 사회에 융합되기 이전에 평가를 받거나 변화를 겪게 된다. 예를 들면, 1970년대 초, 학자들은 케냐의 작은 규모의 감자 농사를 짓는 전통 농부들에게 새로운 저장법을 전해 주었다. 그러나 후속 조사의 결과, 98%의 농부들이 새로운 저장법을 이용하지 않고 있었다. 그들은 무게의 축소, 싹의 성장 그리고 전체 씨감자의 질 등과 같은 특징들에 대하여 새로운 저장법과 다른 저장 방법의 결과를 비교 하였고, 그 결과, 자신들에 알맞은 방법을 채택한 것이다. 비슷하게, 케냐의 시골지역에 Jua Kali 농부들이 이용하는 관개 기구에 대한 연구에서, 대부분의 농부들은 그들이 이전에 수입했던 물뿌리개가 아닌 그 지역에서 재생할 수 있는 소재를 이용하여 그들 자신의 값싼 변형된 형태의 물뿌리개를 만들어 사용하였다.

제6장 전통지식과 서양과학 지식

전통지식의 연구에 대한 새로운 접근이 시작됨에 따라 전통지식들에 대한 서구인들의 이해도 향상되었으며, 아울러서 전통지식은 점차 많은 생물 종류들의 이용과 생태에 대한 높은 가치의 정보원이 되었다. 이와 더불어 이렇게 가치 있는 전통지식을 이들의 과학적 가치와 토속민들의 기본 권리를 인정하는 선에서 서구 과학 지식에 통합하려는 다양한 시도가 있었다(Richards, 1985; Johnson, 1992). 실제로, 1980년대 이후 현지인들을 연구에 참여시키는 다양한 연구들이 활발하게 이루어졌으며, 일부 연구에서는 전통 연구자와 비 전통 연구자들의 공식적인 협력이 시작되었다(Martin, 1995). 그러나 이러한 일부 접근들이 성공을 거두기도 했지만, 아직도 전통지식을 바라보는 관점에서의 철학적인 장벽은 이러한 통합지식체계(IKS)의 개념을 널리 받아드리게 하는데 계속적인 장애 요인이 되고 있다.

1. 전통지식으로부터의 배움

서구 과학이 전통적인 방법에서 배운다는 생각은 이제 새로운 사실이 아니다. 서부 아프리카 위원회(West Africa Commission)의 1943년 보고에 따르면, 전통 농부들은 토양에 대해서 뛰어난 지식을 가지고 있을뿐만 아니라, 지역적인 관습에는 과학자들이 조금 더 깊이 조사하여야 할 필요가 있는 요소들이 있다는 것이 밝혀졌다. 이후, 1967년 "향정신성 의약에 대한 민족전통약학적 조사(Ethnopharmacological search for Psychoactive drugs)"라는 논문은 새로운 치료제의 탐색에 있어서 전통 의학적 지식의 잠재력을 강조하였다(Efron *et al.*, 1967). 이러한 연구들 이외에도 서구 과학에 의해서 상대적으로 최근에 발견된 전통적인 관습을 조사한 전통지식에 대한 보고는 많다. 서구 과학에 의한 발견은 주로 새로운 치료제의 발견으로써 생물의 이용과 생물자원을 관리하는데 이용되는 방법들을 포함하고 있다. 예를 들면, 생물학적 해충 방제의 개념과 같이 서구에서는 상대적으로 최근에 발전된 개념도 전통 사회에서는 오래 전부터 이용해 왔던 것이며(Frechione *et al.*, 1989; Parrish, 1994), 식물과 동물의 상호관계에 대한 현대 생물학의 개념도 민족생태에 대한 전통지식의 근간을 형성하고 있는 것이다. 이러한 사례는 알래스카의 알류샨 열도 사람들의 생태에 대한 전통지식에서 살펴볼 수 있다.

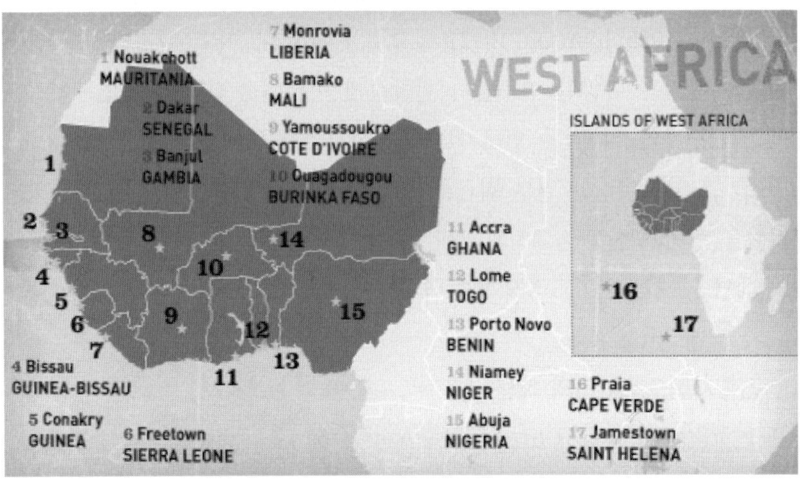

그림 54. 서부 아프리카

알래스카 큰사슴 집단에 대한 사례

1993년 알래스카의 조그마한 마을에서는 과학자들, 땅과 자원의 관리자들

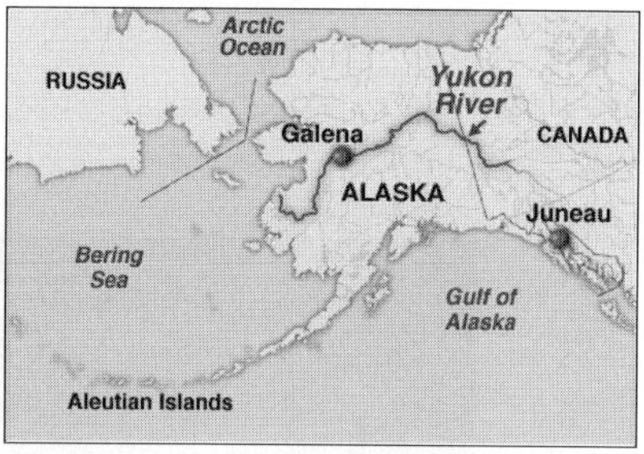

그림 55. Yukon River

그리고 원주민들의 대표 등이 모여 회의를 열었다. 회의의 목적은 사냥과 덫에 의존하여 생존하는 7명의 지역 대표자들이 참석하여, 생존에 대한 논의를 하는 것이었다. 회의가 진행되는 동안, 주정부의 대표자가 45분 동안 현안 소개를 하였는데, 이는 보존의 한계에 도달했다고 생각되는 큰사슴 개체군들에 대한 야외 연구를 어떻게 수행하는가에 대한 것이었다. 이어 원주민의 대표가 45분간 답변을 통해, 그 지역민들이 궁극적으로 큰사슴의 먹이원이 되는 습지의 수량이 뚜렷하게 줄어드는 것을 이미 알고 있었으며, 아마 습지 수량의 변화에 지대한 영향을 끼친다고 판단되는 Yukon강의 20개가 넘는 삼각주들에 생긴 비이버 댐에 대해서 주목할 것을 제안하였다. 그는 마지막으로 알래스카 주정부가 그들의 대책으로 큰사슴을 포획

그림 56. 알래스카의 큰 사슴

하는 지역민들의 생존을 제한하려고 하기 이전에, 문제의 원인인 비이버 댐에 대한 연구가 우선적이라고 역설하였다(Merculieff, 1994).

그림 57. 비이버 댐

이렇듯, 서구 과학자들이 생태적 자료가 제한적으로 남아 있는 서식지 내에서 생육하는 다른 종류들 사이에 벌어지는 상호작용의 복잡성을 고려하기 시작했다. 과학자는 큰 사슴에 대한 야외 자료를 수집하는 것이지만, 원주민들은 과학자들의 야외 연구를 뛰어 넘는 정보를 가지고 있었다. 이런 경우에 원주민들의 목소리는 전혀 들을 수 없지만, 최근에 서구 과학자들이 환경에 대한 전통지식으로부터 배워야 할 것들이 많다는 생각을 가지는 생태학자들이 크게 늘고 있다(Johnson, 1992).

(1) 전원 지역의 개발에서 전통지식 : 참여연구(participatory research)의 기원

참여연구의 개념은 전원 지역의 성공적인 개발을 위하여 해결하여야 할 세 가지 중요한 문제에 직면한 여러 나라의 전통적인 농부들과 함께 한 연구들에서 유래하였다. 첫 번째 문제는 대부분의 경우, 개발 당국자들의 우선순위와 농부들이 생각하는 우선순위가 일치하지 않는다는 것이다(Chambers *et al.*, 1989). 두 번째는 외부 기관에서 주관하는 사업은 지역에서 유도하는 사업에 비해서 덜 채택된다(Dialla, 1994). 세 번째는 지역 체계에 근거하지 않은 사업은 생태학적으로 장기간 지속되지 않는다는 것이 대부분 증명되었다(Porter *et al.*, 1991). 그러므로 전원개발에서 참여연구는 자립적인 접근의 일환으로 유도되어야 하는데, 이 때 문제들의 우선순위는 지역 지식에 근거를 두고 결정되어야 하고, 가능하면 연구의 많은 부분을 그 지역 출신의 참여자들이 수행하도록 한다(Richards, 1985).

이러한 시대적인 조류에 힘입어 많은 연구들이 이루어졌으며(Richards, 1985; Chambers *et al.*, 1989; Scoones & Thompson, 1994), 이들 대부분은 지역 주민들의 과학은 기본적으로 좋은 과학이고, 특히 위험에 처해있는 서식지의 지속 가능한 관리 정책을 개발하는데 매우 중요한 역할을 한다는 것을 강조하고 있다. 농업에서 처음 시작되었지만, 참여연구 또는 원주민과 협력은 이제 캐나다의 아북극 지방에서부터 브라질령 아마존의 열대 우림 지역까지 전통지식 연구자와 지역 주민들과 사이에 이루어지고 있다.

(2) 연구에서의 협력

과학자들과 지역 주민들과의 협력적인 연구는 이미 문화적 영향 평가(cultural impact assessment)로부터 상업적으로 판매될 비 목재 식물 생산품(non-timber plant products: NTPPs)의 탐색까지 적용되어 매우 효율적이라는 것이 증명되었다(Berlin, 1984; Johannes, 1989; Johnson, 1992; Martin, 1995). 이러한 연구들은 전통지식이 서구 과학에 중요한 기여를 할 수 있는 환경과 실용지식의 보고라는 것을 알게 해주었으며, 전통지식의 활용에는 유의하여야 할 점도 많다는 것을 깨닫게 해 주었다. 예를 들면, 많은 전통 의학들이 현대 약학 분석들을 통해 그 약성이 증명되었지만, 문제는 다양한 투여량과 독성의 함유는 중독이나 치명적인 결과를 발생시킬 수도 있다는 것이다. 이러한 문제는 식물자원의 지속 가능하고 공평한 이용을 증진시키기 위하여 1992년 7월에 WWF(the World Wide Fund for Nature), UNESCO(the United Nations Educational, Scientific and Cultural Organization) 그리고 영국의 왕립 큐 식물원이 함께 발기한 프로젝트인 "사람과 식물을 위한 프로그램(People and Plants Programme)"의 일부분으로 처음 시작된 아프리카 마다가스카르의 예에서 볼 수 있다. 즉, 마다가스카르에서 이 프로그램의 목적은 전통 의학적 처방에 대한 대안을 찾는 것이 아니라, 전통의학과 현대 기술을 연계하여 통합적인 건강관리 체계를 만드는 것이었다. 예를 들면, 수많은 지역민들이 식물 화학적 분석에 대한 훈련을 받았고, 특정 식물에 함유된 주요 약성 물질의 계절적 변이와 같은 요인들에 대한 보다 많은 정량적인 정보를 얻기 위해 일을 하였었다(Haman, 1991; Quansah, 1994).

A B

그림 58. WWF 로고(A)와 UNESCO 로고(B)

그림 59. 영국의 왕립 큐 식물원의 웹사이트(http://www.kew.org)

이와 같이 "사람과 식물을 위한 의제(People and Plants initiative)"는 전통 집단의 사람들이 지역 생물상의 물리적, 화학적 그리고 생태적 특징들을 포함하여 그들의 자연환경에 대한 광범위하고 자세한 지식을 가지고 있다는 인식에서 출발한다. 이 조직은 서식지 파괴와 문화적 변화에 의해서 파괴되는 지역의 전통지식과 관련이 있는 국제적이고 학제적인 프로젝트이고, 생물적이고 문화적인 다양성의 장기간 보존에 목적을 둔 프로젝트를 지원한다. 이런 "사람과 식물을 위한 의제(People and Plants initiative)"와 함께 하는 전통지식 연구자들은 식물자원과 전통 생태학적

지식의 보존에 관계하는 지역민들과 함께 일을 한다. 전통지식 연구자들은 지속적인 생물의 이용을 위한 참여 연수회와 참여 토론회를 개최하며 민족전통생물학, 전통생태학적인 지식 그리고 생물자원의 지속 가능한 관리 등에 관한 연구 결과들을 발표한다. 이러한 특별한 연구들은 아래와 같이 볼리비아, 브라질, 카리브 연안 지역, 멕시코, 중앙아프리카 그리고 말레이시아 등지에서 수행되고 있다(WWF *et al.*, 1993).

① Beni 생물 보호구역(볼리비아) : 유용식물들의 탐사는 지역민들과 볼리비아 학생들에 의해서 수행되었다.

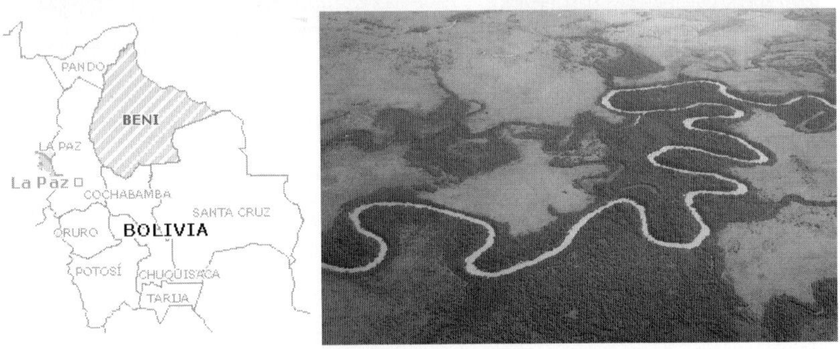

그림 60. 볼리비아의 Beni 생물 보호구역

② Nordeste 프로젝트 : 지역민을 위한 지역 식물(브라질) - 브라질 북동부 지방의 식물 다양성과 경제식물학적 연구는 야외 조사와 실험실 연구로 수행되었다. 지역에서 이용되는 식물들은 이들 자원들이 계속적으로 이용될 수 있도록 조사되고 평가되었다.

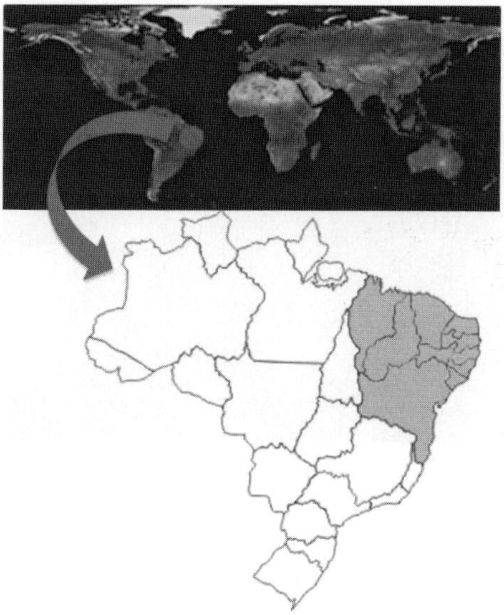

그림 61. 브라질의 Nordeste

③ 유용식물의 보존 상태(카리브 연안) 프로젝트 : 카리브 연안 사람들이 이용하는 식물들 중에서 과도한 수확이 이루어지기 쉬운 식물들을 조사하고, 이 식물들이 오래 보존될 수 있는 방안을 강구하기 위해서 시작되었다.

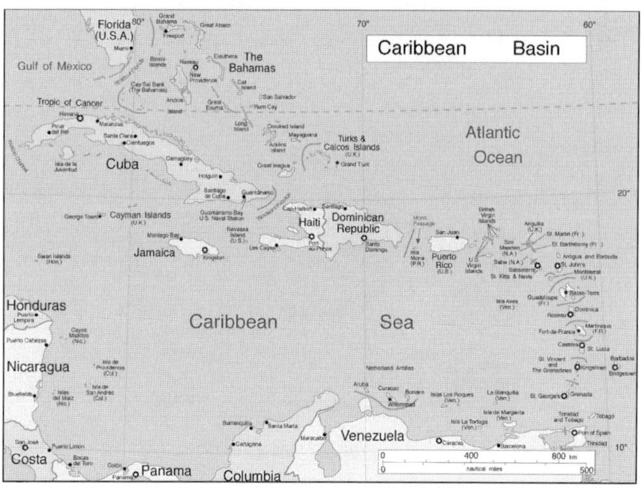

그림 62. 카리브 연안

④ *Prunus africana*의 수확(카메룬) : 추출액이 세계적으로 전립선 비대증에 이용되는 *Prunus africana*의 수피 수확은 Afromontane 숲의 보존에 심각한 문제를 초래하여, 수피 생산을 위한 재배 방법을 시험하였다.

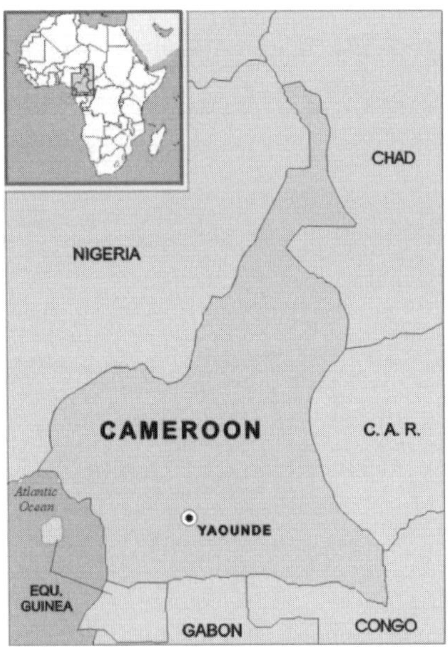

그림 63. 카메룬

그림 64. *Prunus africana* (Hook. f.) Kalkman

⑤ 지역민의 건강관리와 숲의 보존을 위한 개발(마다가스카르) : 이 프로젝트는 지역민의 건강관리와 숲의 보존을 위한 것으로 유용식물과 전통치료법을 탐색하고, 이의 독성과 약성을 검사하여 전통 의학과 정통 의학을 합하여 통합건강 관리 체계를 개발하였다.

그림 65. 마다가스카르

“사람과 식물을 위한 의제(People and Plants initiative)”에 의해서 지원된 많은 프로젝트들은 전통적으로 유용한 식물들의 탐사와 식물 보존을 위한 전략을 개발하는 것을 함께 하였다. 그리고 이러한 프로젝트들은 지역민들을 다양한 수준의 전문가로 훈련시켰으며, 민족전통생물학적인 자료들도 지역민들에게 유용하도록 만들어졌다. 예를 들면, Beni 생물 보호구역에 대한 프로젝트는 지역 전통지식 연구자들을 지원함과 아울러 훈련을 시키고, 지역 개발을 위한 비 목재 식물 생산물들의 잠재적인 기여에 대한 평가를 용이하게 하는 자료를 만들었다. 또한 Nordeste 프로젝트의 일부로써, 발견된 식물 자원과 이들의 이용 등과 같은 가치 있는 정보를 지역민들이 쉽게 이용할 수 있도록 독립적인 데이터베이스의 네트워크를 구성해 놓았다. 그리고 마다가스카르의 건강관리 프로젝트는 야외에서 훈련받은 Antananarivo대학의 의학, 약학, 생화학, 지질학 그리고 식물학을 전공하는 학생들을 참여시켰다.

이러한 형태의 협력 연구의 예는 많은데(Chambers *et al.*, 1989; Johnson, 1992), 초기 협력은 서구인들에 의해서 시작되었지만, 이제는 지역의 토착민들에 의해서 더욱 활발하게 되고 있다. 예를 들면, 솔로몬 군도의 Marovo 지역을 대상으로 한 Marovo 프로젝트는 Marovo인 자체에서 시작되었다. 이와 비슷하게, 오스트레일리아에서 지역 원주민 연구원들과 외부 연구자들의 협력은 일반적인 일이 되었으며, 일부 지역 원주민들은 지역 연구 프로젝트에 도움을 줄 수 있는 서구 과학자들을 채용하기도 한다(Posey, 1994).

그림 66. 솔로몬 군도의 Marovo lagoon

2. 큰 통합을 향한 작업

이제 통합지식 체계의 잠재력을 예시하는 증거들이 모아졌지만, 전통 과학자들에게는 이러한 체계의 개념은 아직 널리 받아 드려지지 않고 있다. 통합을 위한 노력은 소수의 전통지식 연구자들, 개발 연구자들 그리고 미국에 근거를 둔 "문화 생존(cultural survival)"과 같은 비정부기구 그리고 WWF와 같은 국제기구 등이 관심을 가지고 하고 있다. 전통 지식에 대한 서구 학문의 적대성은 전통 사고와 과학 사고의 차이에서 기인하는데, 미래에는 다른 지식 체계의 특성과 역동성에 대한 이해가 좀 더 넓어질 것이며, 이에 따라 효율적인 문화 교류도 활발하게 일어날 것이다(Merculieff, 1994).

(1) 분리된 견해의 화해

전통 과학지식의 놀라운 면을 파악한 민족전통서지학자들에 의해서 소개가 많이 되었지만, 여전히 지역 원주민들이나 다른 전통지식에 대한 서구인들의 견해는 회의적이다. 20세기 중반까지만 해도 대부분의 인류학들은 전통적인 사람들을 원시적으로 간주했으며(Maybury-Lewiss, 1992), 심지어는 전통 과학지식을 원시적이고 비과학적이며 잘못된 것으로 간주하였다(Scoones & Thompson, 1994). 하지만, 최근의 연구들에 따르면, 전통 과학기술의 공식적 유효성을 제시하는 연구자의 결과들이 증가되고 있지만, 문화와 학문의 두 경계에 대한 상호간 이해 부족도 계속되고 있다.

전통 과학지식에 대한 서구 과학자들의 계속된 거부의 주요 요인으로는 서구 과학자들은 역사적으로 자연과학에 대하여 객관적이고 정량적인 접근을 하였고, 이에 비하여, 전통적인 사람들의 지식 체계는 정신적인 면이 우위에 있다는 것이다. 사실, 일부 학자들은 전통지식 연구자들을 전통지식의 가치에 대한 환상을 가지고 있다고 하기도 한다. 그러나 전통지식과 서구 과학지식은 본질적으로 다른 배경을 가지고 있다 하더라도, 두 지식은 앞으로 이론과 실제 사이의 상호작용을 통하여 계속적으로 보강될 것이다(표 5).

표 5. 전통지식 체계와 서구과학 체계의 비교(Johnson, 1992)

전통 지식 체계	서구 과학 체계
자연 세계의 모든 부분은 살아 있는 것으로 간주하고, 모든 생명은 서로 의존함.	인간은 다른 모든 생명체를 조절할 수 있는 도덕적 권리를 가지는 우월한 존재로 간주함.
지식은 대부분 구전됨.	지식은 대부분 문장으로 전달됨.
지식은 관찰과 실제적인 경험을 통해 받아드려지고 개발됨.	지식은 일반적으로 그것이 적용되는 배경으로부터 먼 위치에서 밝혀짐.
지식은 전체적, 직관적, 정성적 그리고 실제적임.	지식은 환원적, 정량적, 분석적 그리고 논리적임.
지식은 장기간에 걸쳐 자원의 사용자에 의해서 개발됨.	지식은 단기간에 걸쳐 특별한 연구자에 의해서 대부분 개발됨.
특별한 지식의 특성과 상태는 정신적인 신념과 같은 사회문화적인 요인들에 의해 영향을 받고 공동으로 제안됨.	특별한 지식의 특성과 상태는 동료들의 견해에 의해서 영향을 받고 개인적인 전문가에 의해서 제안됨.
현상을 인식하고 난 이후 설명은 간혹 정신적이고 주관적임.	현상을 인식하고 난 이후 설명은 본질적으로 이성적이고 객관적임.
지식은 다양한 조건들에 대한 적절한 결정을 내리기 위해서 이용됨.	지식은 가설을 세우거나 법칙과 상수를 증명할 때 이용됨.

표 5는 전통지식의 체계와 이와 상대적인 서구과학 체계 사이의 차이

를 요약해 놓은 것이다. 전통지식은 지역에서 실질적인 경험으로부터 간단하게 나오는 지식과 같이 배경이 연결되고 매우 특이한 것으로 정의된다. 이러한 점은 객관적이고 일반화된 지식에 이론적으로 근거한 것으로 간주되는 서구 과학지식과 비교된다. 이론적인 지식에 대한 오랜 철학적 편애 때문에, 과학은 일반적으로 전통지식에 대해 우월한 것으로 간주된다(Scoones & Thompson, 1994). 이런 서구 중심적 견해는 지식체계의 두 형태를 가름하는 여러 가지 중요한 점들을 간과하게 한다. 첫째, 전통 세계의 견해와 같이, 현대 생태학자들은 이제 자연의 일부로써 사람의 견해를 인정하기 시작했다. 둘째, 서구 과학지식과 같이, 전통 지식은 일반적인 가설의 반복적인 검증을 통해 만들어진다는 것이다. 셋째, 전통지식은 통상 지식의 체계는 나타내지 않을 지라도 서구 과학과 같이 특정 개개인들에 의해서 만들어지며, 공표되고 제어된다는 것이다(Johnson, 1992; Drinkwater, 1994; Scoones & Thompson, 1994).

결국, 다른 과학자들보다는 전통 과학지식을 기꺼이 받아드리지만, 전통지식 연구자들 역시 그들 자신의 문화적 배경의 영향이 전통지식 자료의 부정확한 해석을 낳을 수 있다는 것을 인식하기 시작했다(Scoones & Thompson, 1994). 예를 들면, Alcorn (1989)은 서구인들이 곡물의 배치 혹은 들판의 위치 등과 같이 현재 눈에 보이는 것을 설명하는 경향이 있지만, 전통 농업 종사자들은 들판과 숲 사이를 생태적으로 계속성을 가지는 관리된 들판의 흐름 복합체로 개념화하는 경향이 있다. 이와 비슷하게, 서부 아프리카의 전통 농부들에 의해서 이용되던 복합 간작 체계의 논의에서, Paul Richards는 농부의 작물 배치에 대한 동시 평가는 작물의 배치가 곡물간의 경쟁과 질병의 문제에 대해 잘 계획된 체계의 산물이라는 점을 잘 보여준다. 실제, 마지막 작물의 혼작은 주어진 성장기에 닥칠 수 있는 예측 불가능한 조건들에 대한 계속적 적응의 산물로 생긴다(Richards, 1989). 이러한 관찰은 이제 참여 연구의 원래 개념의 확장을 유도하고, 전통 지식 그 자체에 대한 더 큰 이해를 통해서, 미래에는 민족전통생물학적 증거들에 대한 좀 더 의미 있는 해석이 가능하게 될 것이다.

(2) 전통지식의 보호

지속 가능한 개발의 열쇠로써 통합 지식을 생각하는 사람들은 서구 과학의 새로운 기회와 전통문화의 정체성을 재확인하는 방법으로 이러한 새로운 협력 연구를 강조하고 있다. 그러나 참여 연구와 관련이 있는 주요한 관심은 전통지식의 원 소유자인 지역민에게 보상이 없이 싼 값에 지역 기술을 습득하거나 혹은 전통지식을 사업적으로 이용하는 탐사에 있다. 이러한 문제점을 해결하기 위해, 많은 전통지식 연구자들(Posey, 1990)은 연구자들이 토속 혹은 지역사회의 과학적 그리고 문화적인 재산권을 보호하도록 하는 윤리적 지침들을 발표하였다(Posey, 1994). 1980년대부터는 지역 원주민의 조직들이 그들 자신의 재산권을 보호하기 위하여 노력하여 오고 있다.

이제 지역 원주민의 조직은 세계적으로 지역적인 수준은 물론이고 국제적이고 대륙적인 수준까지 1,000개가 넘고, 이렇게 조직의 수가 늘어남에 따라 그 힘도 커지고 있다. 이들 중 많은 수는 "지역 원주민들의 권리선언(Declaration of Indigenous Rights)"의 지지를 얻기 위해 국제적인 홍보를 해오고 있고(Burger, 1990), 1992년에는 세계 지역 원주민과 그들의 정치적 조직체가 개발과 환경에 대한 UN 총회 즉, 지구 정상회의(Earth summit)에서 받아드려졌다(UN, 1993). 지난 20년 동안, 오스트레일리아, 캐나다, 콜롬비아, 멕시코, 인도, 뉴질랜드, 아르헨티나, 베네주엘라, 미국 그리고 러시아에서 거주하는 지역 원주민들은 그들 자신의 학교를 세움으로써 그들의 언어를 되살리고 그들의 젊은이들에게 전통 기술, 역사, 종교 그리고 사회적인 관습을 재교육시켰다. 그럼에도 불구하고, 문화적 다양성은 전통이 보존된 지역이 없어지고, 자연과 자원에 대한 접근이 어렵기 때문에 지속적으로 상실되고 있다. 예를 들면, 지난 30년 동안, 미국의 네바다

사막에서 650개 이상의 핵폭탄이 폭발됨에 따라 서부 Shoshone 인디언의 영역이 심각하게 파괴되었고(Burger, 1990), 브라질에서는 동부 아마존 지역에 대한 Carajás 개발 계획(Carajás Development Programmme)이 인디언들의 영토를 심각하게 파괴하는 결과를 빚었다(Hall, 1991). 이와 같이 세계적으로 정치적 그리고 사회적인 정책으로 말미암아 지역 원주민들의 영역은 날이 갈수록 줄어들고 있다. 이에 전통지식 연구자들은 전통지식의 좀 더 넓은 이해가 전통이 보존된 지역의 지속 가능한 경제적 발전에 기여를 할 것이며, 문화 다양성이 더 이상 파괴되지 않을 수 있게 한다고 믿고 있다.

그림 67. Shoshone 인디언

그림 68. 브라질의 Carajás 지역

제3부
전통지식의 산업화와 국제적인 관심

제1장 전통지식의 한국 발굴 사례

한국 전통지식에 대한 단순한 일화성 기록(anecdote recording)이나 단순 채록의 기록은 끊임없이 이어져 왔다.

하지만, 나고야의정서(2010)에 규정된 대로 지역사회를 규정하고 이에 상응하는 전통지식을 탐색하고 발굴하여, 국제사회에서 한국 지역사회의 고유한 전통지식을 유효 공표한 것은 Kim과 Song(2006, 2011a, b, c)이 최초의 사례이다.

이렇듯 현대적 의미, 즉 지식 재산권을 대비한 선행성 확보의 차원에서 유효 공표된 한국 고유 전통지식의 탐색과 발굴은 이제 시작 단계에 불과하다.

이러한 상황은 이미 오래전부터 발 빠르게 자국을 넘어 세계의 토속사회나 혹은 지역사회의 전통지식을 지식 재산권화해 왔던 선진 외국에 비하면, 20세기 초부터 수많은 유전자원을 생물약탈(biopiracy) 당했던 것처럼 무방비 상태로 있다는 것을 의미한다.

그러나 아직까지도 전문가는 물론이고 관련 정부기관에서는 탐색과 발굴이 20세기에 거의 끝난 유전자원자체에만 목을 매고 있고, 정작 지식 산업 사회인 21세기에 들어와 있는데도 지식 자산인 전통지식의 경우는 기본적인 이해도 못하고 있는 참으로 안타까운 상황이 지속되고 있다.

전통지식은 조상들이 우리에게 물려준 마지막 자산임을 하루빨리 자각하여, 탐색과 발굴을 서둘러서 등기부 등록에 해당하는 유효 공표를 함으로써, 후손들에게 지식 자산으로 물려주어야할 것이다.

저자들은 지난 20여 년 동안 2만 가지가 훨씬 넘는 한국 지역 사회의 전통지식을 발굴하여 유효 공표해오고 있으며 그 일부를 다음과 같이 식물관련 전통지식, 동물관련 전통지식 그리고 버섯관련 전통지식 순으로 정리하여 안내한다.

1. 식물관련 전통지식

(1) 하늘타리(*Trichosanthes kirilowii* Maxim.)

'하늘타리'는 우리나라 중부 이남의 산기슭에 흔히 자라는 박과의 덩굴식물로써 전북 무주군과 진안군 지역사회에서는, 소가 설사를 할 때 뿌리를 먹이거나 혹은 소가 힘이 없거나 밥을 안 먹을 때 뿌리를 찧어서 먹이는 등 가축인 소의 천연 위장약(소화제)으로 이용하여 왔음을 확인하였다.

그림 69. 하늘타리(*Trichosanthes kirilowii* Maxim)
[왼쪽(상) : 꽃, 왼쪽(하) : 열매, 오른쪽(상) : 뿌리, 오른쪽(하) : 마른 열매]

(2) 강낭콩(*Phaseolus vulgaris* var. *humilis* Alef.)

전북 김제시 지역사회에서는 전체에 털이 있는 콩과의 한해살이 식물인 '강낭콩'을 향명으로 구더기를 뜻하는 고자리를 앞에 붙여 '고자리콩'으로 부르며, 전통적으로 된장, 고추장 등의 장류에 구더기가 생기지 않도록 하는 천연 방충제로 이용해 왔음을 확인하였다.

그림 70. 강낭콩(*Phaseolus vulgaris* var. *humilis* Alef.)
[왼쪽(상) : 잎, 왼쪽(하) : 열매, 오른쪽(상) : 꽃, 오른쪽(하) : 종자]

(3) 천남성[*Arisaema amurense* for. *serratum* (Nakai) Kitag.]

한국에 7종류가 생육하는 천남성과의 '천남성'은 산지의 습한 그늘에서 자라며 뿌리는 구경이고 그 위에 얇은 인편(鱗片)이 줄기를 감싸며 민간에서는 '촐냥성'이라 불리기도 한다.

전북 동부 산간 지방의 지역사회에서는 전통적으로 담이 결릴 때에는 이 천남성 뿌리를 말려서 가루를 만든 후에 밀가루 반죽에 섞어서 수제비를 만들어 먹어 효과를 보았다고 한다.

그림 71. 천남성[*Arisaema amurense for. serratum* (Nakai) Kitag.]
[왼쪽 : 전체, 오른쪽(상) : 열매, 오른쪽(하) : 뿌리]

(4) 참죽나무(*Cedrela sinensis* Juss.)

멀구슬나무과에 속하는 '참죽나무'는 향명으로 '가죽나무'로 부르기도 하여, '가죽나무(*Ailanthes altissima*)'와 혼용하기도 한다.

이 참죽나무를 전북 남원시와 전남 구례군의 지역사회에서는 잎을 삶아 말렸다가 볶아서 먹고, 전북 남원시, 전남 구례군, 경남 함양군 및 하동군의 지역 사회에서는 찹쌀 풀을 끓여서 잎에 바른 후 말린 다음 자반 또는 기름에 튀겨서 부각으로 만들어 먹었으며, 경남 함양군의 지역사회에서는 생것 또는 쪄서 쌈을 해먹었고, 경남 하동군에서는 장아찌로 만들어 먹는 등 7가지 음식으로 이용하고 있다.

그림 72. 참죽나무(*Cedrela sinensis* Juss.)
[왼쪽(상) : 잎, 왼쪽(하) : 어린 잎, 오른쪽(상) : 꽃과 잎, 오른쪽(하) : 참죽 부각]

(5) 무(*Raphanus sativus* L.)

'무'는 십자화과의 1년초 또는 2년초로써 동양의학에서는 '협복(莢箙)'이라고 부르며 과식했을 때의 소화제로 사용된다.

전북 남원시의 지역사회에서는 전통적으로 무우를 썰어 말려 솥에서 볶아 집안의 상비약(소화제)으로 보관하였다가 소화가 잘 안될 때 차로 끓여서 이용하였으나 요즘은 뻥튀기로 만들어 보관하다가 소화가 안 될 때 이를 끓여 물을 차처럼 마시고 있다.

그림 73. 무(*Raphanus sativus* L.)
[왼쪽(상) : 잎과 뿌리, 오른쪽(상) : 뿌리, 아래 : 무 뻥튀기]

(6) 도토리(*Quercus* sp.)

전북 남원군과 전남 구례군의 지역사회에서는 장기보관이 어려운 '도토리묵'을 잘게 썰어 완전히 말린 후 묵말랭이로 보관하였다가 원하는 때에 다시 불려서 무쳐먹고 있다.

그림 74. 도토리(*Quercus* sp.)
[왼쪽 : 열매, 오른쪽(상) : 묵, 오른쪽(하) : 말린 묵]

2. 동물관련 전통지식

(1) 땅강아지(*Gryllotalpa orientalis* Burmeister)

'땅강아지'는 우리나라 전역에 분포하며, 땅속에 굴을 파고 돌아다니며 사는 대표적인 토양 곤충으로, 국립공원 지리산 지역의 지역사회에서는, '땅강아지'를 전통적으로 장 기능과 관련된 질환에 다양하게 사용해 왔음을 확인하였고, 이를 말려 가루를 내어 복용할 경우 변비치료에 특효가 있는 것으로 알려져 이용되고 있다.

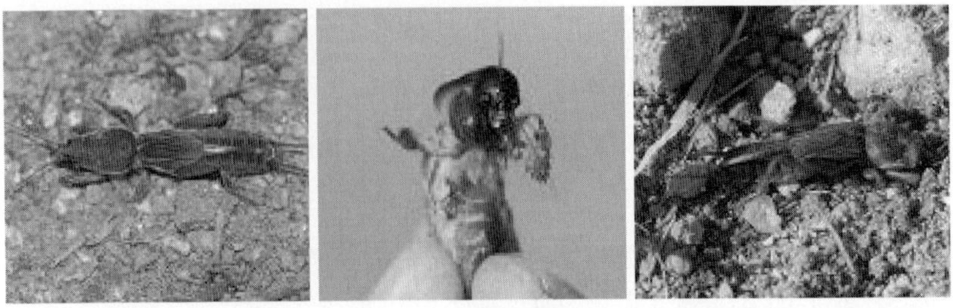

그림 75. 땅강아지(*Gryllotalpa orientalis* Burmeister)

(2) 왕사마귀(*Tenodera sinensis* Saussure)

한국에 분포하는 사마귀는 8종류이나 국립공원 지리산 지역의 지역 사회에서는 주로 왕사마귀가 만든 알집을 말려, 가루를 내어 목과 관련된 질병에 전통적으로 사용한 예가 있었으며, 알집을 모아 다린 물을 마셔 변비를 치료한 사실을 확인하였다.

그림 76. 왕사마귀(*Tenodera sinensis* Saussure)

(3) 굼벵이

일반적으로 '굼벵이'로 알려진 꽃무지 애벌레는 우리나라에 30여 종류가 있으며 초가지붕이나 볏짚, 두엄에 주로 자라며 식물의 부식을 돕는다.

국립공원 지리산 지역의 지역사회에서는 굼벵이를 호박과 함께 삶은 뒤 으깨어 환부에 직접 바르거나 그것을 말려 환으로 만들어 염증이나 다친 곳을 아물게 할 때 사용하고 있다.

A B C

그림 77. 만주점박이꽃무지[*Protaetia mandschuriensis* (Schurhoff)]의 굼벵이
[A : 애벌레, B : 번데기, C : 성충]

3. 버섯관련 전통지식

(1) 석이[*Umbilicaria esculenta* (Miyoshi) Minks.]

'석이'는 석이과의 지의류로써, 경남 함양군 마천면의 지역사회에서는 물에 담갔다가 물기를 제거하고 채로 썰어서 김장 김치 담을 때 넣으면 오래 보관해도 군내가 나지 않고 덜 무르며 사각거리는 맛을 유지하고, 부패하기 쉬운 여름철 음식에 넣어 식중독을 예방하는 데에도 활용하는 등 천연방부제로 이용하고 있다.

그림 78. 석이[*Umbilicaria esculenta* (Miyoshi) Minks.]

(2) 능이버섯[*Sarcodon aspratus* (Berk.) S. Ito]

국립공원 지리산 지역사회의 경우, '능이버섯'은 굴뚝버섯과의 식용버섯으로 참나무 뿌리에서 군생하며 참나무가 우거진 600~700미터 이상의 높은 산의 8부 능선이상에서 발견되어 '능이'라고 하며 건조시키면 강한 향기가 있어 '향버섯' 또는 '향이'라고도 부르며, 살짝 데쳐서 식용으로도 먹으며 특히, 고기 먹고 체했을 때 달여서 먹는 등의 천연소화제로 이용하고 있다.

그림 79. 능이버섯[*Sarcodon aspratus* (Berk.) S. Ito]

제2장 전통지식의 국내외 실용화 및 산업화 사례

선진 외국에서는 20세기 초까지 전 세계를 대상으로 유전자원에 대한 조사와 발굴을 거의 마치고 20세기 말부터는 지식 자산인 전통지식에 대한 중요성에 눈을 떠 이를 확보하는 데에 배전의 노력을 경주해 오고 있다.

그러나 한국을 비롯한 후발 산업 국가들은 물론이고 개발 도상 국가들에서는 전통지식에 대한 국제적인 강제규정이 담긴 나고야의정서가 발효될 시점에도 그 중요성에 대한 이해를 제대로 못하고 있는 아쉬운 실정에 있다.

여기에서는 전통지식에 대한 외국의 중요한 발굴 사례와 한국의 사례를 비교해서 한국 고유 전통지식에 대한 실용화와 산업화에 대한 가능성을 검토해 보았다.

1. 마다가스카르의 일일초(*Catharanthus roseus*)와 한국의 비파나무(*Eriobotrya japonica*)

협죽도과에 속하는 일일초는 오랜 옛날부터 마다카스카르를 비롯한 서남아시아 지방의 원주민들이 약초와 관상용으로 이용하여 왔고, 중국도 오래전부터 다양한 질병에 이용해 왔다.

그러나 일일초에서 분리해 낸 vincristine과 vinblastine이 백혈병과 호지킨병에 탁월한 효과가 증명되었고, 이에 대한 특허를 미국 제약회사가 가지고 있어, 이것을 전통적으로 이용해온 전통지식을 소유하고 있는 마다가스카르의 원주민 사회에 보상을 전혀 하지 않으면서도 연간 1억 달러 이상으로 추정되는 막대한 이익을 내고 있다.

그림 80. 마다가스카르의 일일초[*Catharanthus roseus* (L.) G.Don]

장미과에 속하는 우리나라의 비파나무도 오래전 옛날부터 남해안과 도서 지방의 지역사회를 중심으로 피부 보호와 항암 치료에 이용되어 오고 있다.

그러나 피부 보호와 치료에 대한 특허는 최근에 한국에서도 일부 내고 상품화도 성공하고 있으나 미국에서도 오래전에 여러 건의 특허가 등록이 되어있고 이와 관련된 일부 상품도 있어 앞으로 특허 분쟁이 생길 수 있으며, 항암 효과에 대한 실험도 오래전부터 이루어지고 있어 특허화가 될 것으로 예상되고 있다.

그림 81. 한국의 비파나무[*Eriobotrya japonica* (Thunb.) Lindl.]
[왼쪽 : 꽃, 오른쪽 : 열매]

2. 옥수수의 조상종인 테오신테(teosinte, *Zea diploperennis*)와 한국의 다마금

옥수수의 조상종인 테오신테가 멕시코에서 발견되어 옥수수의 유전자풀(gene pool)이 크게 넓어졌으며, 이와 관련된 특허도 미국에서 많이 등록하여 지식 재산권을 확보하고 있다.

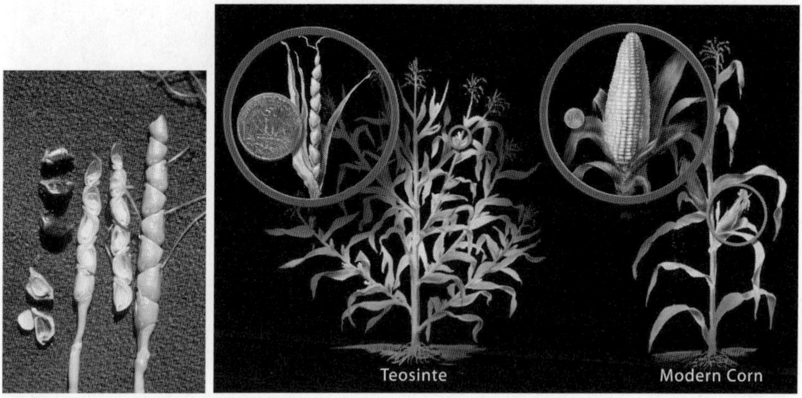

그림 82. 테오신테(teosinte, *Zea diploperennis*)

'다마금' 은 우리나라 고유의 벼 품종으로 300여 년 전 홍만선의 산림경제에는 '다다지(多多地)' 로 기록되어 있고, 우리나라 기후 풍토에 잘 맞고 병충해에도 강하며 낟알도 2~3배 많고 맛이 좋아 '어반미(御飯米)' 라고도 불리며 수염이 있어 '양반 벼' 라고도 한다.

다마금은 이미 오래 전에 상품화되었지만, 유전자원의 보호와 보존의 관점에서 다른 고유의 벼 품종들도 하루속히 탐색 발굴하여 지식 재산권의 확보를 서둘러야할 것이다.

그림 83. 한국의 다마금

3. 멕시코의 말벌(*Catolaccus grandis*)과 한국의 논거미

멕시코 남부에 생육하고 있는 말벌은 야생 목화를 먹는 목화다래바구미를 먹이로 하는데, 이를 이용하여 말벌을 천적 곤충으로 활용함으로써 목화의 질을 떨어뜨리는 목화다래바구미를 없애 질 좋은 목화를 얻고 있다.

그림 84. 멕시코의 말벌(*Catolaccus grandis*)

우리나라의 논거미는 22과 93속 164종류가 있는데 이들이 육식성으로 식성이 좋아 다수의 해충을 처리해 주며 환경적응력이 강하고 수명이 길어 유기농업의 효자 노릇을 톡톡히 하고 있다.

그림 85. 한국의 논거미 종류

4. 열대의 개미(*Pseudomyrmex triplarinus*)와 한국의 불개미 (*Formcia yessensis*)

개미를 약용으로 이용하는 것은 우리나라를 포함하여 전 세계의 토속 사회나 혹은 지역 사회에서 공통으로 나타나는 현상이다.

특히, 열대 지방에 서식하는 개미를 류마티스성 관절염으로 인한 관절

부기 등으로 인한 통증을 치료하는데에 전통적으로 널리 이용되어 왔으나, 이를 이용한 약품의 특허는 대부분 영국과 미국(미국 특허 번호: 5,180,743)이 소유하고 있어서, 열대 지방의 원주민들이나 혹은 전통적으로 개미를 약용으로 이용해 왔던 다른 지역 사회의 주민들도 모두 막대한 약값을 치루고 사서 복용하고 있는 실정이다.

그림 86. 열대의 개미(*Pseudomyrmex triplarinus*)

우리나라의 불개미도 옛날부터 관절염이나 관절 통증을 치료하는 데에 치료제로 널리 이용되고 있으므로, 이에 대한 약학적 검토와 임상 실험을 통해 특허를 확보함으로써 한국 고유의 지식 재산권을 확보해야 할 것이다.

그림 87. 한국의 불개미(*Formcia yessensis*)

제3장 전통지식의 국제적 생물약탈(biopiracy) 사례

국제적으로 전통지식을 생물약탈 당한 나라 중에서도 인도는 가장 좋은 사례이다. 인도는 다양한 문화가 수천 년 동안 이어져 오면서 아주 많은 전통지식들이 개발되고 발전되어 온 대표적인 나라이다.

이러한 이유에서, 오래전부터 선진국들의 생물약탈의 주요 대상이 되어 왔고, 이는 곧 인도인들이 자국의 전통지식에 대한 중요성을 다른 개발도상국보다 빨리 인식할 수 있게 된 배경이 되었다.

현재는 정부 차원에서 자국의 전통지식을 보호 및 보존하려는 전담기관들이 설립되어 관리를 하고 있지만, 이외에도 다양한 NGO 단체들이 활동을 활발하게 전개하고 있고, 학자들의 연구도 매우 활발하게 수행되어 인도의 전통지식을 자국의 지식 재산권으로 확보하는 데에 앞장서고 있다.

1. 심황(*Curcuma longa* L.)

심황의 뿌리는 인도인들이 향신료로 널리 이용하고 있으며, 약용, 향장용 그리고 염료 등의 효과적인 첨가물로 이용하여 왔다.

특히, 약용으로는 수 세기 동안 상처와 부상을 치료하는 데에 전통적으로 이용해 왔다.

그림 88. 심황(*Curcuma longa* L.)[왼쪽 : 꽃, 오른쪽 : 뿌리]

그러나 1995년에 미국 미시시피 대학의 의료센터에 있던 추방당한 인도 사람(Suman K. Das와 Hari P. Cohly)이 심황의 부상 치료에 대한 미국 특허(번호: 401,504)를 받았다.

이에 인도 뉴델리의 과학산업위원회는 이 특허에서 주장하는 심황의 부상과 상처 치료에 이용은 인도의 경우 수천 년 전부터 이용되어 이미 선행성도 가지고 있어서, 새로운 발명이 아니라는 점을 들어 특허 취소를 위한 제소를 하였다.

이들의 제소 내용을 입증하는 자료는 고대 산스크리트 문헌과 1953년 인도 의학잡지에 실린 한 논문이었다.

이러한 논란 끝에 특허는 1997년에 취소되었으며, 이 사례는 개발도상국가의 전통지식에 대한 보호를 인정하게 해준 기념비적인 사건이었다.

2. 님나무(*Azadirachta indica* A. Juss.)

님나무 추출액은 작물을 공격하는 수많은 세균성 질병에 이용되고, 종자로부터 짜낸 기름은 감기와 독감 치료에 이용되며, 비누와 섞어서 사용하면, 말라리아, 피부질환 그리고 수막염을 치료하는 데에 이용된다.

그림 89. 님나무(*Azadirachta indica* A. Juss.)
[왼쪽 : 전체, 오른쪽(상) : 꽃, 오른쪽(하) : 열매]

1994년 유럽 특허청은 미국의 W.R. company와 미국 농림부에 식물의 균을 퇴치하는 님나무 오일에 대한 특허를 인정하고 등록을 하였는데, 1995년 인도 농민의 대표들과 국제 NGO들이 이 특허의 철회를 위한 합법적인 제소를 하였다.

여기에 제시된 증거들은 수 세기 동안 인도의 농업에서 이용되어 온 것들이었지만 아직 특허 출원이 안 된 것들이었다.

1999년 유럽 특허청은 제시된 모든 증거들의 공익 우선권을 인정하였고 2000년에 특허는 취소되었으며, 이어 2006년에는 나머지 특허들도 전부 취소를 하였다.

3. 바스마티 쌀(*Oryza sativa* L.)

미국의 Rice Tec. Inc.는 영국의 상표 등록청에 "Texmati"라는 상표의 등록을 시도하였지만, 인도의 APEDA(Agricultural and Processed food Exports Development Authority)는 이를 성공적으로 막았다.

이때 Rice Tec. Inc.가 제시한 유일한 근거는 1997년에 미국 특허청에 등록한 미국 특허(번호: 5,663,484)이었다.

그림 90. 바스마티쌀(*Oryza sativa* L.)
[왼쪽 : 종실, 오른쪽 : 바스마티쌀]

이 미국 실용특허(utility patent)는 전통적으로 인도 바스마티 쌀과 유사한 특징을 가지는 쌀에 대한 청구사항(15~17항)을 가지고 있으며, 북 · 중 및 남아메리카와 카리브 해 섬들까지 포함하는 지리적인 영역을 포함하고 있었다.

특히, 이 특허의 20여개 청구사항들에는 새로운 벼(rice plant)에 대한 것뿐만 아니라 다양한 쌀 계통을 포함하고, 식물체, 낟알 그리고 종자의 저장에 대한 청구사항, 교배와 번식을 위한 벼 종자의 선별 방법 등도 포함되어 있다.

청구사항 15~17항은 인도에서 미국으로 수출하는 것을 막을 수 있는 것이었다. 이 특허를 취소하는 증거는 1978년 이래 쌀 연구소에서 수집한 생식질(germ plasm)에 대한 자료가 발표된 인도 농업연구소의 잡지 내용과 중앙식량연구소의 전문가들이 다양한 낱알들에 대한 특징 분석 자료이었다.

결국 2000년에 특허에 대한 재심의 요청서가 제출되었고, Rice Tec. Inc.는 곧 바로 청구사항 4항에 이어 15~17항을 철회하였다.

4. 카바(*Piper methysticum* G. Forst.)

카바는 같은 이름인 전통주의 원료로써 가치가 높아 태평양 지역에서는 중요한 경제 작물이다.

태평양 지역에는 카바가 수 백 가지가 넘는 변종들이 자라는 데, 특히, 피지와 바누아투에서는 수 천 년 전에 재배되었을 것으로 추정된다.

그림 91. 카바(*Piper methysticum* G. Forst.)
[왼쪽 : 잎, 오른쪽(상) : 뿌리를 자르는 모습, 오른쪽(하) : 전통 음료를 만드는 모습]

북아메리카와 유럽에서는 현재 다양한 용도로 활용되고 있다. 연 매출이 100억 달러가 넘는 프랑스의 L'Oreal 회사는 카바의 탈모방지와 발모촉진에 대한 특허를 가지고 있다.

5. 아야후아스카[*Banisteriopsis caapi* (Spruce ex Griseb.) C.V. Morton]

아마존 분지 일대의 토속 종족의 샤먼들은 세대를 거듭하면서도 아야후아스카라고 불리는 전통음료를 만드는데 이용하는 *B. caapi*를 소유하고 있다.

샤먼은 종교의식, 질병을 진단하고 치료하는 치료의식 그리고 영혼을 만나기 위해 아야후아스카를 이용한다.

미국인 Loren Miller는 아마존의 재배원에서 채집한 "Da Vine" 이라고 불리는 단지 꽃 색깔에 의해 *B. caapi*의 새롭고 독특한 변종으로 주장된 식물을 대상으로 잠재적인 약성을 분석하여, 1986년 미국 특허(번호: 5,751)를 받았다.

그림 92. 아야후아스카[*Banisteriopsis caapi* (Spruce ex Griseb.) C.V. Morton]
[왼쪽 : 줄기, 오른쪽(상) : 꽃, 오른쪽(하) : 샤먼]

이에 대해, 아마존 지역의 400개가 넘는 토속 종족을 대표하는 COICA (the Coording Body of Indigenous Organizations of the Amazon Bazin)가 이 특허의 등록이 잘못되었음을 주장하였다.

이들은 아야후아스카가 아마존 열대우림의 자생으로 알려져 있으며, 전통의약으로 이용되고 있고, 세대를 걸쳐 재배되고 있으므로 Miller가 새롭게 발견한 것이 아니라는 점을 주장하여 1999년 특허가 취소되었다.

그러나 2001년, Miller의 재심 요구와 이어진 판결에 의해 특허에 대한 권리가 다시 복원되었다.

6. 퀴노아(*Chenopodium quinoa* Willd.)

퀴노아는 안데스 산지에 거주하는 수백 만 명에 달하는 원주민들의 식량자원으로, Quechua와 Aymara 지방 사람들은 수많은 퀴노아 변종을 가지고 있다.

그림 93. 퀴노아(*Chenopodium quinoa* Willd.)
[왼쪽 : 꽃, 중앙(상, 하) : 추수하는 모습, 오른쪽 : 종자]

그 중 한 전통적인 변종인 Apelawa는 미국의 콜로라도 주립대학의 두 교수에 의해서 특허 등록된 잡종 퀴노아를 만들 수 있는 변종의 웅성불임 세포질에 대한 미국 특허(번호: 5,304,718)의 주제이다.

이 특허는 웅성불임 Apelawa 식물과 교배되는 어떤 퀴노아에도 적용된다.

7. 후디아[*Hoodia gordonii* (Masson) Sweet ex Decne.]

수천 년 동안, 아프리카의 사냥꾼들은 긴 사냥여행에서 갈증과 배고픔을 달래기 위하여 후디아 선인장을 먹었었다.

아프리카 남부의 칼라하지 사막 주변에 사는 Kung 부시맨의 San족 사람들은 후디아의 줄기를 오이 크기로 잘라 식용으로 이용하였다.

그림 94. 후디아[*Hoodia gordonii* (Masson) Sweet ex Decne.]

후디아는 이제 생물약탈의 중심에 있다. 1995년 남부 아프리카인 SCIR (South African Council of Scientific & Industrial Research)는 후디아의 식욕억제요소(P57)와 이 성분의 비만 치료에 대한 잠재성에 대한 특허를 등록하였고, 1997년 영국의 생명공학회사인 Phytopharm에 P57에 대한 사용권을 주었다. 이어, 1998년 Pfizar는 비만 치료와 다이어트를 위한 약용으로 개발(60억 달러가 넘는 시장)하기 위하여, 32백만 달러를 주고 Phytopharm으로부터 P57의 사용 권리를 획득하였다.

결국, San족은 이러한 사실을 인지하고, 남부 아프리카인 SCIR과 제약산업에 대해 생물약탈이라는 점을 들어 2001년부터 법적인 대항을 하기 시작하였다.

이들은 그들의 전통지식이 약탈되었으며, 남부 아프리카인 SCIR은 전통지식을 이용하려면 그 전통지식에 대한 원 발견자와 사용자를 포함한 모든 해당 당사자들과의 동의를 해야 한다는 생물다양성 협약을 위반했다고 주장하였다.

Phytopharm은 광범위한 수색을 하였지만, 이 전통지식의 소유자를 찾지 못했는데, 그 이유는 San족은 원래 거주지에서 1,500마일이나 떨어진 곳에서 유목 생활을 하고 있었기 때문이다.

또한, 남부 아프리카인 SCIR은 이러한 연구와 이익 공유를 San족에게 알릴 것이며, 이 전통지식이 성공적으로 신약으로 개발되었으면 한다고 했었다.

양측은 전통지식의 원 소유자, 그 후손, 종족 혹은 전체 국가(San족은 4개 국가에 거쳐 거주하고 있음) 보상에 대한 불화가 있었음에도 불구하고, 이익 공유에 관한 동의서를 위한 협의에 들어가게 된다.

마침내 2002년, 특허권자인 남부 아프리카인 SCIR로부터 San족이 미래의 일정 부분의 로열티를 받을 것이라는 것에 합의를 이루었다.

남부 아프리카인 SCIR는 Pfizer로부터 판매에 대한 로열티를 받는 Phytopharm으로부터 약 10%의 로열티를 받으므로, 결국 San족은 아주 적은 로열티를 받을 수밖에 없다.

8. 기타 사례들

위의 사례들 이외에도 많은 사례들이 있다. 인도의 전통의학인 아유르베다에서 황달의 치료에 이용되는 *Phyllanthus amarus*는 B형 감염 치료에 대한 이용으로 미국에 특허 등록되어 있고, 백반증 치료에 이용되는 *Piper nigrum*은 이의 분자적 응용으로 동일한 치료에 이용되는 특허가 영국에 등록되었다.

그림 95. *Phyllanthus amarus* Schumach. & Thonn.
[왼쪽(상) : 잎, 왼쪽(하) : 열매, 오른쪽 : 전체]

그림 96. *Piper nigrum* L.
[왼쪽 : 열매, 오른쪽 : 잎]

제4장 한국 전통지식의 유사 유출 사례

한국 역사상 고유한 전통지식의 최대 생물약탈 사례는 근대에 들어와 침략을 받거나 혹은 식민지 시절을 거친 다른 후진 개발 국가들과 같이 과거 36년 간 일본에 의한 지독한 약탈 시기이다.

당시 일제는 이루 헤아릴 수 없는 유전자원의 전통지식을 약탈해 갔음은 물론이고 가져가지 못한 것은 파괴하는 등 전통지식의 말살정책을 펴기까지 하였다.

해방이후에는 6. 25 전쟁을 통해 그나마 남아있던 수많은 전통지식이 파괴되었고 이후 미국의 군정 시절을 거치면서, 서양식 교육 체제의 영향으로 전통지식을 비과학, 비합리 그리고 비논리적이라 생각하여, 무시를 넘어 폄하를 하는 등 전통지식을 회복할 수 있는 근간조차 무너뜨리는 역사적 우를 범하였다.

이러한 영향은 현재에도 계속되고 있어서, 전문가들이나 정책을 집행하는 정부의 관료들도 유전자원 자체에만 관심을 집중하고 있는 안타까운 실정에 있다.

21세기 지식 산업 시대를 맞이하여 국제적으로는 전통지식의 확보에 혈안이 되어있고, 급기야는 나고야의정서가 발효되는 등 전통지식을 둘러싼 상황들은 급박하게 움직이고 있지만, 우리나라는 아직도 무대책으로 일관하고 있다.

이러한 상황에서 다양한 우리의 전통지식이 다른 나라의 지식 자산화 되어 가고 있는데 대표적인 예를 다음과 같이 살펴보았다.

1. 관절염 치료를 위한 "닭뼈곰탕"

미국 하버드의과대학의 David Trentham 박사의 연구팀은 Dr. Joel Wallach의 돼지 관절염 치료법으로 알려진 처방에서 아이디어를 얻어 믿기는 어려웠지만, 임상 실험을 시도하여 뜻밖에 성과를 얻게 되었다. 연구팀은 1993년 사이언스지(Vol. 261, No. 5129: 1727-1730)에 투고한 연구 발표에서 류마티스성 관절염 환자를 대상으로 한 소규모의 단기 임상실험을 한 결과, 닭의 연골로 만든 교원질액이 증세의 진전을 차단하는 것으로 밝혔다(Trentham, 1993).

Science | AAAS.ORG | FEEDBACK | HELP | LIBRARIANS | Science Magazine | Enter Search Term
GUEST ALERTS | ACCESS RIGHTS
AAAS | NEWS | SCIENCE JOURNALS | CAREERS | BLOGS & COMMUNITIES | MULTIMEDIA | COLLECTIONS
Science The World's Leading Journal of Original Scientific Research, Global News, and Commentary.
Science Home | Current Issue | Previous Issues | Science Express | Science Products | My Science | About the Journal

Home > Science Magazine > 24 September 1993 > Trentham et al., 261 (5129): 1727-1730

Article Views: Abstract · References · Full Text (PDF)

Article Tools: Save to My Folders · Download Citation · Alert Me When Article is Cited · Post to CiteULike · E-mail This Page · Submit an E-Letter · Commercial Reprints and Permissions

Science 24 September 1993:
Vol. 261 no. 5129 pp. 1727-1730
DOI: 10.1126/science.8378772

‹ Prev | Table of Contents | Next ›

Effects of oral administration of type II collagen on rheumatoid arthritis

DE Trentham, RA Dynesius-Trentham, EJ Orav, D Combitchi, C Lorenzo, KL Sewell, DA Hafler and HL Weiner

± Author Affiliations

ABSTRACT

Rheumatoid arthritis is an inflammatory synovial disease thought to involve T cells reacting to an antigen within the joint. Type II collagen is the major protein in articular cartilage and is a potential autoantigen in this disease. Oral tolerization to autoantigens suppresses animal models of T cell-mediated autoimmune disease, including two models of rheumatoid arthritis. In this randomized, double-blind trial involving 60 patients with severe, active rheumatoid arthritis, a decrease in the number of swollen joints and tender joints occurred in subjects fed chicken type II collagen for 3 months but not in those that received a placebo. Four patients in the collagen group had complete remission of the disease. No side effects were evident. These data demonstrate clinical efficacy of an oral tolerization approach for rheumatoid arthritis.

그림 97. 사이언스지(Vol. 261, No. 5129: 1727-1730)

연구 내용을 보면, 재래식 치료에 효과를 보지 못한 59명의 류마티스성 관절염 환자를 두 그룹으로 나누어 28명에게는 오렌지 주스+교질원액을, 나머지 31명에게는 오렌지 주스만을 복용하게 하고, 3개월 후 결과를 보았더니 전자의 경우 모두 증세가 호전되었으나, 후자의 경우는 악화가 되었다는 것이다.

"경구내성화"라고 부르는 이 치료법은 체내의 면역체계로 하여금 관절 주변 조직으로 하여금 공격을 중지하도록 작용하는 것으로 알려졌다.

이후, 연구팀은 연구를 계속하여, 다수의 미국 특허(번호: 05,399,347, 05,720,955, 05,783,188, 05,856,446)를 획득하고, 한 달 복용에 3천 5백 달러인 약을 개발하였다.

그러나 우리나라에서도 충청도 지방을 중심으로 노인들이 무릎이 아플 때 오래전부터 "닭발+쇠무릎(우슬)+기타"를 탕으로 만들어 복용한 전통지식을 가지고 있었다.

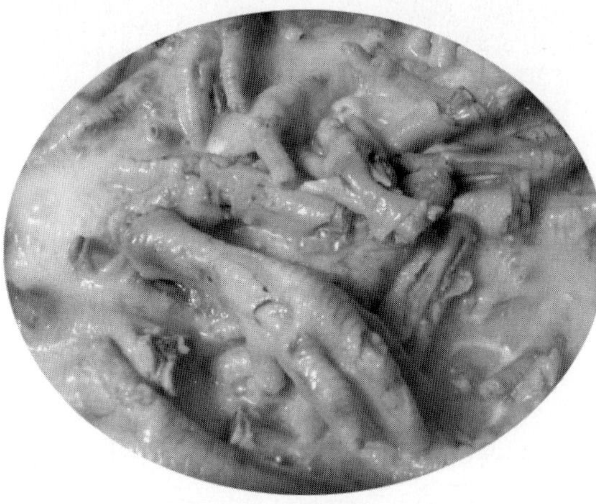

그림 98. 닭뼈곰탕

하지만, 이러한 내용을 기록한 문헌이 아직 밝혀지고 있지 않아, 이 전통지식의 선행성을 주장할 수 없는 안타까운 처지에 있다.

이 사례는 우리나라의 구전 전통지식을 왜 하루바삐 탐색, 발굴하고 유효 공표해야 하는가에 대한 해답을 주고 있다.

2. "김치" 담그는 법에 대한 유사 특허

1980년 초에 스위스 네슬레는 양배추 소금 절임 식품인 사우어크라우트의 맛을 개선하기 위하여 연구를 하였다.

연구 결과, 양배추를 소금 1.0~4.5 중량%에서 발효를 시킬 때, 닭고기의 가수분해단백질을 첨가하면 발효된 양배추에서 치킨 풍미가 나는 것을 발견하였다.

그림 99. 사우어크라우트

연구 팀은 이를 특허 출원하여, 우리나라를 제외한 14개국에 등록을 하였고 이들 국가에서는 이를 상품화하여 독점적으로 판매할 수 있게 되었다.

우리나라에서 특허의 등록이 거절된 이유는 한국에서 배추김치를 담글 때 젓갈류를 넣어 맛을 좋게 하는 기술과 동일하거나 혹은 이로부터 이

분야의 통상적인 기술을 가진 자라면, 김치 담그는 법으로부터 쉽게 발명할 수 있는 기술이라는 점이다.

그림 100. 김치

이 사례 역시, 구전하는 전통지식의 탐색과 발굴의 당위성을 알려주며, 전통지식에 대한 우리의 경각심을 높여주는 아주 좋은 예이다.

제5장 전통지식의 발굴에 대한 국제적 동향

전통지식을 탐색하고 발굴하는 국제적인 흐름은 국가들 간에 처해 있는 상황에 따라 크게 선진 산업국가, 후발 산업국가 그리고 개발도상국가 등 3부분으로 크게 나누어진다.

북미와 서유럽의 국가들과 같은 선진 산업 국가들의 경우는 자국의 전통지식은 탐색과 발굴을 거의 마무리하고, 자국 이외의 토속 사회나 혹은 지역 사회의 전통지식을 탐색하고 발굴하는 데에 중점을 두고 있다.

우리나라를 포함하는 후발 산업 국가들은 생물다양성 협약과 나고야 의정서의 발효와 함께 이제 자국의 전통지식이 자국의 지식 자산임을 인식하고, 전통지식에 대한 탐색과 발굴 그리고 유효 공표를 시작하는 단계이다.

개발 도상국가는 아직도 자국의 전통지식에 대한 관심을 거의 가지지 못하고 있다가, 유전자원과 전통지식에 대한 이익 공유에 대한 논의가 활발해 지면서, 최근에 들어와서 전통지식에 관심을 가지고 있는 실정이다.

1. 선진 산업국가

(1) 미국

Dr. D.E. Moerman 연구팀이 30여년 가까이 10여 건에 넘는 국가 프로젝트를 통해, 미국의 원주민 291개 토속 사회를 대상으로 유전자원 4,029 종류에 대한 전통지식 44,491가지를 탐색하고 발굴하여 정리 발표하였다 (Moerman, 1998).

미국 생물 산업에 필요한 수많은 소재와 지식 재산권을 확보하게 한 원천자료로 활용되고 있다.

이외에도 미국의 많은 연구자들은 남미의 열대 지방을 중심으로 다른 국가의 토속 혹은 지역 사회의 전통지식을 탐색하고 발굴하는데 온 힘을 기울이고 있으며, 발굴된 다양한 전통 지식을 통해 생물산업과 의약산업같은 관련 산업의 발전에 큰 도움을 주고 있다.

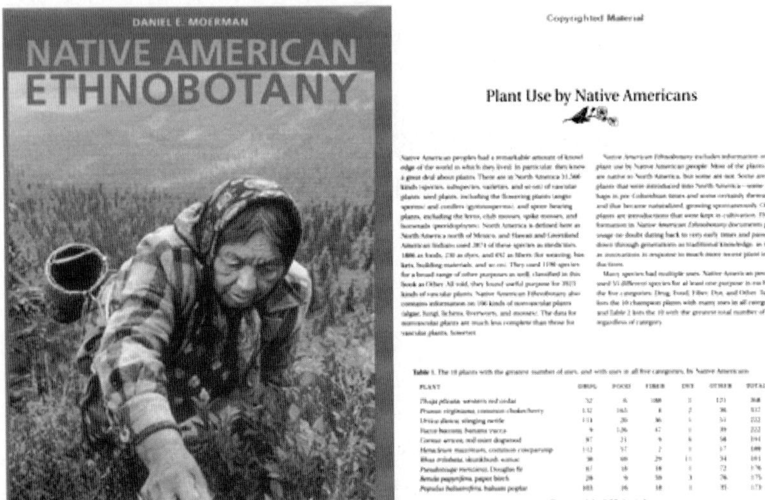

그림 101. Native American Ethnobotany(Moerman, 1998)

(2) EU

EU는 RUBIA 프로젝트라는 다국적 거대 연구를 수행하여, 다양한 전통지식을 탐색하고 발굴하였다.

그 중에서 Dr. A.C. Hadjichambis를 대표로 하는 지중해 연안 7개국 연구자로 구성된 다국적 연구팀은 Albania, Cyprus, Egypt, Greece, Italy,

Morocco, Spain 등 7개 국가 지역에서 406 종류의 식용식물들에 대한 다양한 전통 식이치료 recipe들을 발굴하였다(Hadjichambis *et al*., 2008).

유럽 건강식품산업과 외식산업 전체에 커다란 전기를 마련해 주어 유럽에 자연 혹은 유기농 건강식품 개발의 붐을 일으키게 한 바 있다.

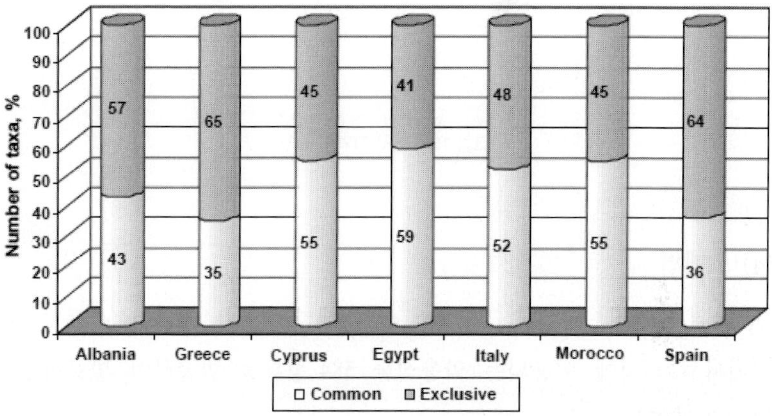

그림 102. 7개 국가 지역에 공통으로 자생하는 식물과 배타적으로 자생하는 식물의 비율

(3) 이탈리아

Dr. Pieroni 연구팀은 EU의 RUBIA 프로젝트 일환으로, 이탈리아 남부 Dolomiti 지방에서 식물 103 종류, 동물 30 종류, 광물 20 종류 등을 이용한 110 가지 민간치료요법을 발굴하였다(Pieronia, 2004).

이렇게 발굴된 전통 치료지식과 소재들은 신 치료법과 신약 개발의 원천 자료로 이용되고 있다.

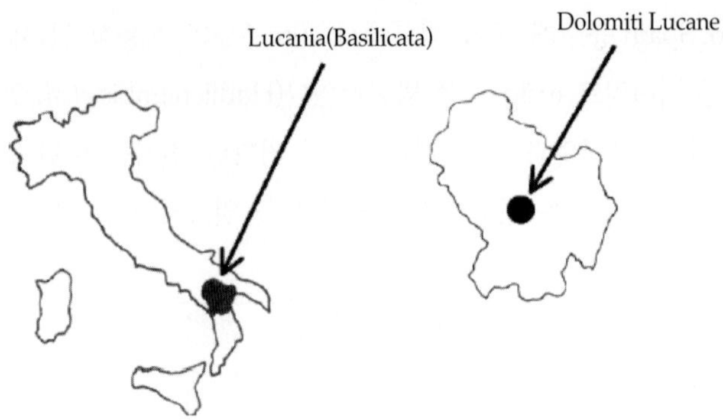

그림 103. 연구 지역의 위치

(4) 스페인

Dr. M.A. Bonet 연구팀은 스페인 Catalonia 지방의 Montseny 생물보호구역에서 수의학에 이용되는 약용식물 584 종류를 발굴하여 발표하였다(Bonet, 2007).

이 연구 결과들은 가축 질병에 대한 다양한 치료법과 약재를 발굴하여 다양한 가축 질병들을 치료하는 원천 기술을 확보하여 산업계에 보급하였다.

그림 104. 서부 지중해 지방에 위치해 있는(왼쪽) 카탈로니아 언어 지역(중앙)의 위치(오른쪽의 음영 지역).

2. 후발 산업국가

(1) 한국

한국은 유전자원 자체에만 관심을 가지고 있다가, 2010년 10월 나고야의정서가 체결된 이후 관심을 보이고 있으나, 그나마 이러한 작은 관심도 전통지식에 대한 이해가 부족한 정책 당국자들과 전문가들에 의해 주도되고 있어, 전통지식에 대한 국제적인 흐름과 후손들을 생각할 때 참으로 우려스러운 일이 아닐 수 없다.

특히, 시급하게 설정되어야 할 유전자원의 전통지식에 대한 개념이나 혹은 의정서에서 밝힌 지역 사회에 대한 정의도 안 되어 있어서, 국가의 산업 자산으로써 이용할 수 있게 하는 정책이나 혹은 연구들과 같은 적절한 대안을 만들지 못하고 있는 안타까운 실정에 있다.

그렇지만, Kim과 Song(2006, 2011a, b, c, d)이 주도하는 연구팀이 의해 1990년대 말부터 꾸준하게 유전자원에 대한 전통지식을 과학적인 방법으로 탐색하고 발굴하여 유효 공표하고 있는 점은 매우 다행스런 일이다.

이렇게 국내의 전통지식을 발굴하여 보호 및 보전하는 것도 중요하지만, 의정서가 발효된 후 유전자원의 전통지식에 대한 국가 간에 예상되는 분쟁에도 대비를 해야 할 것이다.

Journal of Ethnopharmacology 134 (2011) 676–696

Contents lists available at ScienceDirect

Journal of Ethnopharmacology

journal homepage: www.elsevier.com/locate/jethpharm

Analysis and recordings of orally transmitted knowledge about medicinal plants in the southern mountainous region of Korea

Hyun Kim*, Mi-Jang Song

School of Alternative Medicine and Health Science, Jeonju University, 303 Cheonjam-ro, Wansan-gu, Jeonju 560-759, Republic of Korea

ARTICLE INFO

Article history:
Received 24 September 2010
Received in revised form 14 January 2011
Accepted 16 January 2011
Available online 21 January 2011

Keywords:
Ethnobotany
Participatory rural appraisal
Informant consensus factor
Fidelity level

ABSTRACT

Aim of the study: This study aims to analyze and record orally transmitted knowledge of medicinal plants from the indigenous people living in the southern mountainous region of Korea. This article is the first study of its kind.

Materials and methods: Data was collected through the participatory rural appraisal (PRA) method involving interviews, informal meetings, open and group discussions, and overt observations with semi-structured questionnaires.

Results: The investigation reveals that the indigenous people have used 217 species of medicinal plants distributed in 177 genera belonging to 77 families with 691 different uses. The representative families were Asteraceae (13.5%) followed by Fabaceae (8.2%), Araliaceae (6.1%), Rosaceae (5.8%), Cucurbitaceae (4.1%), Poaceae (3.0%), Liliaceae (2.7%), and Apiaceae (2.6%). On the whole, 21 kinds of plant-parts were used and prepared in 26 various ways by the people for medicinal purposes. The informant consensus factor (ICF) values in the ailment categories were veterinary ailments (0.88), pains (0.84), cuts and wounds (0.77), and respiratory system disorders (0.76). In terms of fidelity levels, 41 plant species showed 100% of fidelities.

Conclusion: In recent years, the Korean society has been a heavy loss of traditional practices due to a rapid decrease of the senior population. This pressing circumstance raises the level of urgency for the preservation of indigenous knowledge from extinction. A priority should be given first for collecting and recording indigenous knowledge from the natives inhabiting the national parks and environmental preservation areas.

1. Introduction

Located at the verge of central and southern region of the Korean peninsula, North Jeolla Province is divided into two parts; western plain region and eastern mountainous region. The western plain region has been engaged in paddy-field farming since the ancient times, and yet this tradition is currently under attack by a rapid rise of industrialization and modernization. In contrast, the eastern mountainous region contains comparatively less areas of rice paddies and therefore has been engaged in dry-field farming. This area was even considered as a typical backcountry of Korea back about 10 years ago. On account of the special geographical setting, much of the Korean traditional culture and the ecosystem in this mountainous region have been conserved.

Many investigations on the diverse flora of North Jeolla Province were conducted from 1942 to 1997. The number of plant species that were recorded in the comparatively latest investigations is as follows: 1032 species (North Jeolla Provincial Government, 1984), 1300 species (Ministry of Environment, 1988), 1650 species (Ministry of Environment, 1990) and 1754 species (Kil and Kim, 1996). Medicinal plants distributed in this region add up to be 762 species (Goak et al., 1997) which is 43% of the total flora in the region.

A recent investigation of flora in the eastern mountainous region of North Jeolla Province revealed a total of 1477 species that were mostly found in Deokyu Mountain (1614 m) and Jiri Mountain (1916 m), the two representative mountains of this region (Lim, 2003). This study has discovered about 33% of the total flora in Korea, leaving an estimated total of native flora in the Korean peninsula to be approximately 4500 species.

Among ethnobotanical researches in Korea, the most comprehensive studies were conducted by Kim (1998), and Kim and Song (2008). However, there is only one ethnopharmacological study by Kim et al. (2006), with a backdrop of specific traditional culture.

For the first time, this study aims to record traditional knowledge about medicinal plants orally transmitted from generation to generation in the southern mountainous region of Korea where traditional culture and biogeographic ecosystem, fortunately, have

* Corresponding author. Tel.: +82 63 220 2516; fax: +82 63 220 2054.
E-mail address: hyunk@jj.ac.kr (H. Kim).

그림 105. "한국 남부 산간지방에서 이용되는 약용식물에 대한 구전 전통지식의 발굴과 분석" 이라는 제목의 국내 최초로 세계에 유효 공표된 논문

Journal of Ethnopharmacology 137 (2011) 167–175

Contents lists available at ScienceDirect

Journal of Ethnopharmacology

journal homepage: www.elsevier.com/locate/jethpharm

Ethnomedicinal application of plants in the western plain region of North Jeolla Province in Korea

Mi-Jang Song, Hyun Kim*

School of Alternative Medicine and Health Science, Jeonju University, 303 Cheonjam-ro, Wansan-gu, Jeonju 560-759, Republic of Korea

ARTICLE INFO

Article history:
Received 26 August 2010
Received in revised form 13 March 2011
Accepted 1 May 2011
Available online 6 May 2011

Keywords:
Medicinal plants
Participatory rural appraisal method
Informant consensus factor (ICF)
Fidelity level (FL)
North Jeolla Province Korea

ABSTRACT

Ethnopharmacological relevance: This study aims to record and conserve oral traditional knowledge of medicinal plants from the indigenous people living in the western plain region of North Jeolla Province, Korea.

Materials and methods: Our research team interviewed 46 key informants (20 men and 26 women) who have lived over 50 years in the area. The average age of the informants was 74 (with a minimum age of 56 to maximum 84). Data was collected through the participatory rural appraisal method involving interviews, informal meetings, open and group discussions, and overt observation using semi-structured questionnaires.

Results: Ethnobotanical inventory possessed by the residents included 183 species of plants distributed in 156 genera belonging to 68 families and were used in 626 use-reports. Among them, the medicinal plants were comprised as 42 families, 75 genera, and 83 species in usage in 195 ways. A total of 71 ailments were treated with 222 kinds of remedies using medicinal plants. Parts of plant that were used as treatments total up to 17 and the methods of preparation for medicinal materials add up to 28. Informant consensus factor (ICF) showed that the muscular–skeletal disorders had the highest agreement measure (1.0) followed by cuts and wounds (0.87) and respiratory system disorders (0.77). Overall, 29 plant species showed fidelity level of 100%.

Conclusions: This study is noteworthy in that it records rapidly disappearing traditional knowledge of medicinal plants in a time period of pressing environmental changes with regard to the newly built sea wall, eventually leading more or less to the immigration of the seaside inhabitants and the familiarization of the modern medical systems to the farmland inhabitants.

1. Introduction

Considering the fact that about 80% of the population in most of the developing countries still rely on herbal medicines for people's primary health care needs (Roy Chaudhury, 1992; WHO, 1993; Poonam and Singh, 2009), plants are still important sources of therapeutic drugs. Thus, plants have been playing a significant role in the survival of the tribal and ethnic communities that are still holding on to the lines of traditional cultures. For these reasons, such studies investigating medicinal plants have been steadily held with interests (Maheshwari, 2000; Rajakumar and Shivanna, 2009). Meanwhile, recent ethnopharmacological studies of rural population in the industrialized countries have received an ever growing attention (Pieroni, 2000; Uncini Manganelli et al., 2001; Camangi and Tomei, 2003). However, these kinds of fieldwork were not reported in Korea. Rapid progress of industrialization and urbanization in Korean rural areas has brought considerable losses to traditional cultures and ecogeographical environments. The North Jeolla Province, a typical rice-farming region and one of the very few regions to have preserved large portions of traditional cultures and ecogeographical environments in Korea, is not an exception.

The former investigations on this region's flora which recorded 1032 species (North Jeolla Provincial Government, 1984), 1300 species (Ministry of Environment, 1988), 1650 species (Ministry of Environment, 1990), and 1754 species (Kil and Kim, 1996) respectively show gratifying outcomes. Moreover, the variety of this region's native plants measured by the Fisher's Index (Fisher et al., 1943) was favorable as compared to the other regions in Korea (Kil and Kim, 1996). Considering these conditions, the current disastrous state becomes more than regretful. The point that 762 species of medicinal plants were distributed in this region (Goak et al., 1997) and that the inhabitants have had great interests about native medicinal plants also raises the pressure of this problem.

The changes of plant vegetations in North Jeolla Province have transformed the life styles of inhabitants taking advantages of the native plants and as a result, people have lost their traditional

* Corresponding author. Tel.: +82 63 220 2516; fax: +82 63 220 2054.
E-mail address: hyunk@jj.ac.kr (H. Kim).

0378-8741/$ – see front matter © 2011 Elsevier Ireland Ltd. All rights reserved.
doi:10.1016/j.jep.2011.05.001

그림 106. "한국의 전북 서부 평야지대의 민족 전통의학적 응용" 이라는 제목으로 세계에 유효 공표된 논문

(2) 중국

중국의 문헌으로 정리된 전통지식도 많지만, 20세기 후반부터는 소수민족의 전통치료지식과 약용식물 등을 중심으로 구전 전통지식의 탐색과 발굴에도 국가적인 차원에서 노력을 경주해 오고 있어서 상당한 성과를 내고 있다.

특히, 이러한 중국의 노력은 중국으로부터 많은 유전자원과 전통지식 관련한 상품들을 수입하고 있는 우리나라와 상당 부분 분쟁이 예상되고 있어서 이에 대한 대안을 조속하게 마련하여야 될 것이다.

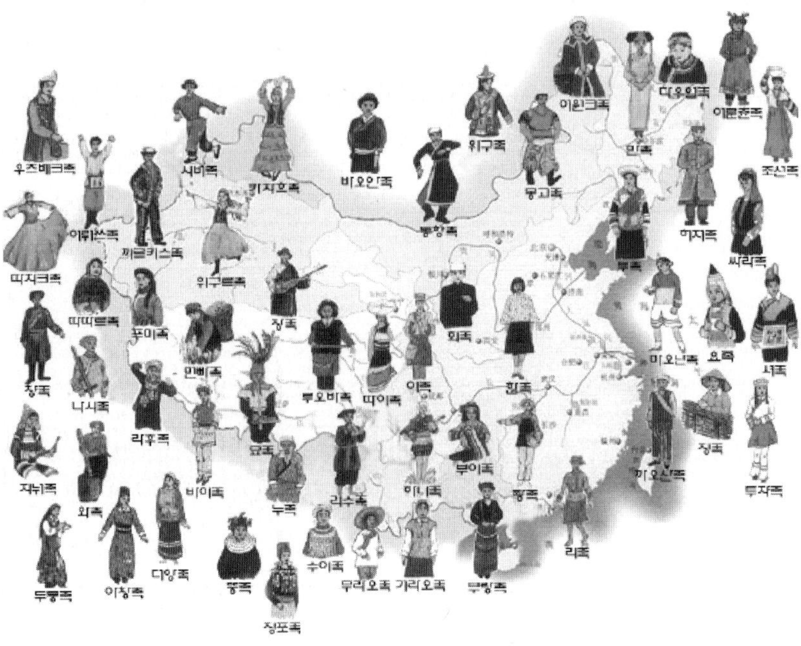

그림 107. 중국 소수민족의 분포 지역

다른 한편으로는 조선족의 고유 전통지식과 유사한 우리나라의 전통지식의 분쟁이 예상되는 바 이에 대한 대비도 해야 할 것이다.

82쪽, 그림 69 사진

〈하늘타리(*Trichosanthes kirilowii* Maxim)〉
[왼쪽(상) : 꽃, 왼쪽(하) : 열매, 오른쪽(상) : 뿌리, 오른쪽(하) : 마른 열매]

83쪽 그림 70 사진

〈강낭콩(*Phaseolus vulgaris* var. *humilis* Alef.)〉
[왼쪽(상) : 잎, 왼쪽(하) : 열매, 오른쪽(상) : 꽃, 오른쪽(하) : 종자]

84쪽 그림 71 사진

〈천남성[*Arisaema amurense* for. *serratum* (Nakai) Kitag.〉
[왼쪽 : 전체, 오른쪽(상) : 열매, 오른쪽(하) : 뿌리]

85쪽 그림 72 사진

〈참죽나무(*Cedrela sinensis* Juss.)〉
[왼쪽(상) : 잎, 왼쪽(하) : 어린 잎, 오른쪽(상) : 꽃과 잎, 오른쪽(하) : 참죽 부각]

86쪽 그림 73 사진

〈무(*Raphanus sativus* L.)〉
[왼쪽(상) : 잎과 뿌리, 오른쪽(상) : 뿌리, 아래 : 무 뻥튀기]

87쪽 그림 74 사진

〈참나무(*Quercus* sp.)〉
[왼쪽 : 열매, 오른쪽(상) : 묵, 오른쪽(하) : 말린 묵]

219쪽 그림 178 사진

〈놋젓가락나물(*Aconitum ciliare* DC.)〉
[왼쪽: 꽃과 잎, 오른쪽 : 뿌리]

88쪽 그림 75 사진

〈땅강아지(*Gryllotalpa orientalis* Burmeister)〉

88쪽 그림 76 사진

〈왕사마귀(*Tenodera sinensis* Saussure)〉

89쪽 그림 77 사진

〈만주점박이꽃무지[*Protaetia mandschuriensis* (Schurhoff)]의 굼벵이〉
[왼쪽 : 애벌레, 중앙 : 번데기, 오른쪽 : 성충]

89쪽 그림 78 사진

〈석이[*Umbilicaria esculenta* (Miyoshi) Minks.]〉

90쪽 그림 79 사진

〈능이버섯[*Sarcodon aspratus* (Berk.) S. Ito]〉

92쪽 그림 81 사진

〈한국의 비파나무[*Eriobotrya japonica* (Thunb.) Lindl.]〉
[왼쪽 : 꽃, 오른쪽 : 열매]

94쪽 그림 83 사진

〈한국의 다마금〉

95쪽 그림 85 사진

〈한국의 논거미 종류〉

〈한국의 불개미(*Formcia yessensis*)〉

97쪽 그림 87 사진

104쪽 그림 92 사진

〈아야후아스카[*Banisteriopsis caapi* (Spruce ex Griseb.) C.V. Morton]〉
[왼쪽 : 줄기, 오른쪽(상) : 꽃, 오른쪽(하) : 샤먼]

105쪽 그림 93 사진

〈퀴노아(*Chenopodium quinoa* Willd.)〉
[왼쪽 : 꽃, 중앙(상, 하) : 추수하는 모습, 오른쪽 : 종자]

147쪽 그림 122 사진

〈인도네시아 수마트라 지방의 Kerinci Seblat 국립공원〉

150쪽 그림 126 사진

〈Hanunóo족의 생활상〉

[위: 전통가옥, 아래(왼쪽) : 농사짓는 모습, 아래(오른쪽) : 대나무에 글자를 새기는 모습]

151쪽 그림 127 사진

〈*Albizia procera* (Roxb.) Benth.〉

[왼쪽 : 줄기, 오른쪽(상) : 열매, 오른쪽(하) : 꽃]

158쪽 그림 137 사진

〈카사바(*Manihot esculenta* Crantz)〉

[왼쪽 : 잎, 오른쪽(상) : 꽃과 열매, 오른쪽(하) : 뿌리]

165쪽 그림 143 사진

〈Kava(*Piper methysticum* G. Forst.)〉

[왼쪽(상) : 잎, 왼쪽(하) : 뿌리, 오른쪽(상) : 공식적인 연회에서 Kava로 음료를 만드는 모습, 오른쪽(하) : Kava 음료]

〈인도 Gujarat의 Montisingloti 마을의 임산물〉
[왼쪽(상) : timru 잎, 오른쪽(상) : mahua 꽃, 왼쪽(중) : mahua 씨, 오른쪽(중) : bhindi 씨,
왼쪽(하) : sag 씨, 오른쪽(하) : 인도의 Gujarat지역]

〈전남 구례군 산동면에서 지역민과 신뢰감을 형성하며 면담하는 모습〉

148쪽 그림 124 사진

〈경남 함양군 병곡면에서 채록하는 모습〉

230쪽 그림 182 사진

〈지역사회의 조사하는 모습(전남 구례군 광의면)〉

230쪽 그림 184 사진

〈지역사회의 조사하는 모습(전북 남원시 이백면)〉

130쪽 그림 113 사진

〈지역사회의 조사하는 모습(전북 장수군 번암면)〉

162쪽 그림 141 사진

〈전남 구례군 구례장에서 현지 전문인과의 면담하는 모습〉

160쪽 그림 139 사진

〈경남 산청군 덕산장에서 팔고 있는 공예품들〉

〈전통장날조사(경남 산청군 산청장)〉

〈전통장날조사(경남 산청군 산청장)〉

〈전통장날조사(경남 함양군 함양장)〉

239쪽 그림 205 사진

〈전통장날조사(전남 구례군 구례장)〉

240쪽 그림 206 사진

〈전통장날조사(전남 구례군 구례장)〉

240쪽 그림 207 사진

〈전통장날조사(경남 함양군 함양장)〉

〈현장 확인 조사(전북 남원시 산내면)〉

〈현장 확인 조사(국립공원 지리산 만복대)〉

〈현장 확인 조사(전남 구례군)〉

그림 108. 티벳의 약용 생물과 전통지식

(3) 브라질

브라질 역시 20세기 후반부터 자국의 아마존 밀림 지역에 거주하는 토속 사회의 원주민들이 소유하고 있는 유전자원에 대한 전통지식의 소중함을 인식하고 이의 보호와 보존을 위해 많은 노력을 하고 있으며, 대외적으로는 생물다양성 협약과 나고야의정서의 조인에도 주요 당사국의 일원으로 참여하고 자연 생태계 관련한 다양한 국제적인 회의에 참석하여 깊숙이 관여함으로써 자국의 이익을 지키고 있다.

브라질 또한, 우리나라에서 유전자원과 전통지식에 관련된 상품들을 수입하고 있으므로 이에 대한 대안을 하루빨리 마련해야 될 것이다.

그림 109. 브라질의 아마존 밀림지역

3. 개발도상 국가

태국, 베트남 그리고 캄보디아 등과 같은 동남아시아들과 아프리카 대륙의 국가들은 전통지식에 대한 중요성을 아직까지는 그렇게 절실하게 느끼고 있지 않으나, 2012년 나고야의정서에 의해 전통지식의 이익 공유에 대한 국제적인 강제 규정이 발효되면 국제적으로 상당한 분쟁을 만들 것으로 예상되고 있다.

이들 국가들에서 적법한 계약이나 혹은 절차를 밟지 않고 무상으로 가지고 온 유전자원의 전통지식이 있다면, 이에 대한 대비를 하여야 할 것이다.

그림 110. 태국의 전통의학에 쓰이는 약재들

그림 111. 베트남의 동의학에 쓰이는 약재들

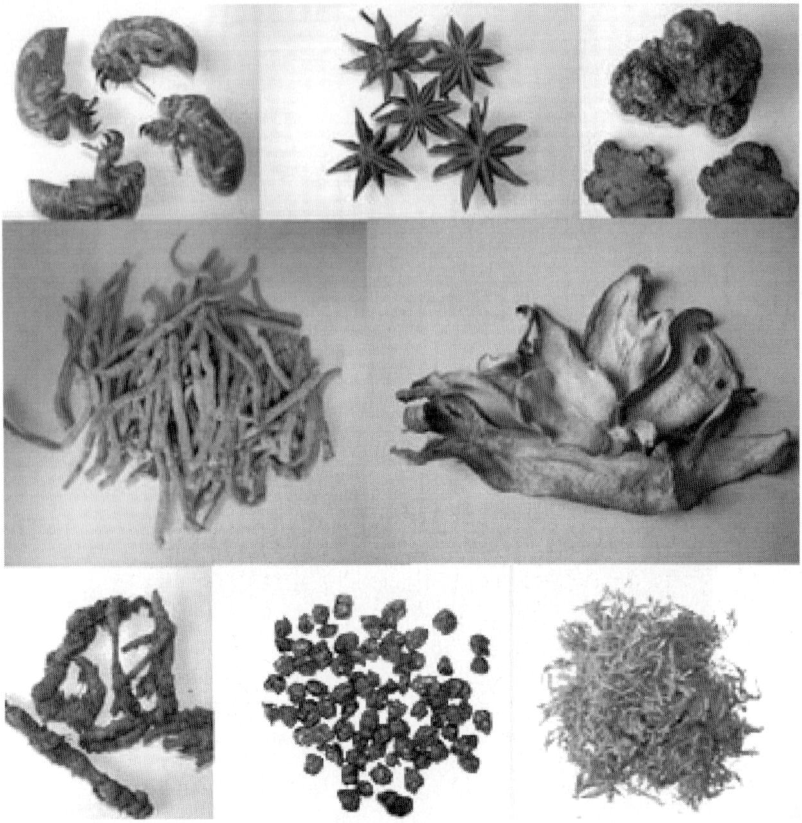

그림 112. 캄보디아의 전통의학에 쓰이는 약재들

제4부
전통지식은 인류학적 연구이다 (김과 송, 2008)

제1장 지역민들과의 대화

인류학적 정보를 얻기 위한 첫 걸음은 사람들과 대화를 하는 것과 그들이 무슨 일을 하며 날마다 어떤 일에 참여하는지를 관찰하는 것이다. 민족지학적 기술(民族誌學的 技術)들이 전통지식을 얻기 쉽게 보이지만, 신뢰할 만한 데이터를 얻기 위해서는 앞을 내다보는 선견지명과 이 분야에 대한 숙련된 경험이 필요하다.

인류학에서는 다양한 야외 조사 기법들을 이용한다(Kottak, 1991). 참여자 관찰(participant observation)의 대상은 조사 지역의 사람들과 함께 생활하며 조사할 수 있는 생존 활동의 다양한 부분 즉, 식사, 농사, 땔감 채취에서부터 결혼, 종교의식까지 등 다양한 부분을 포함한다.

면담(interview)은 사람들에게 그들이 가지고 있는 신념과 생활 방식에 대해서 물어보는데 중점을 둔다. 자유해답(open-ended) 혹은 반구조식 면담(semi-structured interview)에서는 응답자가 일련의 일반적인 질문들에 대한 광범위한 답을 하는데, 질문들의 일부는 준비되어 있었던 것이고 일부는 대화과정 중에 자연적으로 파생된 것이다. 보다 정선된 대담은 지역문화의 특정 부분에 대한 깊은 지식을 가지고 있는 지역 전문가(local expert) 또는 주요 정보 제공자(key informant)와 함께 할 수 있다. 일부 인류학자들은 이 전문가들의 일생을 기록하기도 하는데, 이는 전문가가 성장하면서 얻었던 개인적인 경험을 파악하기 위한 것이다. 이러한 접근들은 비공식적(informal) 혹은 정성적 방법(qualitative method)이라 하며, 주로 집단과 그 문화에 대한 민족지학적 자료를 이해하는데 필요한 정보를 얻을 수 있다. 연구자가 통계학적인 방법으로 대답들을 분석하고자 하면, 해석하기 전에 기호화하거나 범주화해야 한다.

그림 113. 전북 장수군 번암면에서 지역민들과 면담하는 모습

계통적(systematic) 혹은 구조식 상호관계(structured interaction)는 일단의 선발된 정보 제공자들에게 동일한 질문을 하고 이에 답을 하도록 한다. 이러한 접근을 공식적(formal) 혹은 정량적 방법(quantitative method)이라 하며, 기호화하거나 범주화하는 과정이 없이 다양한 통계적인 방법을 이용하여 분석을 할 수 있는 축어적 답변을 얻을 수 있다(Brim & Sapin, 1974; Weller & Romney, 1988).

인류학적인 연구에 대한 질적인 접근과 양적인 접근에 대한 비교가 표 6에 있다.

표 6. 인류학적 연구에 대한 질적 접근과 양적 접근

질적인 접근	양적인 접근
▶ 연구내용	
- 질적(본질, 정수)	-양적(크기, 수량)
▶ 연구목적	
- 이해, 기술, 발견, 가설, 창조	- 예측, 통제, 기술, 확증, 가설, 검사, 검증
▶ 연구대상	
- 소수, 계획적, 이론적	- 다수, 무작위, 대표적
▶ 연구방법	
- 자유 해답식과 반구조식 면담 (open-ended and semi-structured interview)	- 구조식 면담과 질문서 (structured interview and questionnaire)
- 전통 지식의 직접적인 습득	- 자유 기재(free-listing), 자료 분류(pile-sorting)와 선호도 순위(preference ranking)-삼자와 양자 비교(triadic and paired comparison)를 포함, 체계적 조사(systematic survey)- 즉, 횡단 구획 혹은 헥타르 구획(transect or hectare plot)
▶ 분석형태	
- 귀납적	- 연역적
▶ 결과	
- 종합적, 총체적, 개방적	- 정확, 협소, 환원적
▶ 응용	
- 공식적인 방법으로 얻어낼 수 없는 넓은 범위의 정보를 나타내게 함.	- 정보 제공자들에서 얻은 자료들의 교차 증명이 용이함.
- 지역민과 외부 참여자 사이에 비공식적인 관계를 발전시키는데 유리함.	- 특정 종에 대한 이용 가치나 혹은 상대적 경제적 중요성과 같은 요인들을 수량적으로 평가하기 용이함.
- 전통 지식에 대한 실제적인 경험을 할 수 있음.	- 특정 지역에 특별한 지식을 소유한 참여자를 선택하기 쉬움.

반구조식과 계통적 면담은 사람들이 그들의 삶과 그들 주위의 자연을 자연스럽게 설명할 수 있게 하는 반면에, 참여자 관찰은 사람들이 어떻게 그들의 지식을 실제화 하는지를 알 수 있게 한다. 즉, 사람들이 자신들의 텃밭에서 채취한 식용식물을 어떻게 이용하는지에 대한 관심을 가지고 있다면, 자유 해답식 면담에서는 그들이 재배하는 식물 종류를 어떻게 선택하는지, 어떻게 채취하는지 그리고 어떻게 먹는지 등에 대한 것을 물을 수 있다. 계통적 면담에서는 정보 제공자들에게 텃밭에 기르는 식용식물들의

선호도를 물어 볼 수 있다. 또한, 텃밭에 자라는 식물을 직접 관찰할 수도 있으며, 그들이 재배하고, 채취하며, 요리하고 먹는 방법에 대해 직접 참여하여 파악할 수 있다. 데이터를 모으는 각 방법들은 다른 방법들을 보완하여 인류가 주변의 식물세계와 어떻게 상호작용을 하고 있는지에 대한 전체적인 생각을 파악하게 한다.

데이터를 모으는 방법은 연구 과정을 통해 변경될 수도 있다. 만약 집단과 함께 잠시 생활을 하면서 프로젝트를 시작한다면, 지역 문화의 전반적인 특징들을 관찰할 수 있는 시간을 가질 수 있을 것이다.

사람들을 알고 난 이후 기본적인 개념과 범주들에 친숙해지는 동안 실험적인 면담을 할 수도 있다. 심도 있는 연구를 위한 주제를 선정한 이후에, 연구자가 물어야 할 사항과 문의할 사람을 좀 더 정확하게 선정할 수 있는 공식적인 방법을 적용할 수 있다.

자신의 문화 내에서 일을 하는 전통지식 연구자들은 자신의 필요에 따라 방법들을 변경하여 적용할 수 있다. 이 책에서 논의 되는 구전 전통지식을 기록하는 것은 연구자의 집단에서는 특이한 일이 될 수도 있음을 명심하고, 연구자 자신의 문화에 대한 외부의 관찰자를 선택하는 것이 바람직하다. 특히, 연구자가 집단 내에서 세대, 성 그리고 계급에 억매여 있다면, 지역의 믿음과 관습에 대한 다른 관점을 얻을 수 있는 외부 관찰자로 행동할 수 있는 적절한 기회이다.

1. 조사 지역의 정보제공자

지역에서 자신들의 문화와 거주지의 생태적인 지식을 공유한 사람들을 인류학자들은 정보 제공자(informant)라 한다. 일부 국가의 독특한 문화적인 배경 하에서는 이를 좋지 못한 의미로 받아 드려 면담자, 참여자, 응답자, 협력자 혹은 지역의 상대역 등을 사용하기도 한다.

누구에게 식물, 동물 그리고 자연환경의 다른 요소들에 대해서 물을 것인가? 페루 인류학자인 Stefano Varese는 소형 비행기를 이용해야 할 만큼 먼 Oaxaca 산악지역의 원주민 마을에 처음 방문했을 때를 다음과 같이 회고하였다. 그가 비행기에서 내리자마자 '당신이 인류학자인가?' 하고 묻는 마을 주민과 인사를 나누었다. 그는 '예' 라고 대답을 했을 때 마을 주민은 나는 정보 제공자라고 했다. 그 사람은 정보는 많이 가지고 있었지만, 그곳의 전형적인 주민은 아니었다.

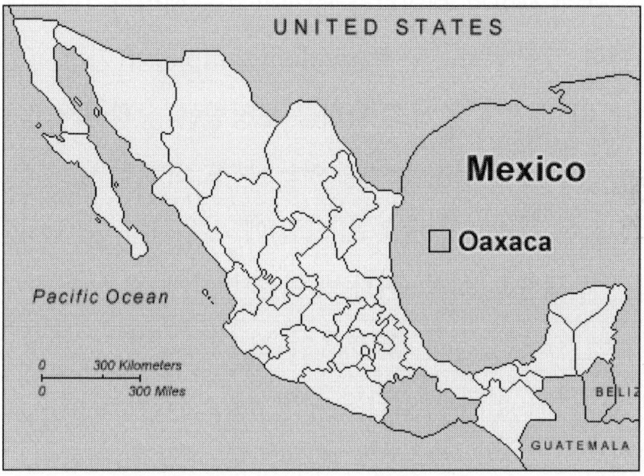

그림 114. Mexico의 Oaxaca지역

그림 115. Mexico의 Oaxaca 산악지역

많은 전통지식연구자들이 지역의 상대역을 무심결에 선택한다. 그들은 처음 만나는 사람에게 집단 내에서 생물에 대해서 가장 많이 알고 있는 사람 혹은 그들이 대화를 원하는 어떤 사람과도 면담을 할 수 있는 사람을 부탁한다.

프로젝트가 시작할 때에는 처음 만난 사람과 일을 하지만, 연구의 진행에 따라 체계적인 방법으로 정보 제공자를 선택해야 한다고 인류학자들은 말하고 있다. 만약 자신의 데이터를 통계적으로 해석하기를 원한다면, 집단을 대표할 만한 무작위 표본선택(random sample)이 가장 좋다. 개체군의 모든 구성원들이 똑같은 통계적 기회를 보장받는 상황에서 정보 제공자가 무작위적으로 선택되었다면, 선택은 어느 특정 사회적 군(예를 들면 여성보다는 남성, 젊은 사람보다는 늙은 사람)에 치우치지 않는 것임을 확신할 수 있다. 이는 우세한 사회적 군(남성, 연장자, 부자 혹은 높은 교육을 받은 사람)이 면담에 나오는 순서 중 처음이 될 가능성이 있는 상황에서는 더욱 중요하다. 무작위 선택과 집단의 다양성을 대표하는 최소한 한 사람을 선택하는 것은 연구자가 침묵하는 대다수 즉, 여성과 어린이, 가난한 사람과 야외 조사에서 무시되기 쉬운 부류와 대화할 수 있는 기회를 가질 수 있게 한다.

무작위 표본 선택에는 다양한 방법이 있다. 인명록 또는 주택 위치도를 통해 두 번째(세 번째, 네 번째 등등) 순위의 사람과 주택을 선택할 수 있다. 또한, 사람들과 주택에 번호를 주고, 식별번호가 주어진 조사용지를 준비한 다음, 방문할 사람과 주택만큼 조사용지를 골라낸다. 이와 비슷한 결과는 임의대로 숫자를 선택할 수 있는 무작위 수 표(random numbers table)를 이용함으로써 얻을 수 있다. 또 다른 방법은 사람과 집마다 동전을 던져 앞면이 나오면 면담을 하고 뒷면이 나오면 하지 않는다.

정보 제공자의 무작위적 선택은 연구자가 집단에서 생물에 대한 전반적인 지식을 기록할 때 유효하다. 이와 다른 경우, 즉 연구자가 전통 치료사 또는 사회적으로 특정 부류 즉, 어린이, 여성 혹은 연장자들이 가지고 있는 특별한 지식을 기록하고자 할 때에 정보 제공자의 선택은 연구의 주제에 따라 달라진다.

연구자가 정보 제공자를 무작위적으로 선택한 것과 무관하게 연구자와 함께 일을 하는 지역민의 특성은 정리하여야 하고, 그들이 집단의 전체 개체군을 대표하고 있음을 보여야 한다. 한 표본 집단을 보다 큰 집단과 비교하여 특징화할 수 있는 여러 가지 요소들을 표 7에 정리하였다.

표 7. 인류학적 연구에서 지역 참여자를 설명하는데 이용되는 사회학적 변수들

- 나이
- 인종
- 종교
- 출생지
- 성
- 직업
- 결혼이나 일을 위해 다른 지역으로 이주
- 결혼 연령
- 친족과 결혼 관계
- 자녀 수
- 가족 수
- 가족의 세대 수
- 읽고 쓰는 능력
- 교육
- 언어 능력

사회학적 변수(Sociological variable)라 부르는 이 특징들은 사람들이 행동하는 방식과 그들이 가지고 있는 신념에 대해 분석을 할 수 있다. 정보 제공자의 이름과 거주지(주소 혹은 집단)를 기록한 후에 성(여성 혹은 남성)과 출생지를 기록하고 나이로부터 출생일은 계산한다.

교육과 문자 해독 정도에 대해서는 여러 가지 질문을 할 수 있다: '그 사람이 읽고 쓸 수 있습니까?' '얼마나 많은 언어를 말할 수 있습니까?' '몇 해 정도 정규 교육을 받았습니까?' 생존과 임금을 포함하여 정보 제공자의 직업에 대해서 물어야 한다. 이주하였다면, 무슨 목적으로 집단으로부터 얼마 정도 떨어져 있을 것인지에 대해서도 물어야 한다.

다른 항목들은 조사되는 지역의 상황과 연구의 목적에 의해서 조절한다. '피조사자의 종교와 인종은 무엇인가?', '결혼하였을 때 남편의 부모와 함께 거주(patrilocal residence)하거나, 아내의 부모와 함께 거주(metrical residence)할 것인지 혹은 새로운 가정(neolocal residence)을 꾸미는지?', '부모와 자녀만 사는지(nuclear family) 혹은 조부나 다른 사촌 등 친족과 같이 사는지(extended family)?'.

가능하다면, 위의 항목들은 원주민들의 범주에 맞도록 한다. 예를 들면, 미국의 인류학자인 Carole Browner는 멕시코 Oaxaca의 Chinantec 집단의 조사에 응한 사람들의 나이를 기록하였다. 그녀는 공공기관에서 일을 할 수 있는 사람을 결정하기 위하여 면담자들을 세 부류로 나누었다: 젊은 성인 18~35세, 중년 36~45, 노인과 은퇴자 46세 이상. 이어 이 세 부류의 개인들에게 출산의 조절과 생식에 이용되는 생물들에 대한 면담 결과를 비교하였다.

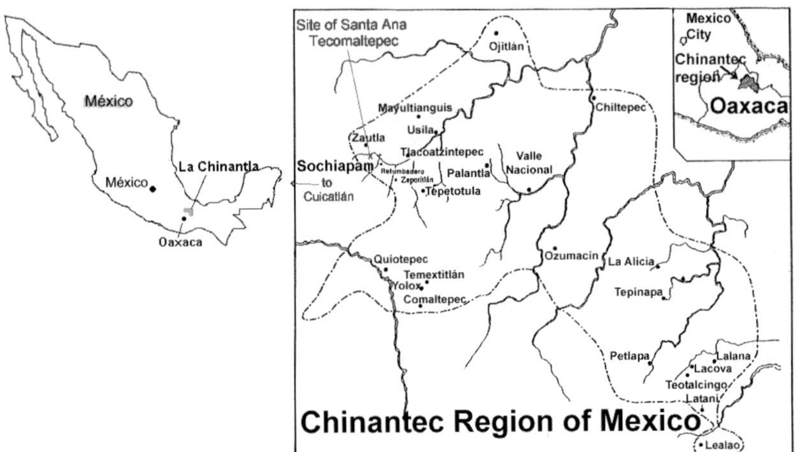

그림 116. Mexico의 Chinantec 지역

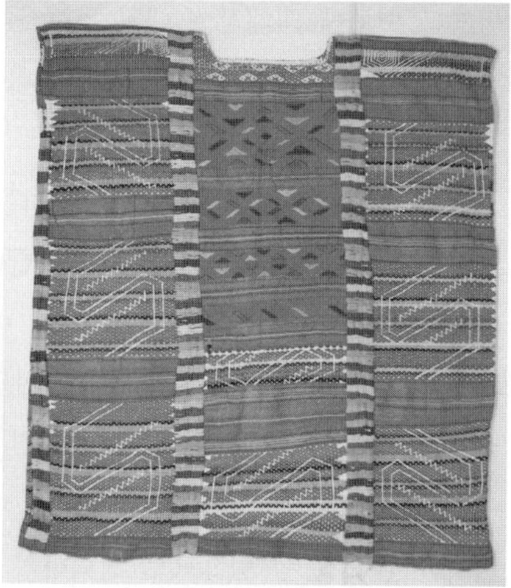

그림 117. Backstrap 직조기로 길쌈하는 Chinantec 지역의 원주민

사람들에 대한 정보를 기록한 이후에, 이 표본 집단과 집단 전체를 어떻게 비교할 것인지 논의를 하여 그 결과를 제시할 수 있어야 한다. 가능하다면, 모든 거주자들의 나이, 성, 직업 그리고 다른 많은 사회적 변수들에 대한 정보를 포함하는 인구조사(census)를 언급할 수 있다.

인류학자들은 집단 내에서 첫 번째 활동 중 하나로써 인구조사를 한다. 그들은 모든 주택들의 위치를 보여주는 지도를 그림으로써 일을 시작한다. 각 주택에 번호를 매긴 후, 위 언급된 정보를 조사하기 위해 모든 거주자들을 방문한다. 이런 자료들은 집단에서 출생과 사망에 대한 기록과 다른 이차적인 자료들을 참고하면서 점검할 수 있다. 주택의 수와 위치 그리고 각 가정의 가족 수에 대한 사회적인 변수들은 자료의 분석을 쉽게 하는 데이터베이스에 포함될 수 있다.

만약 조사를 수행할만한 충분한 시간이 없다면, 다른 사람들이 모아 놓은 이차적인 정보를 이용할 수 있을 것이다. 일부 마을은 직접 조사를 하거나 인류학자와 정부 당국자들에 의해서 수행된 조사를 이용하거나 혹은 비영리 단체에 의해서 수행된 조사를 이용할 수도 있다. 국가적인 조사는 간혹 집단, 종교 그리고 국가적인 범위에서 광범위하게 분석될 수 있는 정보를 얻을 수 있다.

국가 인구조사는 연구자가 의도하는 바와 같은 목적으로 수행되는 경우가 거의 없다는 점을 유의하여야 한다. 국가 조사는 집단에 친숙하지 않은 사람들에 의해서 짧은 시간 내에 이어지는 경우가 많다. 비록 전체 개체군 특징들은 비교적 정확하지만, 인구 조사자들은 먼 곳에 있는 농장이나 유목 생활을 하는 사람들을 간과할 가능성이 항상 있다. 문맹률, 2개 국어 사용 그리고 수입에 대한 자료는 이들 항목이 개인적으로는 자존심과 질시를 일으킬 수 있으므로 신뢰하기 어렵다. 하나의 원주민 언어가 통용되는 나라에서는 문화적으로 뒤진 것으로 간주될 수 있으므로 2개 언어를 용인하지 않을 수 있다. 부의 축적을 좋지 않게 생각하는 인종에서는 가족 구성원 개개인의 부를 낮게 평가할 것이다. 읽고 쓸 수 없음을 부끄럽게 생각하는 일부 사람들은 그들이 잘 할 수 있다고 말할 수 있다. 사실과 다른 이런 자료들은 지역민들의 신뢰를 얻기 어렵고 대답이 정확한 것인지 판별하기 어려운 타지의 면담인들에게서 통상적으로 일어난다. 이러한 이유들 때문에, 국가 인구조사의 정보에 회의적인 생각이 들면 집단의 구성원과 함께 모든 자료를 재점검하여야 할 것이다.

2. 신뢰감의 설정

이 주제에 대한 좋은 예로 중앙아메리카와 멕시코에서 호박의 생식질을 수집한 식물학자들의 경험이 있다. 이들은 일반적으로 열매에 대한 기록과 사진을 찍은 다음 열매를 깨서 씨를 수집한다. 채집 여행 중에 호박을 거두는 농부와 대화를 한 이후, 농부는 자신의 수확물 중에서 가장 좋은 것을 골라서 자랑스럽게 방문자들에게 주었다. 학자들은 그에게 고맙다고 말을 하고 사진을 찍은 후에 농부가 보는 앞에서 호박을 으깨서 씨만을 채집봉투에 넣어 박스에 보관하였다. 이러한 과정은 식물학자들에게 표준적인 과학적 절차이지만, 농부에게는 자신의 호의를 무시하는 것으로 받아드려질 것이다.

그림 118. 멕시코의 호박과 호박씨

다른 사람들과 이야기를 하려면, 당신의 비언어적인 행동이 사람들에게 끼치는 영향에 대해서 고려를 하여야 한다. 예의와 공손한 행동은 지구촌 어디에서나 받아드려지기 때문에, 지역의 관습에 대해서 잘 모른다면 상식적인 행동을 하는 것이 좋다. 당신의 문화에서 당신은 받은 선물을 땅에 내리칠 수 있는가?

미국의 인류학자인 Frank Lipp은 집단에 대한 연구를 시작하려고 하는 사람에게 유용한 충고를 하고 있다(Lipp, 1989). 성공적인 야외조사를 하려면, "원주민과 신뢰를 형성하여 원만한 진입이 우선되어야 한다. 노트와 연필 그리고 무작위적인 질문들을 가지고 원주민들에게 접근을 한다면, 분노와 침묵을 만들기 가장 좋은 방법이다. 믿는 분위기를 조성하기 위하여, 야외 조사자는 정보 제공자에 대한 따뜻한 마음, 공감 그리고 존경의 마음을 행동뿐만 아니라 언어를 통해서도 표시하여야 한다. 조사자의 온정과 냉정 혹은 포용성 혹은 외관에 반응하는 능력과 이를 받아들이는 능력은 다른 문화, 인종 혹은 세계의 사람들을 조사자 자신에 의해서가 아니라 정보 제공자들의 사고와 가치로 그들을 이해하고 평등한 존재로서 대하는 것에 달려 있다. 물론, 야외 조사자는 통상 그의 경험에 의해서 행동하기는 하지만, 기술자로서가 아닌 하나의 사람으로서 행동하여야 하며 정보 제공자와 연구자 사이의 장벽을 만드는 전문가로서의 역할을 벗어 버려야 한다."

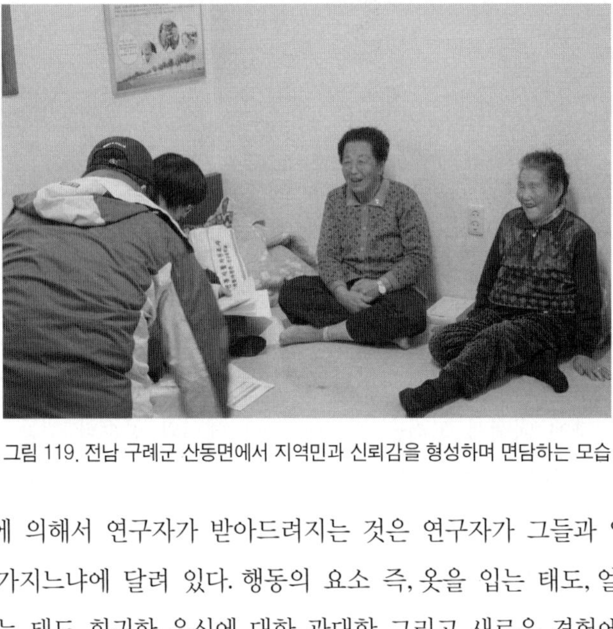

그림 119. 전남 구례군 산동면에서 지역민과 신뢰감을 형성하며 면담하는 모습

집단에 의해서 연구자가 받아드려지는 것은 연구자가 그들과 얼마만큼 친교를 가지느냐에 달려 있다. 행동의 요소 즉, 옷을 입는 태도, 얼굴의 표현, 말하는 태도, 희귀한 음식에 대한 관대함 그리고 새로운 경험에 참여하려는 태도 등은 사람들이 연구자를 신뢰하거나 혹은 멀어지게 할 것이다. 가장 좋은 충고는 연구자 자신의 좋은 태도를 잊지 않고 다른 문화에 행동하기 위한 바른 태도를 기꺼이 배워가야 한다는 것이다.

3. 야외 자료의 신뢰성

인류학자는 다른 문화에 자신을 매몰시켜 그 지역민의 일원이 됨으로써, 그들이 어떻게 살아가는지에 대한 완전한 이해를 하기 위한 방법을 찾곤

하였다. 그러나 오늘날에는 이러한 연구 방법에 회의적인 시각이 많다. 많은 연구자들이 이제는 그들이 어디를 가고 얼마나 긴 세월을 외지에서 지내는 것에 상관없이, 그들에게는 문화적 여과 즉, 자신이 자라고 교육받은 조건들에 의해서 형성된 세계를 보는 개인적인 관점이 남아 있다는 점을 받아드리고 있다.

비록 객관적인 관찰자가 되기는 어렵지만, 야외 작업에서 주관성을 최대한 배제하는 방법이 있다. 연구자들은 다른 사람들에게서 배워서 바꾸어야 할 많은 태도와 습관들을 야외에 가지고 간다. 연구자는 좋은 청취자로서 자신을 재교육시켜야 하며, 정보 제공자들이 자유롭게 자신의 생각과 의견을 표현할 수 있도록 배려하며 이야기를 해야 한다.

연구자의 이전 관찰이나 결론을 보강하기 위하여 특정 대답을 얻으려는 시도는 피하여야 한다. 지역의 참여자들에게 강압적인 요소가 없이 그들 자신의 언어로 자신들을 표현할 수 있는 기회를 주는 상호작용을 보장하여야 한다.

의도하지 않았지만, 연구자들은 지역민들이 자신의 이야기를 스스로 설명하게 하기보다는 지역민에게 선입견을 주어 대답을 얻는 수가 있다. 자유 해답식 면담에서 인류학자들은 사람들이 그들의 진실된 신념에 전혀 영향을 주지 않는 대답을 할 수 있도록 직접적인 질문을 피한다. 예를 들면 '이 식물의 이름이 무엇입니까? 혹은 이 식물의 이름이 베고니아입니까?' 라는 식의 질문보다는 '이 식물에는 이름이 있습니까?' 라는 질문을 한다. 전자의 질문은 정보 제공자에게 그들이 모른다거나 혹은 이름이 없다고 답할 수 있게 한다. 후자의 질문들은 사람들에게 즉흥적으로 답을 하게 하거나 대답에 동의를 구하는 형태이다.

일상적인 회화에서, 우리는 사람들이 두 가지 중 하나 즉, 예 또는 아니오, 옳다 또는 틀리다, 여기 또는 저기와 같이 한정된 방법으로 질문을 한다. 인류학자들은 야외조사를 할 때, 진실은 양쪽 사이에 있을 수 있으므로 양분된 질문을 피하려고 노력을 한다. 열린 방법에서의 질문은 정보 제공자들로 하여금 그들 자신의 문화와 지식에 보다 적절한 질문들로 고치도록 한다. 불분명한 반응을 유도하기 보다는 사람들에게 자신의 언어로 자세하게 설명할 수 있도록 하는 것이 좋다.

좋은 면담자가 되기 위해서는, 좋은 청취자가 되어야 한다. 사람들의 질문이나 의견제시를 방해하거나 혹은 반응을 수정하거나 대답을 도와주는 것은 면담의 흐름을 방해하거나 내용을 부실하게 만들 수 있다.

대화의 리듬, 길이 그리고 내용은 문화마다 달라질 수 있다. 조사 지역의 특수한 상호 관계에 적응하려고 노력을 하고, 사람들과의 대화를 서두르지 말고 그들이 자신의 일에 돌아가기 위해서 서두르는 것에 유의하여야 한다. 연구자 중심이 아닌 지역의 상황에 맞추어 면담 시간을 선택해야 한다. 연구자가 외부인의 상태에서 간혹 부적절한 질문을 할 수도 있지만, 개인의 재산 혹은 종교적인 신념과 같은 미묘한 상황에 대한 논의를 할 때에는 특히, 조심스럽게 행동하여야 한다.

비록 연구자들이 이러한 제안을 충실하게 따른다고 해도, 문화적인 편견은 필연적으로 집단의 구성원과의 대화나 상호관계를 어렵게 할 수 있다. 야외조사의 결과를 재점검할 때 연구자와 지역민이 서로 어떻게 질문을 했는지 그리고 피면담자는 어떻게 반응을 했는지 등을 포함하여 원자료를 충실히 검토하여야 한다. 가능하다면, 녹음기로 면담 내용을 녹음하는 것이 좋다. 또한, 연구자가 연구자의 해석과 수정은 뒤로 미루고 질문과 대답을 한자 한자 정확하게 기록할 수도 있다. 일부 인류학자들은 상호관계를 비디오카메라로 기록하기도 한다.

자신의 문화적인 편견을 감소시키는 또 다른 방법은 집단에 기구들을 넘겨주는 것이다. 비디오카메라, 노트 그리고 녹음기 등을 집단에 넘겨주어 사람들이 직접 지역의 믿음과 관습에 대해 자신의 인식대로 기록하게 하면, 방문 연구자들뿐만 아니라 집단의 가치 있는 기록들이 만들어질 것이다. 예를 들면, Comaltepec의 유명한 Chinantec 치료사인 Roberto Hernández López는 자신의 경험을 기록하였다. 즉, 자신이 어떻게 치료사가 되었고, 어떻게 환자를 진단을 하며 다양한 건강 문제에 어떻게 치료하는지에 대해서도 자세히 기록하였다. 또한, 자신이 치료한 질병과 식물들의 Chinantec 이름의 목록도 모두 기록하였다.

그림 120. Mexico의 Comaltepec 지역

민족서지학자들이 질문을 만들고 상호관계를 기록할 때, 일부 정보 제공자들에 의해서 의도적으로 잘못된 정보들이 얻어질 수 있다. 거의 대부분의 집단들에는 외부에 거짓된 정보를 전하거나 다른 사람들과 이야기하는 것에 대해 반대하는 소수의 사람들이 있다. 그러나 이는 단순한 장난이거나 참견하기 좋아하는 인류학자들을 그들의 범주에 포함시키려는 의도일 수가 있다. 자료를 얻는 과정에서 자신의 지식을 과장함으로써 자신의 위신을 높이려는 일부 사람들도 있다. 보상이 부적절한 방법으로 제공된다면, 일부 정보 제공자들은 자신들이 좋은 정보를 가지고 있는 것처럼 자신들의 이야기를 과장할 수도 있다.

잘못된 자료를 추적하는 것은 많은 경험을 필요로 한다. 집단에서 일정 시간을 보내고 난 이후에야 비로소, 대답들이 명확해지고 사람들이 성심성의로 대하는 것을 느낄 것이다. 조사 지역에 방언이 있다면, 질문은 더욱 정확하게 해야 하며 사람들이 자신들의 지식을 보다 정확하고 자세하게 설명하도록 하여야 한다.

그림 121. 제주도

표 8. 제주도의 식물에 대한 전통지식

식물명	지역명	전통지식
쑥	속	국, 떡, 개떡, 범벅
초피나무	죄피낭, 재피낭	잎을 생으로 회와 같이 무쳐먹거나 돼지고기를 싸서 먹음
쇠무릎	말마자쿨, 말마작쿨	신경통에 달여서 먹음
비름	비누, 비눔	국 또는 데쳐서 무쳐먹음
부추	새우리	생으로 무쳐먹음
광귤	산물	가래 또는 기침에 달여서 먹음, 열매를 따서 먹음
엉겅퀴	소광이, 소왕이	신경통에 뿌리를 달여서 먹음
냉이	난쟁이, 난생이	김치, 국, 데쳐서 무쳐 먹음
산두(밭벼)	산디, 산뒤	귀해서 부잣집이나 제사 때에 밥 또는 떡을 해서 먹음
으름	졸갱이, 유룸	열매를 따서 먹음

좋은 결과는 교차 검정(cross-verification)을 통해 얻을 수 있는데, 이는 여러 사람들의 대답을 종합하여 부족한 부분들을 보충할 수 있기 때문이다. 이러한 검증과정을 연구자들은 삼각검증(triangulation)이라 하기도 한다.

명확한 자료를 얻는 가장 좋은 방법은 조사 집단과 상호 이익이 되는 부분을 찾아 상호협력을 하는 좋은 관계를 조성하는 것이다. 즉, 지역의 건강 증진, 자연자원의 보호, 문화 지식의 보강, 대체 수입 자원의 개발 등은 지역민 전체가 자료 조사에 충실하게 임할 수 있도록 유도할 것이다.

4. 비밀 지키기

상호 협력을 형성하는데 중요한 부분은 믿음에 대한 지역민들의 요망을 수용하는 것이다. 연구자가 이야기를 나누는 사람들은 자신들이 노출되지 않는 조건하에서 이야기를 할 수도 있다. 외부인이 머무르는 것을 좋아하는 집단이더라도 모든 공식적인 보고서에는 자신의 이름을 사용하는 것을 꺼리고 가명 쓰기를 원할 것이다. 또한, 일부 개인들은 정치적인 압력때문에 무기명을 원하기도 할 것이다.

그리고 어떤 형태로든 밝혀지기 원치 않는 정보를 얻는 수도 있다. 아르헨티나의 학자인 Jorge Luis Borges는 젊은 민족전통생물학자의 예를 들고 있다. 그 젊은 민족전통생물학자는 그의 학위 논문의 일환으로 북아메리카 인디언 집단에 정신적인 비밀을 조사하라고 교수에 의해 보내졌다. 몇 달 후 그는 종교적인 집회에 참석을 하게 되었고 누구에게도 말해서는 안 된다는 조건하에 그 종족의 비밀을 알 수 있게 되었다. 대학에 돌아온 이후 그는 그가 발견한 것을 출판을 하느냐 아니면 인류학자로서의 경력을 포기하느냐는 양단의 결정을 하여야 했다. 결국 그의 교수는 매우 실망을 했지만, 그는 인디언들과의 약속을 지켰다.

이는 비록 극단적인 예이긴 하지만, 실제 연구자가 얻은 정보에 대해 비슷한 결정을 내려야 하는 경우가 있다. Mauritius 출신의 민족전통생태학자인 Yildiz Aumeeruddy는 인도네시아 수마트라 지방의 Kerinci Seblat 국립공원 근처에 있는 마을인 Jujun에서 토지 이용을 제한하는 두 가지의 신화를 들었다. 이 중 하나는 다수의 마을에서 모두 알고 있는 것이나 다른 하나는 Jujun에만 알고 있는 것으로 그곳 사람들은 다른 사람들에게 자신들의 신화가 알려져 새로운 땅에 대한 투쟁이 발생하는 것에 대한 두려움을 가지고 있었다. 해서 그녀는 첫 번째 신화만을 가지고 Kerinci 민족생태학에 대한 분석을 하고 원주민들의 터부를 존중하여 두 번째 신화는 밝히지 않았다(Aumeeruddy, 1993).

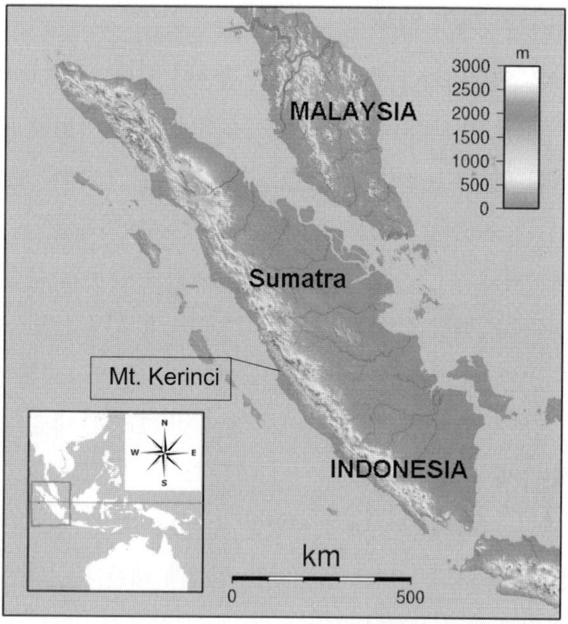

그림 122. 인도네시아 수마트라 지방의 Mt. Kerinci

그림 123. 인도네시아 수마트라 지방의 Kerinci Seblat 국립공원

5. 참여자 관찰과 야외 일기

참여자 관찰은 연구자가 소속하지 않는 집단에 들어갈 때 모두가 이용하는 연구 방법으로 연구자들은 일반적으로 타 문화에 진입할 때 이질감을 극복하기 위해 연구자는 언어, 식습관 그리고 다른 일상생활 등 자신의 문화와 다른 점과 비슷한 점들을 조사하기 시작한다. 이때, 연구자들은 새로운 문화에서 이용되는 언어에 대한 제한된 어휘력, 잘못된 문법 그리고 제한된 언어 이해력 때문에 지역민들이 보기에는 어린애처럼 행동할 수 있다. 이외에도 배워야 하는 새로운 기술들이 있다. 즉, 연구자들은 친숙하지 않는 농법, 접하지 못했던 식기로 식사하는 것 그리고 새로운 사냥 기술 등에 서투를 수밖에 없다.

연구의 초기 단계에서는 대개 당황할 수 있지만, 인류학자들은 가능하면 많은 것을 관찰하고 날마다 일어나는 일들에 대한 자신의 생각과 함께 야외 일기에 기록하려고 한다.

그림 124. 경남 함양군 병곡면에서 채록하는 모습

예를 들면, 식물에 대한 지식을 얻으려고 한다면, 사람들이 말하는 여러 종류들, 연구자가 이용될 수 있다고 판단되는 종류들 그리고 모으고 처리해야 할 종류들 모두의 지역명과 용도를 기록해야 할 것이다. 이러한 연구

단계에서는 연구자는 식물을 동정하거나 지역명을 번역할 수 없을 것이나, 이들에 대한 정보를 잘 기록해 놓으면 후일 잘 검토를 할 수 있을 것이다. 이러한 점들은 아래의 프랑스 인류학자인 Claude Levi-Strauss가 Harold Conklin의 야외 일기를 인용한 것을 보여주고 있다(Levi-Strauss, 1966).

▣ 민족식물학 기록의 보존 ▣

미국의 예일 대학교의 인류학 교수였던 Harold C. Conklin은 1954년에 필리핀 원주민들의 민족전통식물학적인 지식을 정리한 "하누누 문화와 식물 세계의 관련성(The relation of Hanunóo culture to the plant world)"이라는 제목으로 박사학위를 받았다(Conklin, 1954). 이는 비록 출판은 안 되었지만, 지역의 자연 환경에 대한 지식을 연구하는데 있어서 경험적인 접근을 하여 민족 과학의 탁월한 업적 중 하나로 간주된다. Conklin은 야외에서 다양한 기록을 한 이후 집에 돌아 온 뒤에 학명과 참고문헌을 부가하였다.

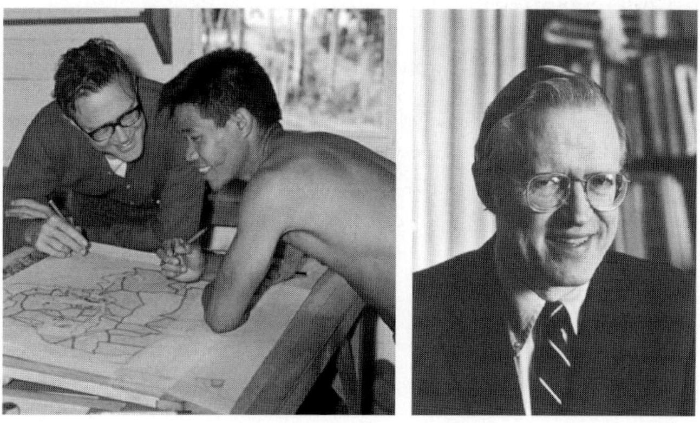

그림 125. Harold C. Conklin(1926~)

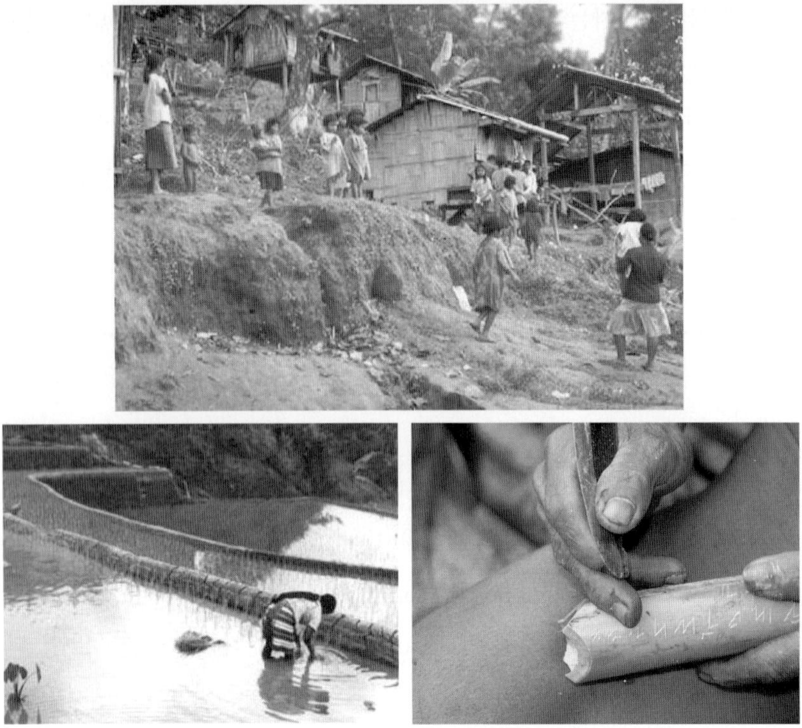

그림 126. Hanunóo족의 생활상
[위: 전통가옥, 아래(왼쪽) : 농사짓는 모습, 아래(오른쪽) : 대나무에 글자를 새기는 모습]

Claude Levi-Strauss의 인용:

0600, 비가 약하게 내림. Langba와 나는 Parina를 남겨두고 Binli로 향했다. Aresaas에서 Langba는 내게 거머리를 막는 *anapla kilala* 나무[*Albizia procera* (Roxb.) Benth.]의 수피를 10 × 50cm 크기의 줄기로 잘라 채취하자고 했음. 우리는 이를 비에 젖은 숲에 의해 이미 젖어 있는 발목과 발에 수피의 형성층으로 거품(그리고 독이 있는: Quisambling, 1947, 148)을 만들어 주기적으로 문지르는 것으로 효과적으로 거머리를 퇴치하였음. Aypud 근처 등산로를 따라 한 지점에서 Langba는 갑자기 멈춰 서며 작은 잡초인 *tawag kugum buladlad* [*Buchnera urticifolia* R. Br.]를 채취하였다.

이 식물은 돼지를 잡는 유인 덫에 유인물로 이용될 것이라고 말했다. 몇 분 후에 우리는 좋은 장소에 다다르자 땅에 붙은 작은 *líyamlíyam* [*Epipogium roseum* (D. Don) Lindl.]으로 알려진 난초(다른 식물 잎의 밑에 있어서 보기 힘듦)를 채취함. 이 식물은 재배식물을 파괴하는 해충을 막는 데 매우 유용한 것이었다. Binli에서 Langba는 이러한 식물들이 상하지 않도록 조심하면서 *apug*[소화시키는 라임]과 *tabaku*[*Nicotiana tabacum* L.]를 후추와 교환하기 위한 제안을 하였다. 후추의 지역 형에 대한 논의를 한 이후에 Langba는 뚜렷하게 구별되는 두 개의 형 *kamuti inaswang*과 *kamuti lupaw*의 덩굴을 잘라내는 것을 허락 받았다. 밭 한 구석에서 각 변종들을 약 75cm 정도를 잘라내서, 재배된 *saging saba*[*Musa sapinentum compressa* Blco. Teoforo]의 넓은 잎으로 잘 싸서 되돌아올 때까지 습기가 남아 있게 하였음. 돌아오는 중에는 사탕수수 일종인 *tubu minuma* [*Saccharum officinarum* L.]의 줄기를 씹었으며, 떨어져 있는 *bunga area* 열매[*Areca catechu* L.]를 주었고, 또한, *bugnay* 관목[*Antidesma brunius* (L.) Spreng.]의 열매를 따서 먹었다. 그리고 오는 도중 지난 수 십 년간에 주변 식생의 변화에 대해서 이야기를 많이 했다.

그림 127. *Albizia procera* (Roxb.) Benth.
[왼쪽 : 줄기, 오른쪽(상) : 열매, 오른쪽(하) : 꽃]

그림 128. *Buchnera urticifolia* R. Br.

그림 129. *Epipogium roseum* (D. Don) Lindl.

그림 130. *Nicotiana tabacum* L.

그림 131. *Saccharum officinarum* L.

그림 132. *Areca catechu* L.

그림 133. *Antidesma brunius* (L.) Spreng.

참여자 관찰에 대한 정확한 방법은 없다. 가장 중요한 무기는 다른 사람들로부터 기꺼이 배울 수 있고 그들의 생활과 리듬에 적응하는 능력과 호기심이다. 인류학자들은 그들의 일과 중 대부분을 연회, 결혼, 장례식 그리고 기타 종교적인 행사 등과 같은 지역민의 일상생활과 함께 한다. 지역민이 수확하고 숲에서 수집하는 식물로 그들과 함께 할 수 있는 집을 짓고 동물을 기른다. 오래 머물면 머물수록 좀 더 완벽한 경험을 가질 수 있을 것이다. 대개 인류학자들은 각 계절의 변화를 보기 위해 적어도 일년 이상은 지역 집단에 머문다.

그림 134. 각국의 전통혼례식
[왼쪽 : 한국, 오른쪽(상) : 인도, 오른쪽(하) : 인도네시아]

일상생활에서 종교적인 행사는 그들의 문화를 이해하는데 특별한 영감을 준다. 즉, 멕시코의 연구자인 Alejandro de Avila는 서부 Oaxaca 지방의 Mixtec 마을인 Coicoýan에서 오랜 시간을 보낸 후 매년 4월 25일에 열리는 San Marcos 의식에 참여할 수 있었다. 지역민들은 지역의 언덕 위에서 향을 태우고 밀랍 초를 켠 다음 San Marcos의 묘 옆에서 닭을 제물로 바치고, 연장자가 기원을 하며 묘 주위에 한 무더기의 골풀을 놓아두었다. 이 의식과 다른 의식들은 Alejandro de Avila가 일상생활에서 전혀 보지 못했던 것으로 Mixtec 사람들이 이용하는 향정신성 식물과 이의 이용에 대해서 잘 이해할 수 있게 되는 기회가 되었다.

6. 자유 해답식 대화

직관과 경험은 정보를 비공식적으로 얻는데 가장 좋은 지침이다. 야외조사를 시작할 때, 다른 문화를 이해한다는 열린 마음으로 광범위한 대화로부터 시작하는 것이 바람직하다. 초기 대화는 전통지식과 연관이 없는 주제도 포함될 것이지만, 이런 대화를 통해 지역 농사, 약용식물, 사냥과 기타 자연에서 일어나는 다양한 주제들에 대해서 정보를 얻을 수 있을 것이다. 이런 자유 해답식 면담을 통하여 좀 더 구조화된 면담의 필요성이 제기되기도 한다.

사람들이 연구자의 관심 사항을 이해하기 시작하면서 점차 전통지식 방향으로 논의가 진행될 것이다. 연구자가 숲으로 가서 지역민들과 함께 농사일과 사냥을 하면서 자연스럽게 그들 주변의 자연 환경에 대해서 논의를 하게 될 것이다. 연구자가 지역민의 집을 방문할 때 그들의 정원에서 자라고 있는 희귀한 약용식물들, 숲에서 가져온 열매 또는 다른 자연 물질로부터 만들어진 예술품들 그리고 지역의 식물 지식을 대화를 통해 얻을 수 있을 것이다.

그림 135. 전북 남원시 산내면에서 고사리를 채취하는 지역주민

이러한 준비가 없다 하더라도, 식물과 동물은 생존과 각종 의식에 필수품이기 때문에 전통지식 방향으로 대화를 유도하는 데에는 크게 어려움이 없을 것이다. 다만 연구자가 건조된 것이던 생체이던 간에 직접 식물을 가지고 갈 때이다. 대개의 연구자들이 건조시킨 표본을 보여주는데 생육지를

벗어났고 식물체의 일부분이 없다 하더라도 크게 이상이 없는 한 지역민이 인식을 하는 데에는 크게 어려움이 없을 것이다.

연구자가 관심이 있는 식물들이 있는 정원, 농지 그리고 숲 지역을 통해 걸으면서 이야기를 나눌 수 있다. 일부 야외 조사자들은 특히, 관심이 있는 식물이나 식생 형이 지나쳐지는 것을 막기 위해 숲이나 정원을 횡단(forest or garden transect)하는 계획을 하기도 한다. 미국의 인류학자인 James Boster는 페루령 아마존의 Aguaruna 집단 근처 정원에서 카사바(*Manihot esculenta* Crantz)의 여러 지역 변종을 재배했었다. 식물들이 성장한 이후에 정보 제공자들을 정원에 데려가 각 재배종들의 이름과 주요 특징에 대해서 물었다. 이런 과정에서 그는 재배자들 중 여성이 남성에 비해서 많은 것을 알고 있고, 가족마다 재배종에 대한 지식이 매우 다르다는 것을 알아냈다(Boster, 1980; 1984).

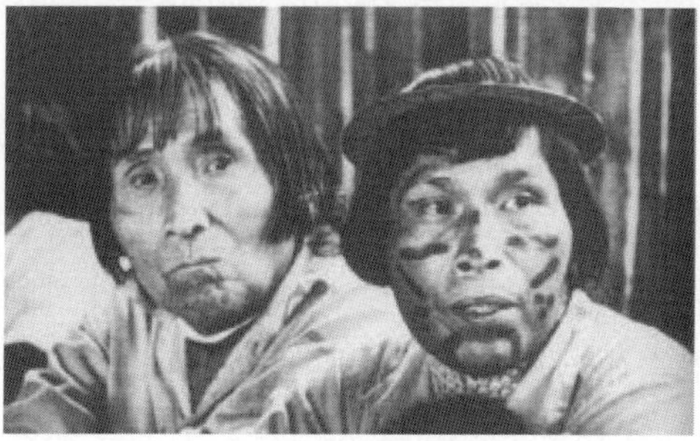

그림 136. Aguaruna족

그림 137. 카사바(*Manihot esculenta* Crantz)
[왼쪽 : 잎, 오른쪽(상) : 꽃과 열매 오른쪽(하) : 뿌리]

또 다른 접근은 동·식물로 만든 민족전통생물학적 공예품(ethnobiological artifact)을 선택하여 이것과 관련된 모든 것에 대하여 물어보는 것이다. 미국의 민족전통생물학자인 Sandra Banack은 폴리네시아에서 배를 만드는 방법에 대해 연구를 할 때 이 방법을 이용하였다. 요즘은 야외용 카누를 만들지 않지만, 그녀는 피지 남성들로 하여금 제작을 하게 함으로써, 선체에 사용되는 나무와 돛으로 이용되는 섬유 식물을 알아냈고 이어 그 지역의 독특한 문화적 터부(cultural taboo)에 따라 배를 건조하면서 먹는 특별한 음식과 절제되는 음식과 행동을 기록하였다. 마지막에는 항해를 할 때 먹는 음식을 어떻게 준비를 하는지도 기록을 하였다. 결국, 그녀는 하나의 제품을 추적한 끝에 십 수종의 식물에 대한 이름과 용도를 알 수 있게 되었다(Banack, 1991).

그림 138. Islands, Plants and Polynesians(Banack and Cox, 1991)

7. 반구조식 면담

모든 접근들을 통하여 이미 예정된 질문이 더욱 명확해지거나 혹은 새로운 의문점이 생기게 되면 연구자는 반구조식 면담(semi-structured interview)을 할 수 있다. 면담을 하기 전에 연구자가 밝히고자 하는 주제와 질문들에 대한 목록을 잘 준비한다. 질문들은 일상적인 참여와 관찰뿐만 아니라 공예품, 식물표본 그리고 선상 조사법 등에 의해서 유도된 비공식적인 대화 등을 포함한 집단 내에서의 상호 관계에 의해서 도출된다. 이러한 배경은 문화적으로 적절한 질문을 하게 할 것이고, 대답을 잘 이해하게 하며, 다음 질문들을 즉석에서 할 수 있게 한다.

그림 139. 경남 산청군 덕산장에서 팔고 있는 공예품들

면담 중에 반응에 대한 이해를 도와줄 수 있는 나이, 이름 그리고 기타 다른 개인적인 정보에 대해서 물어야 한다. 이러한 자료를 각 사람들에 대한 동일한 변수로 기록하려면 토론의 중간에 기술적으로 물어 보는 것이 좋다.

면담의 상호 관계는 면담자뿐만 아니라 피면담자에 의해서도 결정됨을 유념해야 한다. 나이, 성, 사회적인 위치, 인종 그리고 종교도 상호작용의 질에 영향을 준다. 주제에 따라, 여성 면담자의 경우 다른 여성들에게 보다 더 개인적으로 물어 볼 수 있고 남성들은 어떤 주제에 대해서 더 쉽게 이야기를 할 수 있다. 젊은 사람들은 나이든 사람에게서 정보를 얻기가 쉽지 않다. 그래서 가능하면 면담자들은 문화적으로 다양한 공동 팀을 만들어 면담을 하는 것이 바람직하다. 면담자 팀은 보다 정선된 정보를 얻기 위해 함께 선정된 집을 찾아 가거나 혹은 하루 동안 일정한 간격으로 찾아간다.

개인적인 교감은 면담자의 사회적인 신분뿐만 아니라 피면담자에 대한

그림 140. 전북 장수군에서 지역민들과의 면담하는 모습

태도에도 영향을 미친다. 면담자는 가능하면 조사 지역의 언어 방식이나 행동 그리고 금기나 예절 등 사회적인 관습을 지키며 면담을 해야 한다.

대부분의 반구조식 면담은 한 사람을 상대로 이루어지므로 집단으로 면담하는 것에 비해서 자유스러운 분위기에서 진행될 수 있다. 특히, 소심하고 민감한 피면담자의 경우 주변에 다른 사람들이 있을 경우 개인적인 건강이나 수입 등과 같은 개인적인 질문에 소극적일 수 있다.

집단 면담도 인류학적인 야외조사에서는 수행된다. 참여자들이 특정 질문에 대해 동의를 하는지에 대한 조사를 할 때 이용된다. 이는 집단 내의 의견의 범위와 반대하는 이유들을 알 수 있게 한다. 이때는 집단의 상호작용에 대한 역학 관계에 유의해야 하고, 개인적인 의견을 제시할 수 있는 기회가 없다는 점을 유의해야 한다.

대개 집단 면담이 우연하게 이루어지지만, 특정 주제에 특히 잘 알고 있는 전문가들 모임도 추진할 필요가 있다. 이런 집중 면담(focus interview)은 특별한 전문가의 경험을 공유하고 그들의 지식을 좀 더 깊게 파악하기 위해 연구자가 알고 있는 주요 정보 제공자들과 함께 사전에 모임을 가질 수 있다.

그림 141. 전남 구례군 구례장에서 현지 전문인과의 면담하는 모습

대화를 하면서 질문을 만들고 대답을 청취하며 신체적 언어를 파악하면서 상호관계에 대한 역학을 탐구하는 것을 동시에 하는 것은 쉬운 일이 아니지만, 가능하면 피면담자의 반응과 자신의 느낌 등을 상세하게 기술하여야 한다. 많은 연구자들이 녹음을 하지만, 대부분의 지역민들은 녹음을 할 경우 침묵하는 경우가 많다. 또 녹음은 해석을 하여야 하므로 일이 두 배로 늘어난다. 전통적인 방법은 모든 질문과 답변을 야외 노트에 적는 것이다. 이 때 노트의 한 면은 대답을 적고 다른 면에는 관찰과 해석을 적고, 일과가 끝날 때 다시 보충을 한다.

어떤 기법을 이용하던지 간에 연구자는 지역의 상대자들에게 대화를 왜, 어떻게 기록하는지 그리고 그 결과가 어떻게 처리될 것인지에 대해서 충분히 설명을 해야 한다. 연구자가 작은 노트나 소형 녹음기를 사용할 수도 있지만, 숨기려는 의도가 없음을 반드시 알려야 하고 지역민이 원할 경우 복사본을 남겨주어야 한다.

제2장 민속에서 민족전통식물학 정보의 발굴

야외에서 얻을 수 있는 정보의 대부분은 대화, 면담 그리고 참여자 관찰 등으로부터 얻어지지만, 이외에도 노래, 종교적인 주문, 속담뿐만 아니라 신화와 전설 등도 중요한 정보를 얻을 수 있는 자료임을 명심해야 한다. 신화와 전설에는 해와 달의 탄생, 재배식물의 기원과 같은 자연현상뿐만 아니라 음식에서의 금기, 사냥에서의 터부 그리고 농사 의식 등을 포함하는 문화적인 다양한 풍습을 포함하고 있음을 알아야 한다.

그림 142. 단군신화에 나오는 쑥과 마늘

프랑스 인류학자인 Claude Levi-Strauss는 여러 편의 신화를 비교하여 사건과 구성 요소들을 밝히는 등 신화를 분석하는 기법에 대해 탁월한 능력을 보여 주었고, 신화에서 자연과 인간 세계의 상호작용을 비롯한 이들에 등장하는 상징성에 대한 관찰도 심도 있게 하였다. 아래의 예는 폴리네시아에서 이용되는 향정신성 식물인 *kava*의 기원에 얽힌 신화에 대한 상징성과 경험적 관점에 대한 탐구를 보여준다.

Piper methysticum Forst. f.의 폴리네시아 기원신화

*Piper methysticum*은 태평양의 파푸아 뉴기니에서부터 타히티까지 재배되는 향정신성 식물이다. 많은 지방명이 있지만 폴리네시아 명으로 *kava*로 알려진 이 식물은 멜라네시아인, 마이크로네시아인 그리고 폴리네시아인 등이 공식적인 연회 또는 사적인 모임에서 마시는 음료의 재료로 이용된다. 식물학자들은 이것의 기원을 뉴기니아, 솔로몬 제도 그리고 바투아투의 고유식물인 *P. wichamani*로 보고 있다. 지역민들은 유럽인들이 이 지역에 도달하기 오래 전부터 이 종류를 재배해 왔으며, *P. methysticum*은 이제 완전히 재배종이 되었다. 이 종류는 씨를 맺지 않고 재배자들에 의한 영양번식에 의존하여 번식하고 있다.

프랑스 식물학자인 Vincent Lebot는 *kava*의 형태, 식물화학 그리고 문화적인 용도에 대해 심도 있는 연구를 했는데, 특히, 이 종의 기원에 대해서 야외 조사나 혹은 민족서지학에서 발굴한 여러 편의 신화를 검토하였다(Lebot, 1991). 그는 아래와 같이 네 곳의 다른 섬에서 이 식물과 관련된 신화를 수집하였다.

① 오랜 옛날 Maewo에 고아 쌍둥이인 오빠와 누이가 행복하게 살고 있었다. 그러던 어느 날 오빠는 누이를 매우 사랑해서 누이가 싫어하는 이

그림 143. Kava(*Piper methysticum* G. Forst.)
[왼쪽(상) : 잎, 왼쪽(하) : 뿌리, 오른쪽(상) : 공식적인 연회에서 Kava로 음료를 만드는 모습, 오른쪽(하) : Kava 음료]

방인 청혼자부터 누이를 보호하려 했다. 싸움이 일어났고 당황한 구혼자는 활을 쏘았고 활은 누이를 죽였다. 오빠는 누이의 몸을 집으로 옮겨 묻고 묘를 만들었다. 일주일 후 그녀의 묘 옆에는 이전에 보지 못한 새로운 식물이 자라고 있었다. 오빠는 그 식물을 캐지 않기로 하였다. 몇 년이 지나는 동안에도 오빠는 슬픔을 잊지 못하고 슬픔에 젖어 그녀의 묘에 가끔 들렸다. 그러던 어느 날 쥐가 그 식물의 뿌리를 먹고 죽는 것을 보았다. 그는 이 식물의 뿌리를 많이 먹으면 목숨을 끊을 수 있을 것이라 생각하고 먹었지만, 그는 죽지 않고 그의 불행을 잊을 수 있었다. 그는 집으로 돌아와서 이 묘한 뿌리를 다른 사람들에게 가르쳐 주었다[Vanuatu의 Maewo 섬].

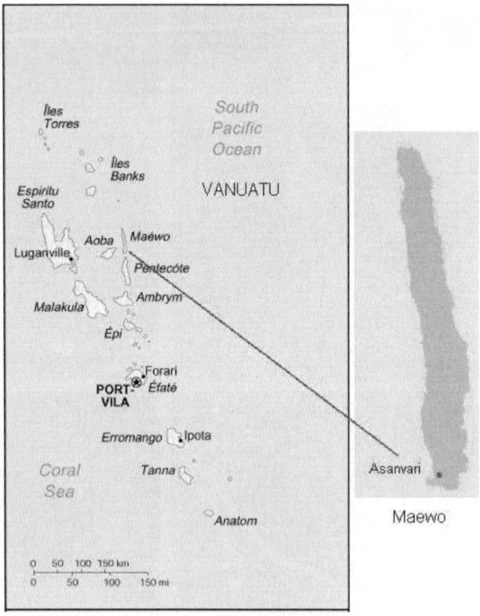

그림 144. Vanuatu의 Maewo섬

② *Kava*는 최초의 추장 혹은 Matai인 Tagaloa에 의해 사모아인에게 처음 전해졌다. Tagaloa에게는 Ava와 Sa'a라는 두 아들이 있었다. Ava는 죽어가면서 Sa'a에게 사모아 사람들에게 커다란 선물이 될 식물이 그의 묘 옆에서 자랄 것이라고 말했다. Sa'a와 자식들은 Ava의 묘를 지키고 있었는데 Ava가 죽은 지 3일 만에 두 식물이 묘의 옆에서 자라기 시작하였다. Sa'a와 자식이 지켜보는 가운데 한 마리의 쥐가 와 첫 번째 식물을 먹었고 두 번째 식물로 가서 먹기 시작하다 중독되었다. 그 쥐는 비틀거리며 집으로 갔고 사람들은 놀래서 바라보았다. 그들은 첫 번째 식물을 *Taro* 혹은 사탕수수라고 하고 두 번째 식물은 이 식물을 보내준 이를 기려 *Ava*라 이름을 붙였다[Western Samoa의 Upolu섬].

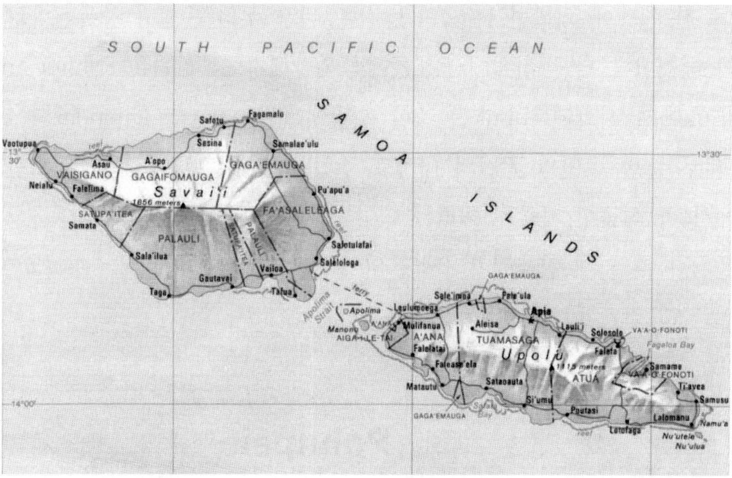

그림 145. Western Samoa의 Upolu섬

③ Euaiki섬의 추장인 Loau는 식사 때 사람 고기를 알아보고 사람들에게 그것을 먹지 못하도록 했다. 그것을 땅에 묻은 후 식물로 성장을 하면 가져오게 하였다. 몸은 자라 *kava*라는 식물로 자랐다. 다 자랐을 때 쥐가 *kava*를 먹으면 마비를 일으킨다고 경고했다[Tonga].

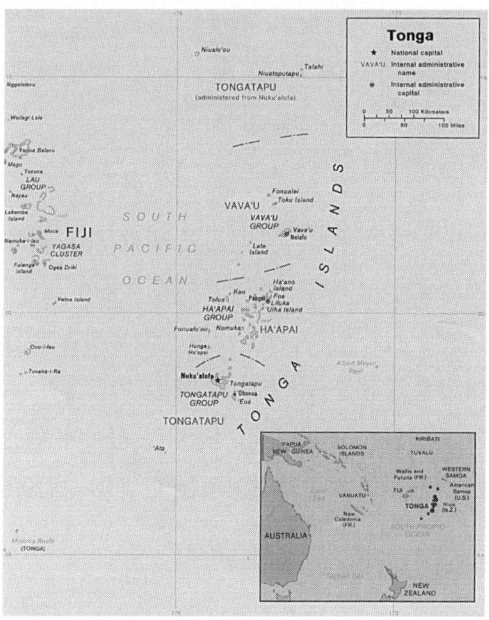

그림 146. Tonga

④ 한 전설에 의하면, *sakau*의 발견은 쥐가 뿌리를 씹고 중독된다는 것에서 유래한다. 다른 전설에서는 좀 더 복잡해져 그 기원은 Pohnpeian 신인 Luk에서 시작된다. Luk는 죽을 수밖에 없는 사람인 Uitannar의 뒤꿈치 피부를 한 여인의 친절의 대가로 주었다. 그녀는 그 피부를 묻으면 그곳에서 한 식물이 자랄 것이라는 이야기를 들었다. 그 식물의 즙액은 사람들을 중독 시키게 만들었고 사람들의 삶을 바꾸었다. 이 식물이 *sakau*이고 후일 널리 퍼지게 되었다[Pohnpei].

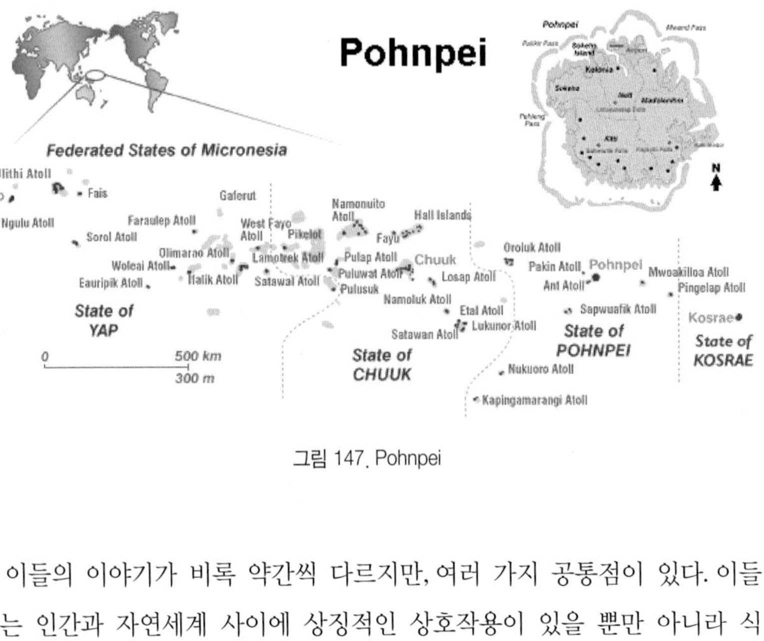

그림 147. Pohnpei

이들의 이야기가 비록 약간씩 다르지만, 여러 가지 공통점이 있다. 이들에는 인간과 자연세계 사이에 상징적인 상호작용이 있을 뿐만 아니라 식물의 향정신성과 약성을 발견하는데 경험적인 방법을 언급하고 있다는 것이다. 각각의 경우에 중독을 일으키거나 혹은 마술적인 특성을 가지고 있는 유용 식물이 인간의 묘의 옆에서 자란다는 점이다. 인간 집단 근처에서 사는 야생동물인 쥐가 그 식물의 이용하는 방법을 사람들에게 가르친다는 점이다.

자연과 문화현상의 혼합과 야생과 재배의 경계에 있는 종의 발생은 곡물, 약용식물, 사육 동물 그리고 지역민들의 삶 속에서 중요한 역할을 하는 다른 생물체의 기원을 설명하는 공통적인 신화의 요소이다.

이런 비교 방법을 통해, 연구자들은 신화에서 문화와 자연 사이에 상징적 상호관계를 탐구함으로써 약용과 종교의식에 이용하는 동 · 식물을 이해할 수 있다. 신화에서의 동 · 식물들은 사람들을 보호하고 치료하며 기르는 특별한 능력을 가지는 상징적 매개자로서 역할을 한다. 이에는 재배종이나 사육되는 종류들이 포함되는데, 이들의 생존은 사람에게 달려있고 야생 종류와 구별되는 특별한 특징을 가지고 있기 때문에 문화와 자연의 접경지대에 있다고 판단할 수 있다. 이에 대한 좋은 예로 *kava*는 사람의 몸에서 나오는데 이는 이들의 생존이 사람들의 손에 달려있다는 것을 상징적으로 신화에 나타난 것이다. 인간에 의해 창조된 생태적 위치를 가지고 인류 집단의 근처에 자라는 인위 개변의 동 · 식물들은 상징적 매개자로서 간주된다. *Kava* 신화에서 인간 집단의 근처에서 자라는 야생 동물인 쥐는 인간이 약성을 가지는 식물을 어떻게 이용하는지를 보여주고 있다. 야생과 사육종들 사이의 관계는 상징적 인류학자들이 문화적인 전통을 분석할 때 찾는 반대역 중의 하나이다. 많은 신화들은 낮과 밤, 하늘과 땅, 남과 여, 동물과 식물 그리고 사람들의 우주관을 나타내는 다른 다양한 쌍들의 개념 사이를 비교하거나 혹은 사람들이 우주의 기원과 순서를 어떻게 인식하고 있는지를 나타낸다.

상징의 분석은 달리 방법이 없다. 이는 다른 문화를 통찰하는 직관의 문제로 상징적 인류학자들은 마치 책을 읽듯이 이해를 한다. 영국의 인류학자인 Nigel Barley는 다른 문화의 상징들을 분석하는데 있어서 카메룬의 Dolawayo 사람들에 대한 자신의 경험을 다음과 같이 적고 있다

(Barley, 1983):

상징성의 분야에서 연구를 할 때의 문제점은 상징의 이해를 위해 어떤 자료를 이용해야 할지에 대한 어려움에 있다. 하나는 Dolawayo 사람들이 어떤 종류의 세계에서 살고 있고 그들이 그것을 어떻게 만들었으며 어떻게 이해하고 있는지를 설명하는 것이다. 대부분의 자료들을 깨닫지 못할 것이기 때문에 답을 구하는 것이 간단하지 않다. '당신은 어떤 종류의 세계에서 살고 있느냐?"라는 질문은 Dolawayo 사람들에게는 대단히 어려운 것임에 틀림이 없다. 질문이 너무 애매하다. 이럴 때에 해결 방법 중 하나는 질문을 조각내어 나누는 것이다. 언어의 용도는 종교의식의 구조나 혹은 신념에서 중요하다. 다른 방법은 특정 틀 속에 전체를 넣어보는 것이다.

자연과 문화 사이에 상징적인 관계에 더하여, 신화는 식물, 동물 그리고 자연환경의 다른 요소들에 대한 사람들이 경험적인 지식의 많은 부분을 보여주고 있다. *Kava*의 예에서 각 신화는 뿌리를 먹고 중독되는 쥐에 대한 사람들의 관찰을 잘 표현하고 있다. 동물의 행동과 식물의 특성에 더해 전통 이야기들은 사람들이 어떻게 생물을 분류하는 지를 보여준다. 예를 들면, 재배 식물들과 야생 종류들은 연관된 쌍으로 간주된다.

대개의 신화들은 사회적으로 받아드려지는 방법이던 받아드려지지 않는 방법이던 행동의 결과에 대해 초점을 맞추는 윤리를 가지고 있다. 좋은 행동은 보상을 받고 나쁜 행동은 벌을 받는다. 연구자들은 자연 환경을 보호하는 전통적인 방법을 따르지 않는 것에 대한 영향을 기술한 많은 이야기들을 기록하고 있다. 이러한 전설들은 호수를 오염시켜서, 성스러운 지역의 나무를 잘라서, 동물의 영혼의 허락 없이 그 동물을 죽였기 때문에 고통을 받는 사람들을 그리고 있다. 이러한 방법으로 신화는 사람들이 다른 사람들과 혹은 자연과 잘 지낼 수 있는 행동 규범을 준다.

올바른 사회적 행동을 그리는 일부 신화는 자연 자원을 보존하고 관리하는 사람들을 고무하는 이차적인 효과를 내기도 한다. Yildíz Aumeeruddy는 인도네시아 수마트라의 Kerinci Seblat 국립공원 근처의 Jujun과 Keluru 마을에서 근친상간의 신화를 기록하였다(Aumeeruddy, 1993). 이는 대나무 기름으로 만들어진 미약에 의해 서로 사랑을 하게 된 오빠와 누이동생의 이야기이다. 이 신화가 근친상간이라는 터부와 관계가 되지만, 두 마을 사이에 있는 숲을 보존하는데 중요한 역할을 하였다. 죄를 지은 쌍은 *lura pungok*이라 불리우는 깊은 계곡에 던져졌다. 이 때문에 Jujun 사람들은 이 숲에서 식물을 채취하거나 야생 돼지를 잡지 못하게 되었다.

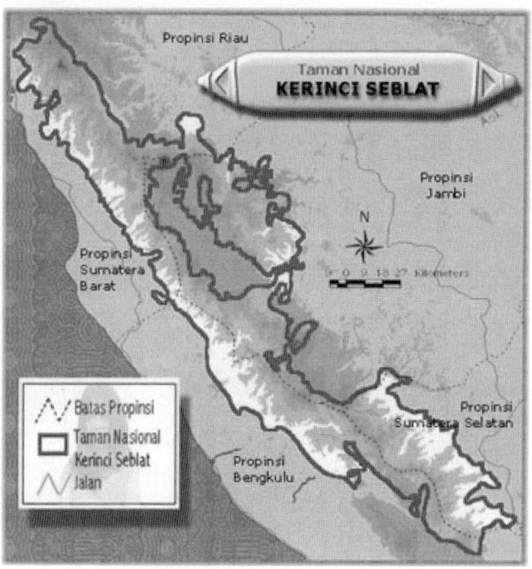

그림 148. 인도네시아 수마트라의 Kerinci Seblat 국립공원

연구자가 연구의 일부분으로 신화를 수집하려고 한다면, 다수의 다른 사람들로부터 다양한 이야기를 들어야 한다. 만약 이야기를 한번만 들었다면, 집단이나 지역 내의 다른 사람들에게 여러 번 물어야 한다. 처음에는 중요하지 않는 부분으로 생각되었지만 나중에 신화를 이해하는데 중요한 열쇠가 되는 것도 있다. 이러한 이유 때문에 이야기를 정확하게 듣고 주의 깊게 정리하는 것이 좋다. 녹음을 하였다면 단어 하나하나에 신경을 써 번역을 하여야 한다. 사람들이 항상 이야기의 윤리에 대해서 말을 하지 않지만, 각 이야기에 내포된 의미를 묻는 것은 가치 있는 일이다. 한 신화에 대한 여러 편의 이야기를 비교한다면, 지역민들에게 자신이 정리한 내용에 대해서 문의하는 것이 좋다.

제3장 조사와 분석 기법

1. 구조적 상호관계

자유해답식과 반구조식 면담 기법은 구조식 상호관계를 쉽게 적용할 수 있게 한다. 이러한 상호관계는 각 질문에 대한 정보 제공자들의 각 반응을 사각형의 표 즉, 매트릭스에 정리할 수 있어 비교 데이터를 만들 수 있다. 다양한 통계적인 분석을 가능하게 하는 매트릭스에 대한 전형적인 예가 표 9에 있다.

표 9. n개의 식물 또는 공예품에 m 정보 제공자들의 반응을 비교하는 매트릭스를 어떻게 만드는지를 보여주는 전형적인 표

	식물 또는 공예품에 대한 반응				
반응자	1	2	3	4	n
1	1, 1	1, 2	1, 3	1, 4	1, n
2	2, 1	2, 2	2, 3	2, 4	2, n
3	3, 1	3, 2	3, 3	3, 4	3, n
4	4, 1	4, 2	4, 3	4, 4	4, n
m	m, 1	m, 2	m, 3	m, 4	m, n

구조식 상호관계에는 일반적으로 두 가지 형이 있고, 조사(survey)는 선정된 정보 제공자가 질문서에 쓰여 있거나 혹은 면담자에 의해서 주어지는 다수의 특정 질문들에 답을 하는 형태이다. 이 조사는 크고 복잡한 집단에서 다른 부류들 간의 반응에 대한 변이를 측정하는 사회학자들의 기

본적인 기법이다.

다양한 분석 도구를 이용하여, 참여자들은 사물의 순위를 매기거나 혹은 유사도나 상대적인 질과 같은 기준으로 나누어 그들의 문화적인 선호도와 경험적인 생태지식을 보여준다. 이러한 다양한 기법들은 사람들이 그들 주변의 세계를 어떻게 분류하고 인지하는지를 나타내는 자료들을 수집하는 체계적인 방법을 찾던 인지분야 인류학자와 언어분야 인류학자들에 의해서 1960년대에 주로 개발되었다.

일부 야외조사자들은 자료의 수집을 비인격적인 일로 간주하기 때문에 조사와 과업을 피한다. 이들은 연구자와 많은 반응자들 사이에 짧은 상호관계만을 가질 수밖에 없어 야외조사자들이 공개 대화와 참여자 관찰 기간 동안에 친밀한 관계를 설정하기 어렵다고 토로하기도 한다.

연구자가 연구의 일부분으로 조사와 과업을 수행하려고 하면 이와 같은 비난을 감수하여야 한다. 이러한 접근은 연구자가 집단의 사람들과 충분히 친해졌을 때 이용하는 것이 좀 더 효과적이다. 시간이 없다면, 참여자 관찰과 같은 방법을 수행하는 것이 좋으며, 연구자와 후일 결과를 분석할 수 있는 지역의 상대자와 조사를 계획하고 수행하는 것이 바람직하다. 만약 참여자가 연구의 목적과 방법을 잘 이해하고 집단 프로젝트에 이용할 수 있는 기술을 받아드린다면, 이러한 구조적 상호관계는 훨씬 더 개인적인 일이 될 것이다.

2. 조사와 분석 기법의 결과

조사와 분석 기법에 의해서 얻어지는 결과는 다음 질문들이 보여주는 것처럼 4가지 다른 형태가 있다(Weller & Romney, 1988).

(1) 목록(inventory) : '모든 자생 식물들의 범주는?' '땔감으로 이용되는 모든 목본 식물들의 이름은?'

(2) 순위(ranking): '먹을 수 있는 모든 과일 중 가장 좋다고 간주되는 것은?' '두통에 좋은 식물 중 어떤 것이 가장 효과적인가?'.

(3) 유사성(similarity)의 평가: '관상용 꽃에서 어떤 것끼리 가장 유사한가?' '한 친족의 사람들은 식물을 동일한 방법으로 분류할까? 아니면 다른 방법으로 분류를 할까?'.

(4) 자격(competence): '모든 사람들이 특정 식물에 대한 올바른 이름을 알고 있을까?' '모든 정보 제공자가 일련의 약용식물들에 대한 치유 특성을 정확하게 파악하고 있을까?'.

상호작용이 구조화되면 될수록 결과를 분석할 통계적인 방법은 복잡해진다. 고도화된 면담은 지역 지식의 일부에 대한 정확한 자료는 얻을 수 있지만, 연구자와 지역민들이 많은 시간을 투자해야 하므로 많은 인내심이 필요로 한다는 점을 유념해야 한다. 그러므로 구조식 상호관계에 의해서 얻어진 결과들은 자유해답식 면담, 참여자 관찰, 조사 그리고 과업을 통해 얻어진 자료와 비교하며 보완을 하는 것이 지역민이 그들의 자연과 어떻게 서로 작용하는지에 대한 명확한 이해를 할 수 있을 것이다.

3. 조사

조사에는 두 가지 방법이 있다. 질문서(questionnaire)는 도시에 자리 잡고 있는 글을 읽을 수 있는 정보 제공자들로부터 비교할 수 있는 정보를 수집하는데 이용한다. 정보 제공자는 연구자와 전혀 연관이 없이 혼자 질문서를 작성한다. 면담 조사표(interview schedule)는 글을 읽을 수 있는지 아니면 아닌지에 따라 면담을 안내하는 준비된 한 묶음의 질문들이다. 이런 형들은 어느 정도 개인적인 친분 관계가 형성된 면대 면 상호관계에서 연구자들이 이용을 한다. 질문서와 면담조사표는 모든 참여자들에게 동일한 질문을 동일한 방식으로 할 수 있게 인쇄를 한다.

조사의 일부분은 “정보 제공자의 선정”에서 언급하였듯이 각 개인들의 사회적인 특징들을 기록한다. 다른 부분은 연구자가 기록하기 원하는 특별한 정보를 쓰게 한다. 조사가 마무리되면, 연구자는 반응을 이해하고 파악하는 일을 하여야 한다. 예를 들면, 연구자가 약용식물의 목록을 원한다면, 언급된 모든 종류를 표본관의 증거표본으로 만들 필요성이 있다. 만약 정보 제공자에게서 민속 질병 명을 얻었다면, 그 질병들의 증상과 치료에 대해 자세히 정리하려면 지역의 치료사와 개별 면담을 할 필요성이 있다.

TRAMIL 조사는 다양한 연구자 즉, 특히 지역에 영향을 주는 가장 중요한 질병의 치료에 이용되는 식물치료에 지식을 가지는 건강관리 전문가, 연구자 그리고 지역민들에 의해서 수행되었다. 조사에서는 학교 출석상황, 삶에 조건 그리고 건강 서비스 등을 포함한 일반적인 자료는 정보 제공자로부터 얻어졌다. 또한, 선택된 질병의 치료를 전통적인 치료사에게 치료를 받는지 혹은 서양 의학자에 의해서 치료를 받는지에 대해서 물었다. 가정에서 식물치료를 하는 조건을 알아보기 위해서 식물을 어떻게 얻어 어떤 부위를 어떻게 처리하여 이용하는지를 포함하여 다른 민족전통식물학적인 자료도 물어 보았다.

과테말라의 약사인 Lidia Giron은 그녀의 동료들과 함께 TRAMIL을 통해 민족전통식물학적인 조사를 했다(Barley, 1983). TRAMIL의 일반적인 형식에 따른 면담조사표로 과테말라의 Livingston에서 네 개 인종에 속하는 403명의 사람들의 구두 반응을 조사하였다. 이들 중에서 259명(64.3%)은 약용목적으로 식물을 이용하고 144명(37.5%)은 식물치료를 이용하지 않는 것으로 나타났다. 조사의 일부로써 수집된 사회학적 자료를 연구하면서, Lidia와 그녀의 동료들은 약용식물과 가장 친숙한 사람들은 중년에서 여성 노인들이었고, 그들 중 다수가 주부였다. 그들의 대부분은 스페인어를 읽고 쓸 줄 알며, 다수는 아직도 원주민 언어인 *garifuna*를 할 수 있었다.

연구자들은 정보 제공자들이 언급한 각 식물들에 대한 생식기관이 있는 표본들을 수집하고, 과테말라 시의 민족전통식물학 표본관에 소장하였다. 이러한 활동에 의해서 연구자들은 약용식물 119종류 중 102종류의 이름을 바르게 알아낼 수 있었다.

그림 149. 원주민 언어인 *garifuna*어를 사용하는 지역

그림 150. Garifuna족의 전통가옥과 전통음악

4. 조사 질문

'조사에서는 보통 어떤 질문들을 하는가?' 자유 해답식과 반구조식과는 달리, 조사에서는 일반적으로 많은 선택 사항들로부터 도출된 짧은 반응을 요하는 질문들을 포함하고 있다. 이분 선택적 질문(dichotomous question)은 '예 혹은 아니오', '참 혹은 거짓' 그리고 '동의 혹은 부동의'와 같은 답을 얻을 수 있는 것이 보통이다. 이것은 답변자가 답변 가능한 제한된 수를 제시하는 다항목 선택 질문(multiple-choice question)의 단순한 형태이다. 예를 들면, 한 식물이 약용, 식용, 양념류, 땔감, 건축용 그리고 관상용 등으로 이용되는지 질문할 수 있다. 자연세계에 대한 지역의 인식과 분류에 영향을 줄 수 있는 것으로부터 다양한 반응을 유추하는 것도 좋다. 더불어 답변자들이 놓치거나 혹은 선택할 항목이 없을 경우에 대하여 '기타' 항목을 제시 하여야 한다.

조사 전에 연구자는 질문에 대한 답변의 범위를 대략적으로 생각하고 있어야 한다. 이분 선택적 질문과 다항목 선택 질문은 자유로운 형식의 상호관계 하에서 이미 논의하였던 문제를 보다 깊이 있게 증명하는 방법이다. 예를 들면, '당신은 카밀레 차를 약으로 이용하십니까?' 라는 질문을 할 수 있다. 만약 연구자가 식물을 이용하는 사람과 이용하지 않는 사람을 발견하였을 경우, 집단 내에서 상대적인 이용 빈도를 조사하기 원할 것이다.

질문에 '땔감으로 어떤 나무가 가장 좋습니까? [ ]참나무, [ ]소나무, [ ]마호가니, [ ]기타' 라는 질문이 포함되어 있다는 의미는 연구자가 지역민들이 선호하고 이용할만한 나무들을 이미 조사하였다는 것이다.

조사의 또 다른 중요한 요소는 공란 기입식(fill-in-the-blank format) 인데, 이는 면담자가 답변자의 답변을 적는 공란( )과 질문으로 구성되어 있다. 이런 형의 질문은 간혹 자유 해답식과 반구조식 면담에서 이용되기는 하지만, 육하원칙 즉, 누가, 왜, 무엇을, 어디서, 언제 그리고 어떻게 등으로 시작되는 모든 질문을 포함한다. 조사에서 이런 질문들은 잘 정리되어 있기 때문에 선정된 정보 제공자들에게 체계적으로 문의할 수 있다. 전통지식 연구자들에게 친숙한 많은 질문들은 공란기입식이다: '이 식물의 이름은 무엇입니까?' '어떻게 처리를 합니까?' '이런 새들은 언제 집단에 들어 왔습니까?' '식물의 약성에 대해서는 누가 당신에게 가르쳐 주었나요?' '이 동물은 어디에서 발견할 수 있을까요?' 그리고 '당신 왜 이 치료법을 사용하나요?'.

이분 선택식과 다항목 선택식 질문들과 같이, 공란 기입식 질문들도 지역에 대한 관습과 지식에 대해 미리 알고 정보 제공자와 공감대를 형성하고 난 이후 만드는 것이 바람직하다. 연구자가 이런 질문들을 집단 내의 첫 날에 한다면 사람들은 즉흥적인 답변을 할 것이다. 연구자가 연구의 기본적인 원칙을 정한다면 지역의 정보 제공자들은 지식을 공유하는 데에 대해서 편하게 생각하고 질문들도 보다 정확하게 만들 수 있을 것이다.

짧은 답변을 요하는 질문의 주요한 장점 중 하나는 자유해답식 면담보다 통계적으로 분석하기가 훨씬 쉽다는 것이다. 대화체 반응은 분석을 하기 전에 해석하고 범주화하고 약호화를 해야만 한데 이는 결과에 연구자의 편견이 스며들 가능성이 있고 시간 소모가 있는 작업이다. 설명된 조사의 답변들과 과업의 결과들은 축어적 반응(verbatim response)들이다. 정보 제공자의 정확한 단어 혹은 의견은 자료에 대한 최소한의 가공으로 직접 분석할 수 있다.

통계학자들은 답변과 정보량을 추측하기 쉬운 관련된 개념에 따라 다양한 질문들을 등급화 한다. 이분 선택식에서 정확한 답을 추측할 수 있는 기회는 50대 50이다. 이 비율은 다항목 선택식에서 줄어들며, 공란 기입식에서는 더욱 줄어든다. 사람들에게 자신들을 자유롭게 표현하도록 하였을 때, 그들이 알고 있는 것에 대해 집중을 하는 경향이 있다.

반응에 정보량이 적으면 적을수록 답변을 추측하기 쉬워진다. 이런 이유 때문에, 소수의 다항목 선택식과 공란 기입식 질문들이 이분선택식의 경우보다 통계적으로 중요한 결과를 얻기 위해 필요하다. 면담과 조사에 이용되는 다양한 형태의 질문들이 표 10에 있다.

표 10. 인류학적 연구에 이용되는 다양한 질문 형태의 특징

	연구의 적정시기	정보량	통계 분석의 용이성	주제를 탐구할 질문 수	주제의 폭
자유해답식	모든 시기	매우 높음	낮음	낮음	매우 넓음
공란기입식	중간부터 말기	높음	중간	중간	넓음
다항목선택식	말기	중간	높음	높음	협소
이분선택식	말기	낮음	높음	매우 높음	매우 좁음

5. 분석 기법

연구자는 야외 조사 기간 동안 나타나는 주제에 대한 정량적인 자료를 얻는 다양한 분석 기법을 이용할 수 있다. 예를 들면 피면담자가 가장 좋아하는 과일에서부터 가장 싫어하는 과일까지 순위를 매기게 하고, 다양한 땔감들의 질에 대한 등급을 주게 하며, 일련의 플래시 카드를 정리하도록 하는 것이다.

이런 기법들은 면담 기법과 혼합하여 이용한다. 이는 참여자들에게 그들이 왜 다른 종류에 비해 특정 과일을 좋아하는지를 설명하게 하거나 혹은 각 파일에서 물체가 어떤 공통점을 가지는지에 대해서 설명하게 한다. 과업은 지역의 상대역에게 집단의 건강관리에 대한 구조식 면담에서 다양한 약용식물의 특성을 비교하게 하는 것과 같은 조사에 합칠 수 있다.

비록 아래에 설명된 각 과업들이 약간씩 다른 방법으로 수행되기는 하지만, 전체에 적용되는 일반적인 유의사항과 기법이 있다. 각 분석 기법은 전형적으로 참여자들에 의해서 조절될 수 있는 소품(props)의 이용에 달려 있다. 이에는 건조 표본이나 생체 표본, 풍경사진, 지역의 동물명이 쓰인 노트카드 그리고 면담자와 피면담자가 동일한 목적을 가지고 논의하고 있다는 확신을 주는 시각적 보조물 등이 있다. 이 소품들은 연구의 초점인 한 영역의 구성원이나 혹은 물체의 종류와 일치하며, 소품의 세트는 땔감의 한 다스, 옥수수 5 변종 등과 같은 것이다.

과업이 소품 없이 수행될 수도 있지만, 대부분의 연구자들은 가장 좋은 결과들은 추상적으로 생각하는 것보다 보고 만질 수 있는 사물과 함께 했을 때 성취된다는 것을 믿는다.

사람들의 주시 범위, 소품의 질 그리고 아이템이 제시되는 순서 등 답변에 영향을 줄 수 있는 요소들에 유의를 하여야 한다. 만약 참여자가 지루해 한다면, 그들의 답변은 집중했을 때 보다 덜 정확해질 것이다. 세트에서 많은 대상물을 선택할 때는 선택되는 수에 따라 과업의 시간이 결정됨으로 신중을 기해야 한다. 사람들의 선택이 대상물을 보는 순서에 의해서 받을 영향을 최소한으로 하기 위해서 대상물의 순서는 과업 전에 무작위적으로 결정해야 한다. 즉, 카드는 섞을 수 있고, 표본들은 다른 순서로 제시 될 수 있으며 각 세트 안에 대상물들의 배열은 변할 수 있어야 한다.

연구자가 제시하는 소품은 질이 좋아야 하고 표준적인 것이어야 한다. 녹색 바나나, 익은 사과 그리고 농익은 배를 사람들에게 제시하면, 그들의 선택은 과일의 선호도보다는 과일의 성숙도에 의해서 영향을 받을 것이다. 희미한 사진, 불완전한 표본 그리고 잘 안 써진 플래시카드 등은 연구자가 얻을 자료의 질을 낮게 한다. 그림은 대상을 파악할 수 있도록 모든 형태적인 특징들을 잘 보여주어야 하고 비슷한 종류와도 잘 구분될 수 있도록 해야 한다. 생물학적 표본은 지역민들이 익숙하게 보아왔던 특징들의 대부분을 포함하여야 한다. 표본, 사진 그리고 다른 자극물을 한 소품으로 이용한다면 사람들이 대상물을 인식하는 능력을 높여줄 것이다. 예를 들면 사람들에게 새들의 사진을 보여 주려면, 이와 함께 사람들에게 새의 노래를 들려주고 새의 깃털을 만지게 한다. 제작된 표본은 그림과 함께 보여주고 되도록이면 작은 봉지에 마른 과일이나 잎을 넣어 사람들이 만지거나 냄새를 맡을 수 있도록 한다.

다른 대상물과 혼동이 일어나지 않도록 조심해야하는데, 만약 이름 카드를 이용한다면, 각 라벨에 대한 종합된 의견을 들어 의견 일치를 보아야 한다. 많은 이름들이 한 대상물이나 한 개념이상을 의미하는 다의성(polysemy)을 가지고 있다는 것을 유념해야 한다. 더불어 동 · 식물의 이름들은 학명과 항상 일대 일로 일치하지 않는다. 답변자가 별 어려움 없이 각 표본을 인식할 수 있다면, 그들이 분류하거나 순위를 주기 전에 이름을 묻고 모든 대상물을 설명하게 한다.

연구자가 열심히 과학적인 방법으로 과업을 수행하려면 한 번에 한 사람씩 면담을 해야 한다. 이는 피면담자의 의견이 다른 사람들에 의해서 방해되지 않게 하고 미래에 과업에 참여하는 사람들에게 선입견을 주지 않으려는 것이다.

다음에 제시되는 분석 기법에는 공식적인 것과 비공식적인 것이 있다. 비공식적인 접근에서는 집단 내에 모든 구성원에게 잘 알려진 작은 아이템 세트를 이용하는 것이 일반적이다. 이들 아이템들은 상대적으로 짧은 시간에 분류되고 특징화될 수 있다. 연구자들은 대상물을 제시하는 순서가 무작위적으로 되도록 해야 하고, 과업에서 사람들이 관찰하고 의견을 제시하는 데에 대해서 포용성을 가져야 한다. 과업에서는 토론을 통하여 의견 일치를 하거나 투표에 의해서 다양한 의견을 제시하는 큰 집단에 한 번의 회의만을 배정한다. 소품은 말로 설명하거나 흑판에 써서 설명할 때 유용하다. 결과의 분석에서는 통계처리를 하지 않은 반응들을 제한하기는 하지만, 목표는 지역민들의 자원에 대한 지식과 관리 혹은 집단에서 선택된 다른 주제들에 대한 대화를 적극적으로 유도하는 데에 있으므로 적극적으로 정보를 수집하여야 한다.

인지 인류학자들이 선도하는 공식적인 접근은 통계적 측정을 이용하여 분석하는 자료를 산출한다. 이런 접근을 이용하는 심리학자, 언어학자 그리고 인류학자들은 대상물의 순서를 무작위적으로 하는 것을 고수하고 사적인 면담은 금한다. 또한, 소품의 질은 강조된다. 동·식물 자원들의 용도와 분류에 초점을 맞추는 과업에서는 순위를 결정하거나 분류하는데 많은 시간이 소모되는 수많은 아이템을 분석할 수 있다. 목적은 사람들이 자연 세계를 어떻게 인식하고 분류하는지를 발견하는 것이다.

6. 우선 순위

가장 간단한 분석방법 중의 하나는 집단 내에서 논의되고 있는 중이거나 연구의 초점인 한 범주 내에서 5개 혹은 7가지 아이템을 사람들에게 묻는 것이다. 사람들 각각은 개인적인 선호도에 따라 아이템을 배열한다. 각 순위는 가장 중요하거나 선호되는 아이템에 높은 수를 배정하는데 숫자는 정수로 한다. 예를 들면, 5개 세트의 대상에서 가장 선호되는 것은 5로 등급 되며 가장 낮은 것은 1로 등급 된다. 이 숫자들은 모든 답변자들이 평가하며, 답변자들이 선정하는 횟수에 따라 전체적인 순위가 결정된다.

이런 선호도의 순서는 반응과 일치되는 것으로 판단되는 다른 자료들과 면담자들로부터 얻어지는 자료들에 의해서 교차 검정되어야 한다. 널리 인식된 아이템의 선호도 순위에서, 과업은 구두로 수행하거나 모든 사람이 알 수 있는 커다란 종이에 그릴 수 있다. 아이템의 수가 증가되면, 손쉽게 다룰 수 있는 실질적인 표본이 좋고, 각 참여자가 순서를 정하기 전에 그들의 순서를 무작위적으로 만드는 것이 좋다.

선호도 순위는 사람들이 그들의 공공 숲에서 점차 희귀해져 간다고 느끼는 식물자원의 목록을 파악하는데 이용할 수 있다. 각 참여자들에게는 드물게 나타나는 것에서부터 가장 희귀하게 나타나는 종류까지 배열을 하도록 할 수 있다. 선호도 순위의 또 다른 적용은 사람들에게 지역에서 가장 가치 있는 비목재 임산물의 목록을 작성하도록 하고 이를 통해 그들이 얻는 수입의 순위를 작성하도록 하는데 이용할 수 있다.

인도 Gujarat의 Montisingloti 마을의 예를 보자. Shashi Kant와 Neel Guarav Mehta는 다음과 같이 일 년 동안 임산물을 팔아 126,000 루피를 벌었다: timru 잎(전체의 39%), mahua 꽃(23%), mahua 씨(18%), bhindi 씨(15%) 그리고 sag 씨(5%). 표 11은 다섯 명의 가공 참여자들이 그들이 생산한 임산물을 통해 얻은 수익을 토대로 그들의 선호도 순위를 만들어 보았다. 답변자들은 서로 다른 방법으로 다양한 식물들의 순위를 매겼는데 전체 순위는 순 수입에 영향을 주었다.

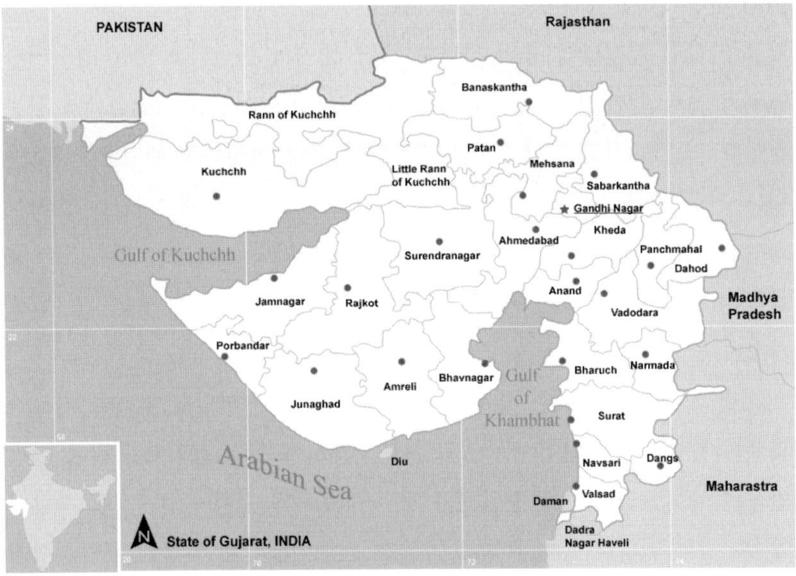

그림 151. 인도의 Gujarat 지역

그림 152. 인도 Gujarat의 Montisingloti 마을의 임산물
[왼쪽(상) : timru 잎, 오른쪽(상) : mahua 꽃, 왼쪽(중) : mahua 씨, 오른쪽(중) : bhindi 씨,
왼쪽(하) : sag 씨, 오른쪽(하) : 인도의 Gujarat지역]

표 11. 인도 Gujarat의 Motisingloti 마을의 경제를 토대로 다섯 가정이 선정한 임산물 가치의 선호도 순위 (5, 가치가 가장 높음; 1, 가치가 가장 낮음)

	참 여 자					전체	순위 점수
	A	B	C	D	E		
Timru 잎	5	4	5	5	5	24	a
Mahua 꽃	4	5	3	4	3	19	b
Mahua 씨	2	3	4	3	2	14	c
Bhindi 씨	3	1	2	2	4	12	d
Sag 씨	1	2	1	1	1	6	e

7. 직접 모형 순위

직접 모형 순위는 선호도 순위보다 복잡하다. 정보 제공자는 가치나 호감 같은 하나의 특성으로 일연의 대상물을 정하는 대신에 동시에 여러 가지 속성을 고려한다. 다시 말하면, 선호도 순위는 일차원인 반면에 직접 모형 순위는 다차원으로 설명을 한다.

구성원을 한정하고 대상물의 부류를 선택한 다음, 참여자들은 각각의 장단점을 정의한다. 표 12에 제시된 예는 사람들이 다양한 관점에서 관찰을 하고 있음을 알 수 있다 - '당신은 야자나무로부터는 땔감을 얻을 수 없지만 유칼리, 아카시아 그리고 소나무로부터는 얻을 수 있다', '유칼리 열매는 유용하지 않다' 혹은 '아카시아는 좋은 사료로 이용된다'.

표 12. 중동과 북미 지방에서 참여전원평가(participatory rural appraisal)에서 예로 이용되는 7가지 기준에 의한 4종류의 나무에 대한 한 사람의 직접모형순위의 결과(4, 최고; 1, 최저)

	유칼리	야자나무	아카시아	소나무
연료	4	1	2	3
건축	4	1	2	3
과일	1	4	2	3
약용	4	1	3	2
사료	3	-	4	2
그늘	4	3	1	2
목탄	2	-	3	4
총계	22	10	17	19
순위	A	D	C	B

이런 기준들은 왼쪽을 따라 적고 위쪽에는 아이템들의 이름을 적는다. 점수를 간단하게 만들기 위해서, 서술적인 진술은 간단한 기준으로 바꾼다. 예를 들면, '유칼리의 열매는 유용하지 않다'는 일반적인 기준인 '열매'로 바꾸고 유칼리에 낮은 점수를 준다.

표가 완성이 되면, 사람들은 가장 높은 숫자는 가장 좋은 대상물이고 가장 낮은 숫자는 가장 좋지 않는 대상물이라는 수리적 척도를 이용하여 각 기준을 따라 아이템들의 순위를 매긴다. 수리적으로 정리된 개인 반응들은 집단을 대표하는 모형을 만들 수 있다. 또한, 직접모형 순위는 참여자들이 각 아이템의 순위에 대해 의견 일치를 볼 때나 혹은 개인적인 평가에 의해 투표를 하는 집단에도 적용할 수 있다.

8. 삼자 비교

삼자 비교에서 아이템은 아래와 같이 3쌍의 참여자에 의해 나타난다. 영역을 결정하고 가장 중요한 구성원을 파악한 이후 삼자는 서로 다른 아이템들로 구성된 3개의 조합으로 정렬된다. 삼자의 배열과 각 삼자 내에 순서는 무작위적으로 만든 이후 정보 제공자에게 3자 세트를 보여주고 '가장 좋은 것에서부터 나쁜 것으로', '가장 선호하는 것에서부터 가장 덜 선호하는 것까지' 혹은 다른 비교할만한 방법으로 아이템의 순위를 정하게 한다. 즉, 참여자는 가장 비슷하지 않는 아이템을 선택하거나 비슷한 두 개를 선택하는 전체 유사도에 따라 3개 아이템을 판단한다. '어떤 과일이 가장 다른 맛을 가지는가?'와 같은 질문을 만들어 면담자가 특별한 속성에 근거하여 유사성의 양상을 기록한다.

이런 검정은 전에 했던 것보다 복잡하기는 하지만, 지역의 참여자들이 이런 과정에 친숙해질 수 있도록 처음에는 일부 표본 질문을 가지고 조사를 시작하기 좋다. 이러한 질문들은 진짜 삼자비교에서 참여자의 행동에 영향을 주지 않도록 연구자가 탐구했던 다른 주제로부터 가져와야 한다.

예를 들면 연구자가 화목의 유사성이나 과일들에 대한 선호도에 대해서 검정을 한다면, 꽃, 열매 형이나 다른 친숙한 대상을 가지고 과업을 시작한다. 삼자비교를 어떻게 하는지 잘 이해한 사람들이라면, 연구자가 선정한 아이템을 이용하여 시작한다.

◈ 삼자 검증으로 프랑스 콩의 유사도 판단 ◈

시장에서 구입한 프랑스 콩에 알파벳 순서에 따라 번호를 매겼다: (1) *chevriers*[다 성숙한 마른강낭콩(*Phaseolus vulgaris* L.)]; (2) *haricots rouges*[붉은 꽃 잠두(*Phaseolus vulgaris* L.)]; (3) *lentilles blondes*[편두(*Lens culinaris* L.)]; (4) *lingots blancs*[해군콩(*Phaseolus vulgaris* L.)]; (5) *pois casses*[말려 쪼갠 완두콩(*Pisum sativum* L.)]; 그리고 (6) *pois chiches*[병아리콩(*Cicer arietinum* L.)]. 이 콩들을 가능한 모든 3개의 조합의 표를 만들었다.

표 13. 6가지 콩이 3쌍의 가능한 모든 조합으로 만든 알파벳 순 목록

번호	순서	아 이 템
1	1,2,3	*Chevriers, Haricots rouges, Lentilles blondes*
2	1,2,4	*Chevriers, Haricots rouges, Lingotes blancs*
3	1,2,5	*Chevriers, Haricots rouges, Pois cassés*
4	1,2,6	*Chevriers, Haricots rouges, Pois chiches*
5	1,3,4	*Chevriers, Lentilles blondes, Lingotes blancs*
6	1,3,5	*Chevriers, Lentilles blondes, Pois cassés*
7	1,3,6	*Chevriers, Lentilles, Pois chiches*
8	1,4,5	*Chevriers, Lingotes blancs, Pois cassés*
9	1,4,6	*Chevriers, Lingotes blancs, Pois chiches*
10	1,5,6	*Chevriers, Pois casses, Pois chiches*
11	2,3,4	*Haricots rouges, Lentilles blondes, Lingotes blancs*
12	2,3,5	*Haricots rouges, Lentilles blondes, Pois cassés*
13	2,3,6	*Haricots rouges, Lentilles blondes, Pois chiches*
14	2,4,5	*Haricots rouges, Lingotes blancs, Pois cassés*

15	2,4,6	*Haricots rouges, Lingotes blancs, Pois chiches*
16	2,5,6	*Haricots rouges, Pois cassés, Pois chiches*
17	3,4,5	*Lentilles blondes, Lingotes blancs, Pois cassés*
18	3,4,6	*Lentilles blondes, Lingotes blancs, Pois chiches*
19	3,5,6	*Lentilles blondes, Pois cassés, Pois chiches*
20	4,5,6	*Lingotes blancs, Pois cassés, Pois chiches*

그림 153. *Chevriers (Phaseolus vulgaris* L.)
[왼쪽(상) : 전체, 오른쪽(상) : 꽃, 왼쪽(하) : 열매, 오른쪽(하) : 종자]

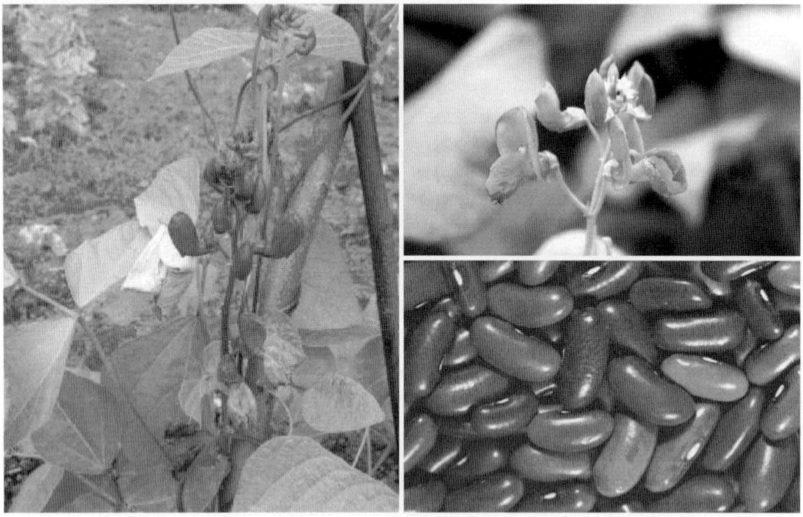

그림 154. *Haricots rouges* (*Phaseolus vulgaris* L.)
[왼쪽 : 전체, 오른쪽(상) : 꽃, 오른쪽(하) : 종자]

그림 155. *Lentilles blondes* (*Lens culinaris* L.)
[왼쪽 : 전체, 오른쪽(상) : 꽃, 오른쪽(하) : 종자]

그림 156. *Lingots blancs* (*Phaseolus vulgaris* L.)
[왼쪽 : 전체, 오른쪽(상) : 꽃, 오른쪽(하) : 종자]

그림 157. *Pois cassés* (*Pisum sativum* L.)
[왼쪽 : 전체, 오른쪽(상) : 꽃, 오른쪽(하) : 종자]

그림 158. *Pois chiches* (*Cicer arietinum* L.)
[왼쪽 : 전체, 오른쪽(상) : 꽃, 오른쪽(하) : 종자]

이 표에서 삼자는 연구의 결과에 영향을 줄 수 있는 인위적인 순서를 가지고 있기 때문에 두 가지 방법으로 무작위적으로 섞었다: (1) 삼자가 제시된 순서를 바꿈 그리고 (2) 각 삼자 안의 아이템들의 순서를 바꿈. 첫 번째 순서는 난수표를 가지고, 셋째 행에서 시작하여 밑으로 내려가며 표 13의 삼자세트의 번호들과 일치하게 1과 20 사이의 첫 두 자리 수를 조사하기 시작하였다. 첫 두 자리 수를 배정하고 난 이후에도 모든 조합을 찾을 수 없었기 때문에 다시 첫 두 자리 수 대신에 중간의 두 수를 이용하여 찾는 것을 계속하였다. 이 때 항상 세 번째 열의 위에서부터 시작하였다. 그리하여 13; 01; 08; 02; 06; 03; 09; 14; 16; 19; 05; 20; 17; 12; 18; 11; 07; 10; 15; 04와 같은 무작위적인 순서가 결정되었다.

두 번째 단계로, 각 세트에서 대상물의 순서를 무작위적으로 만들기 위하여 1부터 6까지 번호가 주어진 접지를 이용하였다. 이어 임의대로 접지가 다음과 같은 순서로 나올 것이라 결정하였다: (1) 순서는 알파벳 순서에 따라 1st 대상물, 2nd 대상물, 3rd 대상물 그리고 (2)=2nd 대상물, 1st 대상물, 3rd 대상물 (3)=3rd 대상물, 1st 대상물, 2nd 대상물 (4)=1st 대상물, 3rd 대상물, 2nd 대상물 (5)=2nd 대상물, 3rd 대상물, 1st 대상물 (6)=3rd 대상물, 2nd 대상물, 1st 대상물. 접지를 선택한 결과 다음과 같은 결과였다: 4; 1 ; 4; 6; 2; 25; 5; 4; 5; 3; 6; 1; 3; 3; 5; 6; 6; 1.

표 14. 여섯 가지 콩의 모든 가능한 삼자의 무작위적 목록

번호	순서	아 이 템
13	2,6,3	*Haricots rouges, Lentilles blondes,* **Pois chiches**
01	1,2,3	*Chevriers, Haricots rouges,* **Lentilles blondes**
08	1,5,4	*Chevriers,* **Pois cassés**, *Lingotes blancs*
02	4,2,1	*Lingotes blancs,* **Haricots rouges**, *Chevriers*
06	3,1,5	*Lentilles blondes,* **Chevriers**, *Pois cassés*
03	2,1,5	*Haricots rouges, Chevriers,* **Pois cassés**
09	4,6,1	*Lingotes blancs,* **Pois chiches**, *Chevriers*
14	4,5,2	*Lingotes blancs,* **Pois cassés**, *Haricots rouges*
16	2,6,5	*Haricots rouges,* **Pois chiches**, *Pois cassés*
19	5,6,3	*Pois casses,* **Pois chiches**, *Lentilles blondes*
05	4,1,3	*Lingotes blancs, Chevriers,* **Lentilles blondes**
20	6,5,4	**Pois chiches**, *Pois cassés, Lingotes blancs*
17	3,4,5	*Lentilles blondes,* **Lingotes blancs**, *Pois cassés*
12	5,2,3	*Pois casses,* **Haricots rouges**, *Lentilles blondes*
18	6,3,4	**Pois chiches**, *Lentilles blondes, Lingotes blancs*
11	3,4,2	**Lentilles blondes**, *Lingotes blancs, Haricots rouges*
07	6,3,1	**Pois chiches**, *Lentilles blondes, Chevriers*
10	6,5,1	*Pois chiches,* **Chevriers**, *Pois casses*
15	6,4,2	**Pois chiches**, *Lingotes blancs, Haricots rouges*
04	1,2,6	*Chevriers, Haricots rouges,* **Pois chiches**

표 14는 각 삼자 내의 순서와 삼자 배열의 무작위화를 보여준다. 완전하게 무작위적으로 표가 만들어져 대상물의 각 삼자를 특정인에게 보여주고 가장 비슷하지 않는 아이템을 지적하도록 하였다. 그의 반응은 표 14에서 굵은 글자들이다. 콩의 각 쌍은 20개 삼자의 세트에서 4번 나타나기 때문에 0-4의 척도로 유사성의 순위를 매길 수 있다. 그림 159의 매트릭스에

제시된 결과들은 콩의 형태적인 유사성이 반영된 것이다. 세 종류의 *Phaseolus vulgaris*는 모두 신장형을 가지기 때문에 자주 만난다. 말려 쪼갠 완두콩과 편두는 비슷한 크기이기 때문에 같은 부류로 묶이고, 둥근 모양은 완두콩과 병아리 콩은 유사하지 않다. 병아리 콩은 그들 자신의 부류이다. 이 결과는 병아리 콩이 그들이 나타나는 삼자에 10번 중에서 9번 정도로 가장 비슷하지 않게 나타남으로써 확인된다. 다른 콩들은 1번과 3번 사이의 가장 비슷하지 않은 아이템으로 간주 된다.

다른 개인의 삼자 비교의 결과는 집합 매트릭스를 얻기 위해 함께 더할 수 있다. 집단 내에서 대다수 의견이 조합된 반응은 일치된 형태를 나타내는 다차원적 평가와 군집 평가 같은 복잡한 통계적인 방법으로 분석할 수 있다.

삼자 비교는 순위를 매기는 기법으로 이용될 수 있다. 3개의 세트로 나타나는 모든 아이템은 1, 2, 3(3이 가장 높음)으로 등급화 할 수 있다. 각 아이템들의 등급은 전체 순위를 얻기 위해 합칠 수 있다. 여섯 가지 프랑스 콩들의 경우, 각 아이템은 삼자 20세트에서 10번 나타나고 0과 30으로 나누어진 전체 점수를 가질 수 있다.

삼자 비교는 대상물이 늘어나면 날수록 분석하는데 소모되는 시간이 기하급수적으로 늘어나기 때문에 상대적으로 적은 아이템일 때 적용하는 것이 좋다. 필요한 전체 삼자 수는 n!/3!(n-3!)으로 계산된다. !은 순차계승이므로 3!은 3 × 2 × 1 = 6으로 계산한다. 그러므로 6가지 콩 종류는 [6!/3!(6-3)!=20]이므로 20개의 삼자가 요구된다. 이런 식으로 8가지이면 56개, 10가지이면 120개의 삼자가 필요하게 된다.

일부 면담자들은 답변자들에게 과업 중이나 끝났을 때, 특정 삼자에 선택한 것을 설명해 달라고 한다. 이 때, 삼자의 순위를 만드는데 이용하느냐

혹은 유사성을 측정하느냐에 따라 연구자의 질문이 달라질 수 있다. 즉, '당신은 왜 이 두 아이템이 비슷하다고 생각하는가?', '어떤 점이 이 아이템과 다른 아이템이 다르게 생각하도록 했는가?' 혹은 '왜 이 아이템이 다른 두 가지보다 선호되는가?'

유사성의 비교를 위한 반응들은 그림 159에서 한가지와 같이 매트릭스에 넣을 수 있다. 선호도 순위에서 각 아이템의 전체 순위는 각 삼자에서 주어진 순위를 함께 더함으로써 얻을 수 있다. 사과, 오렌지, 배 그리고 복숭아 등 네 가지 아이템의 삼자 비교에서 각 대상물은 세 가지 다른 삼자로 나타난다. 만약 배가 출현되는 3개의 삼자가 3, 2 그리고 3으로 등급 된다면 전체 등급은 8이 될 것이다.

	Chevriers	Haricots	Lentilles	Lingots	Pois cassés
Chevriers					
Haricots	3				
Lentilles	1	1			
Lingots	4	3	1		
Pois cassés	0	1	4	1	
Pois chiches	0	0	0	0	1

그림 159. 6가지 콩의 삼자 검정을 위한 매트릭스
(두 아이템 사이에 짝을 이루는 수는 0에서 4까지임)

9. 양자 비교

양자 비교에서는 피면담자는 두 개가 한 세트로 이루어진 아이템을 보게 된다. 집단에서 이전의 면담이나 참여자들과 행한 토론에 근거하여, 중요한 조건들 또는 탐구될 주제를 특징화한 대상물을 5가지에서 10가지 정도 선정한다. 각 조건이 쓰인 노트카드를 만들거나 대상물의 경우 양질의 표본들을 준비한다.

시작하기 전에 아래의 예와 같이 모든 가능한 조합으로 이루어진 목록이나 매트릭스를 만든다. 이것은 연구자가 반응들을 추적할 수 있게 하고 과업 과정 중에 모든 쌍을 보여줄 수 있다는 확신을 갖게 한다. 쌍의 순서를 무작위적으로 정한 이후 피면담자들이 선호하는 것이나 가장 중요하게 생각하는 것을 선택하도록 하는 질문들 즉, '가장 중요한 과일', '가장 질이 좋은 화목' 혹은 '숲이 파괴되는 가장 중요한 원인' 등과 같은 질문들을 보여준다.

◈ 과일들에 대한 양자비교 ◈

양자 비교에 대한 예를 설명하기 위하여 다섯 가지 과일 즉, 사과, 바나나, 포도, 오렌지 그리고 배 등을 특정인에게 보여주었다. 알파벳 목록을 출발하기 전에 쌍의 배열과 각 쌍 내의 순서를 무작위적으로 정했다. 배열은 알파벳 순서로 우선 번호를 매긴 이후 난수표를 이용하거나 접지를 이용하여 재배정하였다. 각 쌍 내에서의 순서는 동전을 던져서 결정하였다. 앞면이 나오면 원래 순서를 유지하고 뒷면이 나오면 아이템의 배열을 바꾸었다. 이러한 순서와 특정인의 선택을 표 15에 제시하였다. 답변들은 그림 160에 제시된 한 가지와 같이 직접 대조할 수 있다.

표 15. 각 쌍 내의 순서와 쌍의 배열이 무작위적으로 된 5 가지 과일의 양자 비교(각 쌍 내에서 정보 제공자가 선호하는 종류는 굵은 글자임)

쌍	순서	아이템
9	5,3	**배**, 포도
5	3,2	포도, **바나나**
6	2,4	바나나, **오렌지**
8	4,3	**오렌지**, 포도
10	5,4	배, **오렌지**
1	1,2	**사과**, 바나나
4	1,5	**사과**, 배
2	1,3	**사과**, 포도
7	5,2	배, **바나나**
3	4,1	오렌지, **사과**

사과	바나나	포도	오렌지	배		점수	순위
	사과	사과	사과	사과	사과	4	A
		바나나	오렌지	바나나	바나나	2	C
			오렌지	배	포도	0	E
				오렌지	오렌지	3	B
					배	1	D

그림 160. 다섯 가지 과일의 순위 매트릭스

순위에 의한 선호도 사슬을 만든 후에 선호도의 연관성이 실제에서와 일치하는지 알 수 있다. 표 15에 따라 과일들을 사과>오렌지>바나나>배>포도와 같이 배열할 수 있다. 이 결과에서는 정보 제공자가 배보다는 바나나를, 포도보다는 배를, 바나나보다는 오렌지를 좋아하는 것과 같이 완벽한 이행성(transitivity)을 보여준다. 완벽한 이행성은 자료에 대한 신뢰성을 더욱 갖게 한다. 일관성이 없는 결과는 연구자가 답변이 모호하거나, 사람들이 강한 선호도를 가지지 않거나, 양자 순위가 조사된 문화적 영역을 위한 분석 기법으로 적합하지 않다는 것을 의미한다.

정보 제공자들의 대표군들에 반응들을 더한다면, 일반적인 문화 성향에 대한 결과를 얻을 수 있다. 연구자는 각 정보 제공자에 의해서 선택된 과일의 전체 횟수를 더함으로써 빠르게 이를 얻을 수 있다. 좀 더 복잡한 방법은 매트릭스의 각 셀 내에 결과들을 함께 더하는 것이다. 이런 조합된 결과들은 통계적으로 중요한 방법으로써 집단 선호도를 얻을 수 있게 한다. 집단 점수들은 군집 분석이라고 부르는 통계 기법으로 분석할 수 있다. 군집분석 기법은 정보 제공자들이 나타내는 유사성과 차이점을 평가할 수 있다.

양자 순위는 대상물이 늘어나면 분석하는데 필요한 시간은 기하급수적으로 늘어나기 때문에 상대적으로 적은 아이템들에 이용된다. 필요한 쌍의 전체 수는 공식 n(n-1)/2로 구할 수 있다. 5개 과일의 예는 [5(5-1)/2=10]으로 10쌍이고, 10개의 아이템은 [10(10-1)/2=45]로 45쌍이 필요하다. 연구자가 선정한 아이템의 수는 연구의 복잡성을 증가시키는 것뿐만 아니라 참여자들의 인내를 요구한다.

연구자가 사람들의 사고에 대해 조사를 하려면 참여자들에게 하나의 조건이 다른 것에 비해 왜 더 좋거나 나쁜지를 설명하도록 하여야 한다. 이와 더불어, 선호하는 아이템이 좋지 않은 질을 갖고 있지는 않는지 혹은 선택되지 않은 것이 좋은 점을 가지고 있지는 않는지 등에 대해서 물어야 한다. 일부 연구자들은 각 선택이 끝난 이후 이러한 질문을 하지만, 다른 이들은 답변자가 조사 과정에 대한 전체적인 판단을 하기 전에 과업이 마무리되기를 선호한다. 만약 연구자가 누군가에게 그들이 왜 다른 것들보다도 특정 과일을 좋아하는지에 대해 선택이 끝난 후 물어 본다면, 그들은 '포도가 너무 시다' 거나 '바나나는 향기는 좋지만, 너무 느끼하다' 혹은 '배는 달고 즙이 많기 때문에 맛이 좋다' 라는 답을 할 것이다. 만약 작업

이 끝난 이후 그들이 선택에 대해 물으면, 그들은 '나는 달고 즙이 많은 과일을 좋아하지만, 시고 느끼한 것은 싫어한다.' 라고 그들의 관찰을 일반적인 진술로 합성하려 할 것이다. 이러한 결론들은 과일의 선호도와 같은 일부 영역에서는 명백하지만, 한편으로는 면담자들과 답변자들이 사람들의 행동을 설명하는 규칙이나 경향성을 발견할 수 있게 한다.

과업이 끝난 이후 연구자가 참여자들에게 원래 목록을 바꿀 수 있는 부가적인 아이템이나 기준을 가지고 있는지 물어 볼 수 있다. 만약 가지고 있다면, 적절한 순위에 넣을 수 있거나 정보 제공자가 검토하고 의견을 제시할 수 있는 새로운 쌍 세트를 만들 수 있을 것이다.

연구자는 또 다른 날 동일한 과일에 대한 답변자들의 선호도 순위를 조사함으로써 답변의 일관성을 규명할 수 있을 것이다. 점검하는 간단한 방법은 면담이나 열린 대화를 통해 다음과 같은 직접적인 질문을 하는 것이다: '당신의 좋아하는 과일은 어떤 것인가?' 혹은 '집단 내에서 숲을 파괴하는 가장 큰 원인은 무엇인가?'.

10. 자료 분류

자료 분류는 참여자가 대상물들을 아이템의 전체적인 유사성에 따라 많은 부류로 나누는 것이다. 누군가 당신에게 당신 집의 정원에 자라는 식물들을 유사한 것끼리 묶으라고 한다면, 당신은 우선 과일, 채소, 약용식물 그리고 관상용 등으로 나누기 시작할 것이다. 이러한 분류작업을 계속한다면, 당신은 과일들을 장과류, 밀감류 그리고 이과류 등으로 다시 나눌 것이다. 결국, 오렌지, 포도 그리고 레몬의 파일을 만들게 될 것이다. 이런 작업은 모든 대상이 분류될 때까지, 다른 과일, 채소, 약용식물 그리고 꽃 등의 파일화가 계속될 것이다.

실제로, 자료 분류는 카드와 함께 수행되는데, 이는 많은 사물을 상대적으로 짧은 시간 안에 분류할 수 있기 때문이다. 연구자가 영역을 결정하였다면, 우선 작은 카드에 관련된 모든 아이템들의 이름을 적어야 한다. 만약 함께 일을 하는 정보 제공자가 글을 읽지 못한다면, 카드에 분류하거나 인식하는데 중요한 핵심 특징이 포함된 그림을 그리거나 실물을 보여준다.

각 참여자들은 유사성에 대한 자신들의 견해에 따라 카드를 정리하여 파일들을 만들 것이다. 어떤 경우에는 연구자가 특별히 관심이 있는 상업성, 희소성 혹은 이용성 등과 같은 속성에 따라 아이템들을 분류하기 원할 것이다. 일부 연구자들은 피면담자들 만큼의 파일을 만들 것이지만, 다른 사람들은 '카드를 유사성에 의해 두 파일로 나누어 주시요' 와 같이 수를 제한하기도 한다. 연구자가 참여자들에게 동일한 파일에 있는 대상물은 무엇 때문에 같이 묶었는지 혹은 다른 파일에 있는 것들은 무엇에 의해 나누었는지에 대해 물어봄으로써, 결과를 해석하는데 도움이 되는 부가적인 정보를 얻을 수 있다. 대부분의 사람들은 이런 작업을 모든 파일이 만들어진 이후에 하는데, 이는 참여자들이 작업 중간에 분류하는 방법을 바꾸지 않게 하려는 것이다.

파일이 만들어진 후, 결과는 삼자 비교와 양자 비교같이 유사성 매트릭스에 넣을 수 있다. 만약 당신이 바나나, 근대, 당근, 옥수수, 레몬, 오렌지 그리고 감자 등을 제한되지 않은 수의 파일로 분류하려 한다면, 그림 161과 같이 배열할 것이다.

그림 161. 가정 정원에서 수확한 식물의 자료 분류

모든 아이템들을 양자 비교함으로써, 그림 162와 같이 매트릭스를 만들 수 있다. 동일한 파일에서 발견되는 쌍은 점수를 1로 주고, 두 개의 아이템이 다른 파일에서 발견되면 매트릭스의 해당란에 0을 넣는다. 더 많은 사람들이 이 작업에 참여하게 하여, 대상물들에 대한 집단 수준의 유사성 양상을 후일 다양한 통계적인 방법으로 분석할 수 있는 알아낼 수 있다.

	바나나	근대	당근	옥수수	레몬	오렌지
근대	0					
당근	0	1				
옥수수	0	0	0			
레몬	0	0	0	0		
오렌지	0	0	0	0	1	
감자	0	1	1	0	0	0

그림 162. 가정 정원에서 수확한 과일과 채소에 대한 자료 분류의 결과에 근거한 유사도 매트릭스

여기서 그림 159, 160 그리고 그림 162를 비교하면, 자료 분류에 비해 삼자와 양자 비교는 한 사람에 대한 자료를 더 많이 제공할 것이다. 이러한 이유에서 20명 이상의 참여자인 경우, 통계적으로 신뢰할 만한 결과들을 얻으려면 자료 분류하고 10명 이하이면 삼자나 양자 비교가 효율적이다.

자료 분류에는 연구자들이 자신들의 연구에 적절하게 활용할 수 있게 여러 가지 변형된 형태들이 있다. 예를 들면 일부 사람들이 임의 한 아이템이 한 파일 이상에 속한다고 생각한다면, 부가적인 카드를 만들어 다양한 부류에 놓을 수 있는데, 이것은 사람들로 하여금 투표를 통해 나눌 수 있도록 할 것이다. 과업 중 사람들이 원래의 카드에 없는 부가적인 아이템을 생각할 수 있을 것이다. 그러면, 이를 카드에 써서 과업 중 적절한 파일에 넣는다. 참여자가 첫 파일을 만든 후에 연구자는 결과 파일을 더 쪼갤

것을 부탁한다. 이러한 연속적인 분류는 하나의 분류와 같이 동일한 방법으로 점수를 준다. 즉, 두 번째 분류 후에 동일한 파일에 함께 남아 있는 쌍들에는 적당한 매트릭스 란에 값을 더할 수 있는 1의 값을 준다. 세 번째 분류의 이후에도 함께 있다면, 1을 더하는데, 이런 작업은 다른 파일들로 나누어질 때까지 혹은 분류작업이 끝날 때까지 계속한다.

분류가 각 파일에 하나의 아이템만 가질 때까지 계속한다면, 이는 종이에 그릴 수 있을 정도로 아이템들에 대한 완전한 분류가 된 것이다. 연구자가 지역의 참여자와 함께 이런 분류 체계를 만들면, 연구자는 다양한 소부류의 이름들을 파악할 수 있을 것이다. 완벽하게 계속된 분류와 이에 의한 분류학적 구조에 대한 좋은 예가 그림 163에 있다. 이 기법은 지역 동 · 식물의 분류를 연구하는데 특히 유용하다.

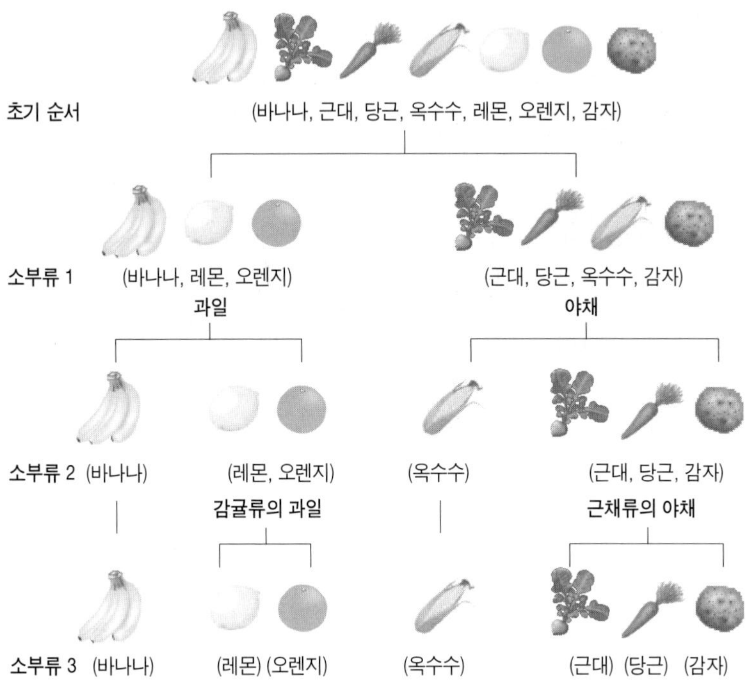

그림 163. 가정 정원의 식물에 대한 자료 분류를 통해 얻어진 분류학적 구조
(파일은 괄호 안에 있고 소부류의 이름은 굵은 글자)

제5부
전통지식의 발굴과 검증

제1장 한국 전통지식의 연구 현황

서구에는 18세기부터 미국에서서는 100년 이상의 역사를 가지고 있지만, 우리나라에서 유전자원과 관련된 전통지식에 대한 연구의 효시는 김(1998)이 저술한 "민족생물학(ethnobiology)"이라는 저서이다. 이 책에는 문헌을 중심으로 전통지식의 중요성을 강조하고 있으며, 특히, 선진 외국에서처럼 구전 전통지식의 연구가 필요함과 이의 산업적 중요성을 더욱 강조하고 있다.

그림 164. 민족생물학(김현, 1998)

농업유전자원의 전통지식에 대해서 가장 활발하게 조사하고 연구해 온 기관은 국립농업과학원 농업환경자원과의 전통지식자원연구실이다. 1994년 생활문화연구실로 시작하여 2002년 전통지식연구실, 2008년 환경자원이용연구실을 거쳐 2010년 전통지식자원연구실이 되었다. 이 연구실에서는 김미희 박사와 강방훈 박사가 중심이 되어 2009년 "전통지식과 지식재산권"과 2010년 "전통지식도 재산이다"와 같은 저서를 출판하는 능 농업관련 유전자원에 대한 연구와 전통지식의 이익공유를 대비한 다양한 대책을 강구하는 등 다양한 연구 결과들을 발표해오고 있다.

그림 165. 전통지식과 지식재산권
(농촌진흥청, 2009)

그림 166. 전통지식도 재산이다
(농촌진흥청, 2010).

동물자원의 전통지식에 대해서는 일부 가축이나 약용 자원을 제외하고는 연구가 거의 이루어지고 있지 않고 있으나 곤충 부분의 전통지식에 있어서는 국립농업과학원 작물보호과의 박해철 박사의 주도로 "한국의 곤충자원"이라는 DB 사이트를 개설하여 정리를 하고 있다.

그림 167. 한국의 곤충자원 웹사이트(http//goodinsect.naas.go.kr)

식물유전자원의 전통지식을 과학적으로 발굴한 최초의 사례는 Kim 등 (2006)이 1997년부터 2002년까지 27개 전국 사찰을 대상으로 조사하여 국제학회에 발표한 “한국 전통사찰음식에 이용되는 식물들의 약성”에 대한 연구이다.

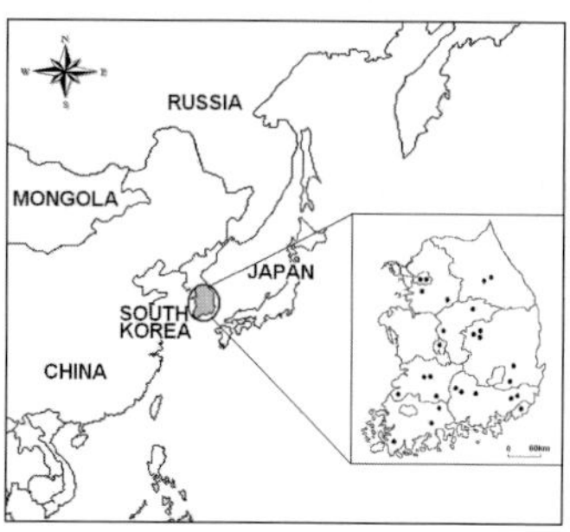

그림 168. 1997년부터 2002년까지 한국 전통 불교 사찰의 음식에 이용되는 식물의 약성을 조사한 전국 27개 사찰 지역

Available online at www.sciencedirect.com
SCIENCE DIRECT

ELSEVIER

Journal of Ethnopharmacology 104 (2006) 32–46

Journal of ETHNO-PHARMACOLOGY
www.elsevier.com/locate/jethpharm

Medicinal efficacy of plants utilized as temple food in traditional Korean Buddhism

Hyun Kim [a,*], Mi-Jang Song [a], Daniel Potter [b]

[a] School of Natural Sciences, Jeonju University, 1200, 3-ga Hyoja-dong, Wansan-gu, Jeonju, Jeonbuk 560-759, Republic of Korea
[b] Department of Pomology, University of California, at Davis, CA 95616-8683, USA

Received 16 July 2004; received in revised form 3 August 2005; accepted 15 August 2005
Available online 10 October 2005

Abstract

We investigated the medicinal efficacies of plants used as food in 27 Korean Buddhist temples from 1997 to 2002. We studied 161 species of plants belonging to 135 genera in 65 families. Twenty-one plant parts were utilized as food in 42 different preparations. Approximately 82% of the plants studied had medicinal effects, with a wide range of efficacies (126 types). Of the medicinal plants, 52% were used for digestive problems, circulatory illnesses, and respiratory diseases. These results demonstrate that a high proportion of the food consumed in Korean temples is medicinal, and is used for a wide variety of diseases.

Keywords: Medicinal efficacies; Korean Buddhist temples; Medicinal plants

1. Introduction

Many ethnopharmacological studies on plants used in human communities have been limited to specific geographical or administrative regions (Shinwari and Khan, 2000; Shrestha and Dhillion, 2003; Tabuti et al., 2003). Relatively few of these studies focused on communities with strong traditional cultures (De Feo, 1992, 2003; Singh et al., 2002; Giday et al., 2003).

Although health food has occupied a central position in traditional folk medicine, few studies have focused on the medicinal efficacies of food plants (Etkin and Ross, 1983; Johns, 1990; Etkin, 1994, 1996; Pieroni, 2000). This may be due, in part, to the fact that several previous studies were focused on the potential risks associated with the use of traditional food as medicine (Shulman, 1997; Elvin-Lewis, 2001). However, the significant overlap between plant species used as food and those used as drugs was demonstrated by Moerman (1994, 1996) through his research on plants used by native cultures in North America.

Further, studies examining the usage patterns of materials for nutritional and medicinal purposes by Koreans during the last 5000 years suggest that no distinction was made between food and drugs (Kim, 1998; Kim and Song, 1999). Such studies expressed concerns about the medicinal efficacy of plants traditionally used as food.

We conducted an ethnopharmacological investigation on plants used as temple food in Korean Buddhism, according to traditions dating back to at least 1600 years.

In traditional Korean Buddhism, like Buddhism in other countries, all monks and nuns are celibate. The commandments of food in traditional Korean Buddhism explicitly forbid the consumption of five spice vegetables: *Allium sativum* f. *pekinense* Makino (garlic), *Allium fistulosum* L. (scallion), *Allium tuberosum* Rottl. ex Spreng. (leek), *Allium monanthum* Maxim. (rocambole), and *Ferula assa-foetida* L. (asafoetida).

This food culture was initially created to maintain the health of its adherents and to induce spiritual awakening free from stupidities and passions (Suh, 1995; Suh et al., 2002). Recently, interest has been expressed in the nutritional and medicinal effects of the traditional temple food of Korean Buddhism. This interest was prompted by the observation that monks and nuns were in better general health and showed a longer average life span than the general population (Ryoo and Lee, 1996).

The loss of the traditional food culture in Korean Buddhism has been accelerated by secularization and popularization,

* Corresponding author. Tel.: +82 63 220 2516; fax: +82 63 220 2054.
E-mail address: hyunk@jeonju.ac.kr (H. Kim).

0378-8741/$ – see front matter © 2005 Elsevier Ireland Ltd. All rights reserved.
doi:10.1016/j.jep.2005.08.041

그림 169. Kim 등이 Journal of ethnopharmacology(volume 104, issues 1-2)에 출판한 논문

이어 김과 송(2008)은 "민족전통식물학(ethnobotany)"을 발표하여 한국에서는 처음으로 구전 전통지식에 대한 정의, 개념, 연구 역사, 현재 연구 현황 그리고 연구방법 등에 대해 자세히 소개하였다.

그림 170. 민족전통식물학(김 현, 송미장, 2008, 월드사이언스)

김(2009)은 전북 지역을 대상으로 "구전 전통지식의 과학적 발굴을 위한 한국 모델"을 완성하고, 2010년에는 전통문화와 생태지리가 비교적 잘 보전된 지리산 국립공원 권역을 시작으로 전국의 구전 전통지식을 과학적으로 발굴하려는 계획을 가지고 조사를 수행하여 결과를 유효공표하고 있다.

이러한 연구들이 수행되는 동안, 유전자원에 대한 전통지식으로부터 얻어지는 이익 공유에 대한 국제 협약인 나고야의정서(2010)가 합의 후 발표되어, 많은 연구자들의 관심이 전통지식에 집중되고 있다.

나고야의정서에서는 전통지식을 "토착사회와 지역사회가 전통적으로 소유하고 있는 지식"으로 규정하며, 전통지식 중에서도 "구전 전통지식을 제일"로 하고 있다. 이에 따라, 구전 전통지식의 과학적 발굴은 채록된 지식에 대한 지역사회 구성원의 동의정도(agreement level)와 지식에 대한 충실도(fidelity level) 같은 기본적인 정량적 신뢰 검토가 이루어져야하며, 조사 결과에 대한 이러한 신뢰성 검증을 위해서는 조사 방법인 현지인 참여조사 기법(Participatory Rural Appraisal Method)을 이용한 다학문적 전수조사에 기초하여 과학적 발굴을 해야 함을 분명하게 알 수 있다. 더욱 중요한 사실은, 이렇게 조사되고 검토된 구전 전통지식만이 이익 공유를 전제로 한 유효공표(effective publication)가 가능하다는 점이다.

이러한 국제적인 상황에 발맞추어 Kim과 Song(2011a, b, c, d, e)은 현지인 참여조사 기법을 이용한 다학문적 전수조사 형식의 과학적 발굴 → 조사 결과에 대한 신뢰성 검증 → 유효 공표 등의 과정을 완벽하게 보여주는 연구 결과들을 국제학술지에 다수 발표하고 있다.

이 중에서, "평야지대인 전북 서부 지역의 식물에 대한 민족전통의학적 응용(2011a)"과 "남부 산악 지역의 약용식물에 대한 구전 전통지식의 채록과 분석(2011b)"이라는 논문은 국내외를 망라하여 한국 구전 전통지식에 대한 최초의 연구 결과로 국제학술지에 발표되었다. 이 논문들은 채록된 다양한 질병을 치료하는 약용식물들에 대한 구전 전통지식을 조사한 결과들로써, 분류학에서 flora나 혹은 fauna를 조사하는 개념의 성격을 가진다.

또한, Kim과 Song(2011c, d, e)은 "호흡기계 질환을 약용식물로 치료하는 구전 전통지식에 대한 전북 지역 조사연구", "소화기계 질환을 약용식물로 치료하는 구전 전통지식에 대한 전북 지역 조사연구" 및 "통증 질환을 약용식물로 치료하는 구전 전통지식에 대한 전북 지역 조사연구" 등의 논문과 같이 특정 질병 군에 대한 구전 전통 민간치료요법을 국제학회에 발표하고 있는데, 이러한 형식과 내용의 논문은 국내뿐만 아니라 세계적으로도 최초로 발표되는 한국 고유의 구전 전통치료지식이다.

이러한 발표들은 한국에도 구전 전통지식이 매우 풍부하고 이를 산업적으로 활용할 수 있음을 세계에 알리는 계기가 되었음은 물론이고, 아울러 앞으로 한국의 구전 전통지식을 이용할 경우 반드시 이익 공유를 해야 함도 세계인들에게 알리는 매우 뜻깊은 것이다.

이외에도, Kim과 Song(2011c, d, e)은 2010년 지리산 국립공원 권역에 대한 조사를 마무리하고 2011년도에는 동물, 식물 그리고 미생물을 포함하여, 약 20,000 여 가지가 넘는 구전 전통지식을 유효발표 해오고 있다.

Journal of Ethnopharmacology 134 (2011) 676–696

Contents lists available at ScienceDirect

Journal of Ethnopharmacology

journal homepage: www.elsevier.com/locate/jethpharm

Analysis and recordings of orally transmitted knowledge about medicinal plants in the southern mountainous region of Korea

Hyun Kim*, Mi-Jang Song

School of Alternative Medicine and Health Science, Jeonju University, 303 Cheonjam-ro, Wansan-gu, Jeonju 560-759, Republic of Korea

ARTICLE INFO

Article history:
Received 24 September 2010
Received in revised form 14 January 2011
Accepted 16 January 2011
Available online 21 January 2011

Keywords:
Ethnobotany
Participatory rural appraisal
Informant consensus factor
Fidelity level

ABSTRACT

Aim of the study: This study aims to analyze and record orally transmitted knowledge of medicinal plants from the indigenous people living in the southern mountainous region of Korea. This article is the first study of its kind.
Materials and methods: Data was collected through the participatory rural appraisal (PRA) method involving interviews, informal meetings, open and group discussions, and overt observations with semi-structured questionnaires.
Results: The investigation reveals that the indigenous people have used 217 species of medicinal plants distributed in 177 genera belonging to 77 families with 691 different uses. The representative families were Asteraceae (13.5%) followed by Fabaceae (8.2%), Araliaceae (6.1%), Rosaceae (5.8%), Cucurbitaceae (4.1%), Poaceae (3.0%), Liliaceae (2.7%), and Apiaceae (2.6%). On the whole, 21 kinds of plant-parts were used and prepared in 26 various ways by the people for medicinal purposes. The informant consensus factor (ICF) values in the ailment categories were veterinary ailments (0.88), pains (0.84), cuts and wounds (0.77), and respiratory system disorders (0.76). In terms of fidelity levels, 41 plant species showed 100% of fidelities.
Conclusion: In recent years, the Korean society has been a heavy loss of traditional practices due to a rapid decrease of the senior population. This pressing circumstance raises the level of urgency for the preservation of indigenous knowledge from extinction. A priority should be given first for collecting and recording indigenous knowledge from the natives inhabiting the national parks and environmental preservation areas.

© 2011 Elsevier Ireland Ltd. All rights reserved.

1. Introduction

Located at the verge of central and southern region of the Korean peninsula, North Jeolla Province is divided into two parts; western plain region and eastern mountainous region. The western plain region has been engaged in paddy-field farming since the ancient times, and yet this tradition is currently under attack by a rapid rise of industrialization and modernization. In contrast, the eastern mountainous region contains comparatively less areas of rice paddies and therefore has been engaged in dry-field farming. This area was even considered as a typical backcountry of Korea back about 10 years ago. On account of the special geographical setting, much of the Korean traditional culture and the ecosystem in this mountainous region have been conserved.

Many investigations on the diverse flora of North Jeolla Province were conducted from 1942 to 1997. The number of plant species that were recorded in the comparatively latest investigations is as follows: 1032 species (North Jeolla Provincial Government, 1984), 1300 species (Ministry of Environment, 1988), 1650 species (Ministry of Environment, 1990) and 1754 species (Kil and Kim, 1996). Medicinal plants distributed in this region add up to be 762 species (Goak et al., 1997) which is 43% of the total flora in the region.

A recent investigation of flora in the eastern mountainous region of North Jeolla Province revealed a total of 1477 species that were mostly found in Deokyu Mountain (1614 m) and Jiri Mountain (1916 m), the two representative mountains of this region (Lim, 2003). This study has discovered about 33% of the total flora in Korea, leaving an estimated total of native flora in the Korean peninsula to be approximately 4500 species.

Among ethnobotanical researches in Korea, the most comprehensive studies were conducted by Kim (1998), and Kim and Song (2008). However, there is only one ethnopharmacological study by Kim et al. (2006), with a backdrop of specific traditional culture.

For the first time, this study aims to record traditional knowledge about medicinal plants orally transmitted from generation to generation in the southern mountainous region of Korea where traditional culture and biogeographic ecosystem, fortunately, have

* Corresponding author. Tel.: +82 63 220 2516; fax: +82 63 220 2054.
E-mail address: hyunk@jj.ac.kr (H. Kim).

그림 171. Kim과 Song 등이 Journal of ethnopharmacology(volume 134, issues 3)에 출판한 한국 남부 산악지역에 관한 논문

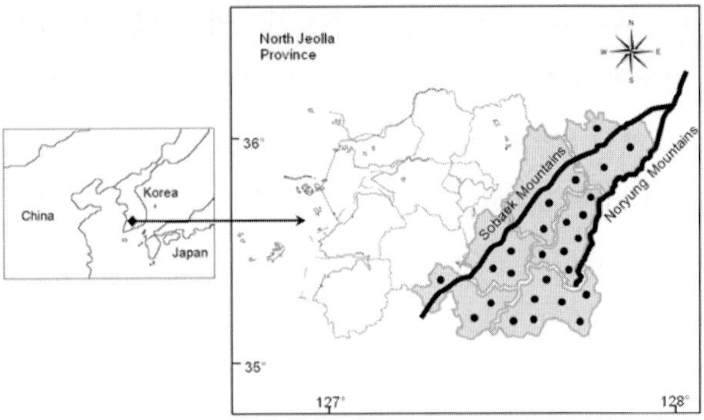

그림 172. 남부 산악 지역의 약용식물에 대한 구전 전통지식의 채록과 분석을 조사한 지역

Journal of Ethnopharmacology 137 (2011) 167–175

Contents lists available at ScienceDirect

Journal of Ethnopharmacology

journal homepage: www.elsevier.com/locate/jethpharm

Ethnomedicinal application of plants in the western plain region of North Jeolla Province in Korea

Mi-Jang Song, Hyun Kim*

School of Alternative Medicine and Health Science, Jeonju University, 303 Cheonjam-ro, Wansan-gu, Jeonju 560-759, Republic of Korea

ARTICLE INFO

Article history:
Received 26 August 2010
Received in revised form 13 March 2011
Accepted 1 May 2011
Available online 6 May 2011

Keywords:
Medicinal plants
Participatory rural appraisal method
Informant consensus factor (ICF)
Fidelity level (FL)
North Jeolla Province Korea

ABSTRACT

Ethnopharmacological relevance: This study aims to record and conserve oral traditional knowledge of medicinal plants from the indigenous people living in the western plain region of North Jeolla Province, Korea.
Materials and methods: Our research team interviewed 46 key informants (20 men and 26 women) who have lived over 50 years in the area. The average age of the informants was 74 (with a minimum age of 56 to maximum 84). Data was collected through the participatory rural appraisal method involving interviews, informal meetings, open and group discussions, and overt observation using semi-structured questionnaires.
Results: Ethnobotanical inventory possessed by the residents included 183 species of plants distributed in 156 genera belonging to 68 families and were used in 626 use-reports. Among them, the medicinal plants were comprised as 42 families, 75 genera, and 83 species in usage in 195 ways. A total of 71 ailments were treated with 222 kinds of remedies using medicinal plants. Parts of plant that were used as treatments total up to 17 and the methods of preparation for medicinal materials add up to 28. Informant consensus factor (ICF) showed that the muscular–skeletal disorders had the highest agreement measure (1.0) followed by cuts and wounds (0.87) and respiratory system disorders (0.77). Overall, 29 plant species showed fidelity level of 100%.
Conclusions: This study is noteworthy in that it records rapidly disappearing traditional knowledge of medicinal plants in a time period of pressing environmental changes with regard to the newly built sea wall, eventually leading more or less to the immigration of the seaside inhabitants and the familiarization of the modern medical systems to the farmland inhabitants.

© 2011 Elsevier Ireland Ltd. All rights reserved.

1. Introduction

Considering the fact that about 80% of the population in most of the developing countries still rely on herbal medicines for people's primary health care needs (Roy Chaudhury, 1992; WHO, 1993; Poonam and Singh, 2009), plants are still important sources of therapeutic drugs. Thus, plants have been playing a significant role in the survival of the tribal and ethnic communities that are still holding on to the lines of traditional cultures. For these reasons, such studies investigating medicinal plants have been steadily held with interests (Maheshwari, 2000; Rajakumar and Shivanna, 2009). Meanwhile, recent ethnopharmacological studies of rural population in the industrialized countries have received an ever growing attention (Pieroni, 2000; Uncini Manganelli et al., 2001; Camangi and Tomei, 2003). However, these kinds of fieldwork were not reported in Korea. Rapid progress of industrialization and urbanization in Korean rural areas has brought considerable losses to traditional cultures and ecogeographical environments. The North Jeolla Province, a typical rice-farming region and one of the very few regions to have preserved large portions of traditional cultures and ecogeographical environments in Korea, is not an exception.

The former investigations on this region's flora which recorded 1032 species (North Jeolla Provincial Government, 1984), 1300 species (Ministry of Environment, 1988), 1650 species (Ministry of Environment, 1990), and 1754 species (Kil and Kim, 1996) respectively show gratifying outcomes. Moreover, the variety of this region's native plants measured by the Fisher's Index (Fisher et al., 1943) was favorable as compared to the other regions in Korea (Kil and Kim, 1996). Considering these conditions, the current disastrous state becomes more than regretful. The point that 762 species of medicinal plants were distributed in this region (Goak et al., 1997) and that the inhabitants have had great interests about native medicinal plants also raises the pressure of this problem.

The changes of plant vegetations in North Jeolla Province have transformed the life styles of inhabitants taking advantages of the native plants and as a result, people have lost their traditional

* Corresponding author. Tel.: +82 63 220 2516; fax: +82 63 220 2054.
E-mail address: hyunk@jj.ac.kr (H. Kim).

0378-8741/$ – see front matter © 2011 Elsevier Ireland Ltd. All rights reserved.
doi:10.1016/j.jep.2011.05.001

그림 173. Kim과 Song 등이 Journal of ethnopharmacology에 출판한 전북 서부 평야지역에 관한 논문

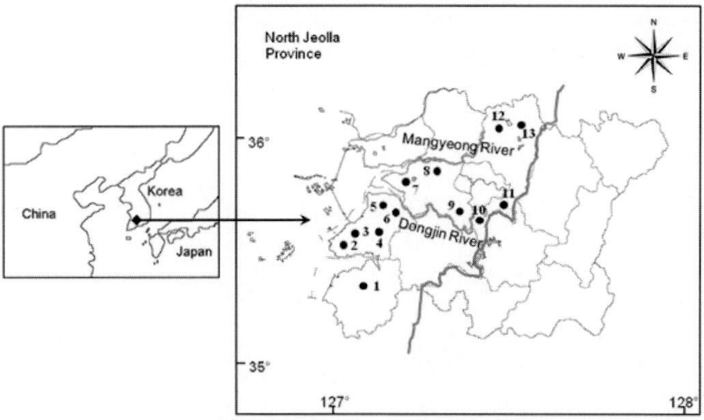

그림 174. 평야지대인 전북 서부 지역의 식물에 대한 민족전통의학적 응용에 대하여 조사한 지역

제2장 전통지식의 과학적 발굴

나고야의정서(2010)의 전문 부속서 20항부터 24항과 제3조 및 5조를 보면, 유전자원의 전통지식은 토착사회와 지역사회가 소유한 전통지식이고, 전통지식 중에서도 구전 전통지식이 우선함을 밝히고 있다. 따라서 지역사회의 전통지식으로 인정받으려면, 지역사회에서 해당 지식에 대하여 가지고 있는 구성원의 동의 정도(agreement level) 정도와 구성원의 전통지식에 대한 충실도(fidelity level)와 같은 신뢰성 검토는 기본적으로 제시되어야 함을 알 수 있다.

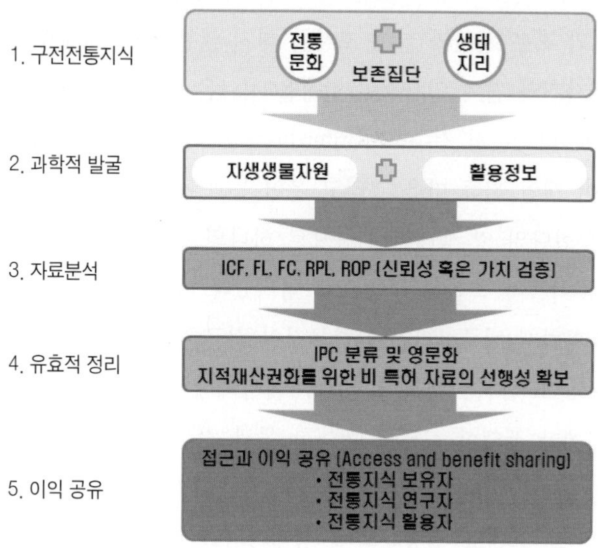

그림 175. 구전 전통지식의 연구 흐름도

이러한 점에서 전통지식은 다음과 같이 과학적 발굴, 자료 분석, 유효적 발표 그리고 이익 공유와 같은 순서로 조사 연구된다.

1. 과학적 발굴

(1) PRA 기법을 이용한 다학문적 전수조사

구전 전통지식의 과학적 발굴의 기본 얼개는 그림 176과 같이 두 가지 요소가 절대적으로 필요하다.

첫째, "현지인 참여 조사(participatory rural appraisal)"이어야 한다.

이렇게 구전 전통지식의 조사에 현지인이 정보제공자이면서 조사원이 되는 현지인 참여 기법을 이용하지 않으면, 문화적 장벽과 언어적 장벽 등과 같은 자칫 소홀히 하기 쉬운 지역 사회 내부의 전통지식을 놓칠 수 있다. 이러한 점은 친족의 개념이 강한 지역사회일 경우 유의해야할 사항이다. 특히, 한국은 급격한 산업화에 의해 전통문화가 빠르게 소실되어 연령층 중에서 고령층만이 전통지식을 소유하고 있는 경우이어서 더욱 그러하다.

이때, 지역주민들이 깊이 있는 전통지식을 언급하기 어려워하므로 현지의 지자체와 혹은 기관과 함께 조사를 하지 않는 것이 세계적인 통례이다. 특히 4 · 3사건과 같이 역사적인 질곡을 지나온 제주도의 경우가 그렇다.

다음으로 다학문적 전수조사(interdisciplinary census)는 대부분의 구전 전통지식이 개인, 친족, 마을 그리고 읍면 등과 같이 행정단위, 전통단위, 혈연 단위, 문화단위 및 생태단위 등으로 하나의 척도에 의해서 구분되는 것이 아니라, 이들이 복합적 다층으로 엮여있다. 따라서 이들을 정확하게 조사하고, 명확하게 채록하려면, 다학문적인 접근은 필수적이다.

다학문적 조사라는 것은 그림 176에서와 같이 생물학, 약학, 전통의학, 인류학, 경제학, 생태학 그리고 언어학 등과 같은 다양한 학문분야의 시각과 조사방법론을 이용하는 조사를 의미한다. 이러한 조사는 구전 전통지식의 구성이 말 그대로 전통문화와 생태지리를 배태하고 있는 복합구조의 지식이기 때문이다. 따라서 이러한 학제적 혹은 융합과학적 조사를 하지 않으면, 채록된 지역민의 공통지식이 세대를 거쳐 오랜 세월 동안 지역사회에 뿌리내린 전통에 의한 지식인지 아니면, 현대문명에 의한 과학적 지식인지 구분을 할 수 없는 어이없는 결과들을 얻기 십상이다. 그러므로 구전 전통지식을 조사하는 사람은 필수적으로 다학문적인 지식과 소양을 가지고 있고 이를 다양한 현장 조사에서 숙성시킨 경험이 많아야 한다.

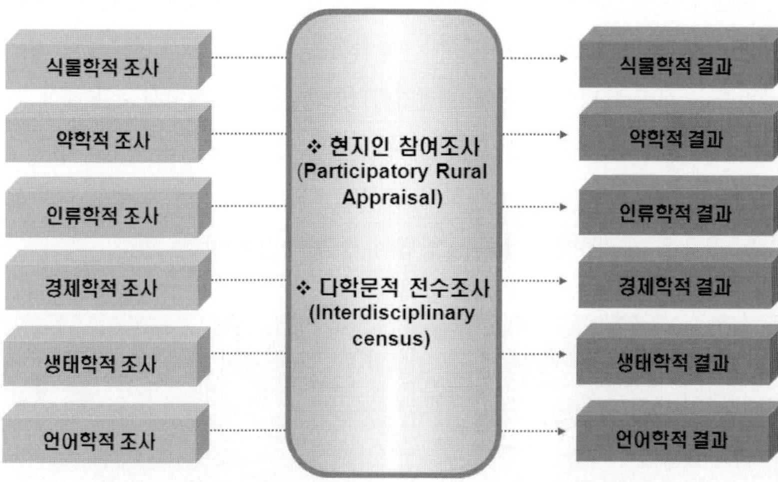

그림 176. 현지인 참여조사에 의한 다학문적 전수조사와 결과

이러한 특성이외에도 구전 전통지식은 입체적으로는 동적인 흐름이 강하고 평면적으로는 점이적인 성향이 강하다. 따라서 이러한 구전 전통지식의 특성을 모른다면, 일반적으로 단순한 면담식 조사, 표본 추출 조사 혹은 무작위 표본 추출 조사 등과 같은 조사를 시도할 수 있으나 이러한 일화성 조사(anecdote investigation) 방법으로는 구전 전통지식의 실체를 온전히 파악할 수 없어서 지엽적이고 극단적인 결과만을 얻을 수 있을 뿐이다. 즉, 이러한 조사는 특정약용식물을 약재로의 이용성을 조사할 때, 치료에

대한 사례나 혹은 효과에 대한 일부 결과만 얻고, 부작용과 같은 잘못 사용된 사례나 혹은 이용하는 데에 있어서 주의해야 할 점을 놓칠 수밖에 없다.

예를 들면, 전북지방에서 저자들이 채록한 구전 전통지식 중에서 시골의 노인들이 담이 결릴 때 이용하는 방법으로 독성 식물인 천남성은 뿌리를 말려 가루로 만든 다음 밀가루와 섞어 수제비를 만들어 먹는다. 그리고 동일한 증상에 이용하는 놋젓가락나물(초오)는 뿌리를 명태, 검은 콩 등과 같이 삶아서 그 국물을 마신다. 이 때, 가장 중요한 사항은 천남성의 경우 따뜻한 수제비로 먹어야 되고, 놋젓가락나물은 반드시 식혀서 복용해야 한다. 이를 지키지 않을 경우 심하면 사망을 할 수도 있는 부작용이 심각하게 발생한다는 사실이다. 식물학적 종류도 다르지만, 강한 독성을 지니고 있는 식물을 가공하여 이용하는 방법이 정 반대임을 알 수 있다.

그림 177. 천남성(*Arisaema amurense* for. *serratum* (Nakai) Kitag.)
[왼쪽: 전체, 오른쪽 : 뿌리]

그림 178. 놋젓가락나물(*Aconitum ciliare* DC.)
[왼쪽: 꽃과 잎, 오른쪽 : 뿌리]

이는 일화성 조사의 치명적인 결함을 보여주는 아주 좋은 사례이다. 이러한 조사 결과를 얻으려면, 조사자가 최소한 식물학적 지식, 약학적인 지식, 전통의학적인 지식 그리고 인류학적인 지식은 필수적으로 갖추고 있고, 현지인참여기법을 이용한 전수조사에 임해야함을 쉽게 알 수 있다.

(2) 조사 현지에 적합한 반구조식 설문지(semi-structured questionnaire)

구전 전통지식을 조사하는 데에는 조사 방식도 중요하지만, 조사 결과의 양과 질을 결정하는 설문지도 매우 중요하다. 구전 전통지식을 조사하는 데에 일반적으로 이용되는 설문지는 반구조식 설문지(semi-structured questionnaire)이다. 설문지의 내용에는 기본적으로 조사지역의 특성 즉, 전통문화, 생태지리, 지역사회의 크기와 성격 그리고 경제적 요인 등 조사 대상지와 대상 지역사회의 제반 조건들을 고려하여 작성되어야한다. 여기서 더욱 중요한 요소는 설문의 내용에 다학문적 질문이 내포되어 있어야 한다는 점이다. 그러므로 설문지를 정형화 하지 않고 현장에 응용이 가능하도록 반 구조식 설문지 Pool를 활용하는 것이 가장 바람직하다.

제3장 한국 전통지식의 과학적 발굴 모델

우리나라 사회에는 일반인이나 전문가 구분 없이 매일 먹고 사는 밥을 짓는 방법이나 김치를 담그는 법도 구전 전통지식임을 망각하고 있으며, 구전 전통지식이라 하면 당연히 아마존의 밀림 지역이나 혹은 아프리카 토착사회의 지식만을 생각할 정도로 유전자원과 관련한 한국 고유의 구전 전통지식에 대한 이해가 전혀 없다.

따라서 구전 전통지식을 단순히 채록하거나 혹은 체계적으로 탐색하는 시도가 거의 없었고, 더 나아가 과학적인 발굴이라는 조사는 있을 수가 없었다. 이러한 상황은 우리가 그 중요성을 인식하지 못하여 19세기부터 20세기 중반까지 많은 유전자원 자체가 외국으로 유출될 수밖에 없었던 부끄러운 과거를 생각나게 하는 것이다.

구전 전통지식에 대한 이해가 이렇게 척박할 때, 김(2010)은 1997년부터 꾸준히 축적해 온 지역사회에 대한 조사 경험으로 확립한 구전 전통지식의 과학적 발굴에 대한 방법을 발표하였다.

이러한 발표도 김(2010)이 전통지식에 관한 논문을 국제사회에 꾸준히 발표하면서 국제사회에서 구전 전통지식에 대한 국제협약의 체결을 서두르고 있다는 소식을 접하고, 국립생물자원관에 "유전자원의 전통지식"의 탐색발굴을 먼저 제안한 계기로 이루어진 것이다.

특히, 전통지식의 조사는 일반적으로 "집중 민족지적 면담(focus ethnographic interview)", "집중 집단 토론(focus group discussion)" 그리

고 현지인 참여 조사(PRA) 등을 집중적으로 실시하여 수행하는 "약식 민족지 연구 방법(rapid ethnographic method)"를 사용해야한다는 점을 한국 최초로 제시하였다.

이러한 배경 하에서 완성된 구전 전통지식의 과학적 발굴을 위한 한국 모델은 그림 179와 180과 같다.

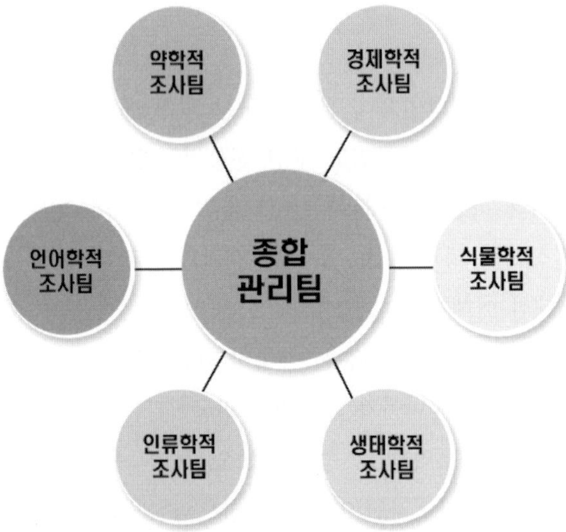

그림 179. 다학문적 팀의 일반적인 구성

한국의 전통문화와 생태지리적 환경은 1970년 이후 급격한 산업화와 도시화로 인해 급속하게 변하여, 그 원형을 복원하기 힘들 정도로 훼손되어 있는 것이 현재의 상황이다.

이러한 조건들은 세계의 다른 후발 산업 국가들에서도 볼 수 있는 일반적인 현상으로 지역사회의 구전 전통지식의 상실을 촉진하는 요인들이 되었다.

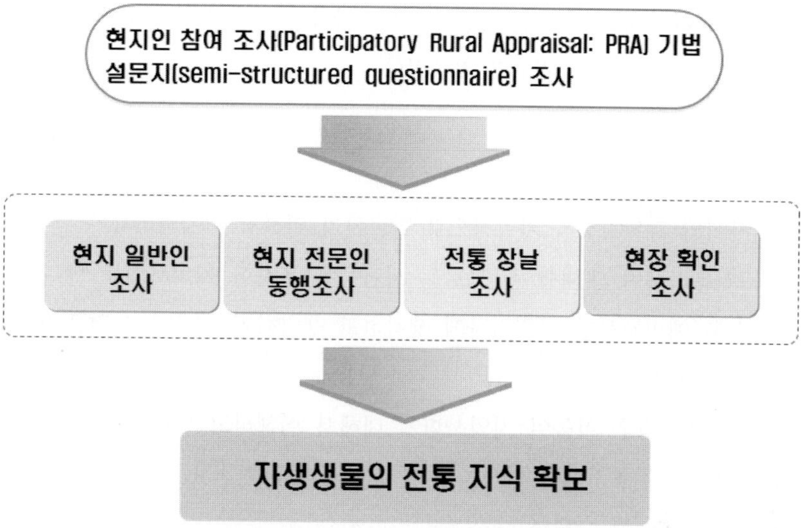

그림 180. 구전 전통지식의 과학적 발굴 과정

서구 과학 중심의 교육체계를 가지고 있고, 이에 대한 교육열이 남달리 높은 한국 사회는 구전 전통지식을 이해하고 수용하기 보다는 비과학적, 비논리적 그리고 비합리적인 지식으로 간주하고 있어, 지역사회에서 젊은 구성원들이 구전 전통지식에 배타적인 성향을 가지게 함으로써, 노인층을 제외한 연령층에서는 거의 발붙일 수 없게 하였었다.

실제로, 전북 지역의 3개 군을 대상으로 조사한 결과, 지역사회에서 구전 전통지식을 가장 많이 그리고 가장 깊이 이해하고 소유하고 있는 연령층은 그 지역에서 40년 이상 거주한 60대에서 80대의 노인층이었다.

뿐만 아니라, 세계에서 유래가 없이 발전을 거듭하고 있는 IT 산업과 이를 기반으로 한 매스미디어는 세상의 정보를 개인과 집단을 구분하지 않고 스며들어 전통지식은 급격히 상실되고 있다.

즉, 한국 사회에서 구전 전통지식의 양과 질은, 각 지역사회 별로 약간의 차이는 있겠지만, 매우 협소하고 얕은 상황으로 이를 주로 소유하고 있는 노인층이 수명을 다하는 앞으로 10년 내외의 기간이 흐른다면, 구전 전통지식은 거의 사라질 것으로 판단된다.

1. 예비 조사

지역사회의 전통지식을 과학적으로 발굴하기 위해서는 예비조사가 필수적이다. 전통지식에 대해서 잘 모르는 사람들은 조사할 지역사회를 잘 알고 있을수록 예비조사를 무의미하게 생각하고 생략하기 쉬우나 이것은 매우 어리석은 일이다.

일반인의 경우, 이들이 지역사회에 대해서 이해하고 있는 문화나 생태적인 지식은 전통지식을 탐색하고 발굴하는 데에 편견을 줄 수도 있어 오히려 걸림돌이 될 수도 있다.

그러므로 전통지식을 발굴하는 초보자나 혹은 숙련된 연구자에게도 예비 조사는 조사의 성패를 결정지을 수 있기 때문에 좋은 결과를 얻기 위해서는 더할 나위 없이 중요하다.

(1) 예비 조사팀의 구성

예비 조사는 전통지식의 탐색과 발굴에 다학문적인 연구 방법이 적용되므로, 해당되는 학문분야의 모든 부분에서 1명씩 다양하게 참여하여 하는 것이 좋지만, 여건이 허락하지 않으면, 경험이 많은 연구자를 중심으로 면담주선자, 채록자, 영상 촬영전문가 그리고 전통지식에 대한 연구경험이 풍부한 생물분류학자 등의 4명 정도로 구성된 한 팀이면 된다.

(2) 예비 조사의 방법

예비 조사는 조사지역에서 간단하게 지역사회의 특성, 준비된 면담 설문 pool의 적합성 검토, 그리고 현지인 참여조사 기법의 적용 검토와 같은 준비된 사항들의 점검의 성격이 크므로 가벼운 마음으로 임한다.

조사 지역은 전통지식을 교차 검증할 수 있게 하는 지역사회 조사, 지역사회 전문인 조사, 전통장날 조사, 현장 확인조사 등을 실시할 수 있는 지역을 선정하여 1회 정도 조사에 임한다.

이 경우 조사지역이 가능하면 전체 조사지역을 대표할 수 있는 곳으로 선정하는 것이 바람직하다.

만약 조사지역이 교차검증이 어려운 지역이라면, 동서남북 방향으로 4등분하거나 혹은 3등분하여 1회 정도 조사하는 것이 좋다.

(3) 예비 조사의 면담 설문 pool

① 산림경제 발췌 면담 설문항

1715년에 홍만선이 저술한 "산림경제"를 기초로 만든 설문지는 421가지 문항으로 구성되어 있다. 이 면담 설문항들에는 유전자원의 활용에 대한 전통지식을 전반적으로 면담할 수 있도록 포괄적인 내용을 포함하고 있다. 그러나 문제점은 책이 저술된 300년 전 당시의 전통문화와 생태가 현

그림 181. 산림경제(홍만선, 1715년)

재와 비교할 때 너무 달라 유전자원에 대한 명칭, 사물들에 대한 명칭 그리고 이와 관련된 수많은 자료들이 현재에는 거의 사용하지 않는다는 것이다. 이러한 점은 실제로 저자들이 수차례 야외 면담 조사에 적용하여 본 결과에서도 증명되었다.

② 한국세시풍속 면담 설문항

1년을 24절기로 나눈 한국 고유의 세시 풍속을 중심으로 만든 면담 설문항들로 180가지 문항으로 구성되어 있다. 그러나 현대 한국인들은 24절기를 거의 잊고 살고 있으므로 이와 관련된 전통지식 또한 거의 잊고 있다. 따라서 이 면담 설문 항들로 파악하여 채록할 수 있는 전통지식은 많지 않다.

③ 식물도감 면담 설문항 1(정태현, 1956, 1957)

한국에서 최초의 육상식물 도감인 한국식물도감의 목본부와 초본부 전체에 걸쳐 언급된 전통지식을 중심으로 만든 면담 설문항으로 1,012 가지 문항으로 구성되어 있다. 이 면담 설문항들은 지역사회의 전통문화와 생태계를 참고하여 이용할 만한 항목이 많이 포함되어 있다.

④ 식물도감 면담 설문항 2(이창복, 1979)

대표적인 한국 자생식물도감으로 내용에 언급된 전통지식을 토대로 만든 면담 설문으로 1,025 가지 문항으로 구성되어 있다. 이 면담 설문에는 전통치료지식에 대한 문항이 많은 것이 특징이다.

⑤ 식물군에 대상 면담 설문(이전 조사 기반)

식물군을 대상으로 만든 73개 면담 설문항들로 실제 면담 상황에서 개발된 것이다.

하지만, 대상지역이 전라북도로 한정되어 개발되었고 문항수가 적어 전국적으로 적용할 때에는 유연하게 변용하여 이용해야하는 단점이 있다.

⑥ 동물군에 대한 면담 설문(이전 조사 기반)
이전 조사 연구를 통해, 만든 동물군에 대한 면담 설문항들로 곤충류에 대해서 69가지 문항, 곤충을 제외한 무척추동물을 대상으로 한 78가지 문항 그리고 척추동물을 대상으로 한 129가지 문항 등으로 구성되어 있다.

동물군 전체를 포괄하는 면담 설문항으로는 국내 유일한 문항으로 매우 유용하게 활용될 수 있다.

(4) 예비 조사된 자료의 검토

얻어진 결과를 검토하여 다음과 같이 한다.

첫째, 지역사회의 성격에 대한 특성을 검토하여 본 조사에 차질이 없도록 조사의 전 과정에 대한 재조정을 한다.

둘째, 조사된 지역사회의 특성에 맞게 준비된 면담 설문 pool을 재조정하거나 혹은 보강하여 좋은 결과를 얻을 수 있도록 한다. 이때, 주의할 점은 결과의 양적인 면보다는 질적인 면을 높일 수 있도록 면담 설문 pool를 잘 보정하여야 한다.

셋째, 현지인 참여조사 기법처럼 준비된 조사방법에 대한 검토도 명확하게 정리하여 본 조사에 대비하여야 한다.

넷째, 장소별로 준비된 채록지들도 지역사회의 특성에 맞는 지 검토하여 조정을 한다.

다섯째, 가장 주의해야 할 점은 위의 4가지 사항이 전체적으로 잘 어우러져서 융합할 수 있도록 유념해야한다는 것이다.

2. 본 조사

본 조사는 우리나라 경우, 4계절이 뚜렷하므로 동일한 지역을 계절에 맞추어 기본적으로 4회 정도 방문하여 조사에 임해야 많은 전통지식을 발굴할 수 있으며, 또 같은 전통지식을 반복하여 확인할 수 있어서 발굴된 전통지식의 질을 크게 높일 수 있다.

(1) 본 조사팀의 구성

조사팀의 구성은 다학문으로 구성되어야 하는데, 기본적으로 생물분류전문가, 약학전문가, 전통의학전문가, 인류학전문가, 경제학전문가, 생태전문가 그리고 언어전문가 등이 포함되어야 하며, 정확한 기록을 위하여, 사진전문가, 촬영전문가가 필수적으로 요구된다.

(2) 조사 방법

조사 장소는 기본적으로 전통지식의 정확한 탐색과 다양한 발굴을 위한 다방향 교차검증을 위해 마을과 같은 지역사회, 지역사회의 현지전문인, 전통시장 그리고 현장 확인 지역 등을 기본으로 정해야 한다. 이렇게 조사지역내에서 4부분을 얻을 수 없는 경우는 조사지역을 동서남북의 4방위 혹은 3분하여 중점조사지역을 선정해서 조사한 다음 조사지역을 확대해 나가는 방법이 좋다.

조사 일정은 사계절의 특성이 뚜렷하게 나타나는 점을 감안하여, 동일한 장소를 한 계절에 1회 이상 조사하는 것이 바람직하다.

이렇게 하면, 발굴되는 전통지식의 양도 많아지고 질적인 부분에서도 좋은 성과를 낼 수 있다.

조사 시기는 농촌의 경우, 되도록 농번기를 피하는 것이 좋으며, 어촌이나 산촌의 경우도 마찬가지로 생업으로 바쁜 시기는 방문을 삼가는 것이 좋다.

하루 중 조사시간대는 되도록 조사 대상자나 마을에 폐가 될 수 있는 이른 아침과 늦은 오후는 피하는 것이 좋다.

조사에 필요한 사항들은 면담 설문항, 다방향 교차 검증을 위한 지역사회 조사, 지역사회 현지전문인 조사, 전통장날 조사, 현장 확인조사 등 4부분 조사 그리고 조사 결과를 체계적으로 database화하기 위한 채록 기록지가 필요하다.

① 면담 설문항

예비 조사를 통해서 지역 사회에 적합하게 정리된 약 500 가지 정도의 면담 설문항들을 잘 숙지하여 실제 면담 시 적절하게 변용하여 전통지식을 탐색한다. 현지인 참여조사 기법을 이용할 때에는 조사연구원으로 활동하게 될 현지인에게 적합한 면담 설문항들을 따로 선정하여 잘 숙지하여 이용함으로써 탐색과 발굴에 어려움이 없도록 사전 교육이 필요하다.

② 지역사회 조사

지역 사회의 조사는 마을의 모정이나 혹은 마을 회관 등 지역 주민들이 많이 모이는 장소에서 이루어진다.

그러므로 대중을 상대로 하는 면담 설문조사이므로 상당한 주의가 요구된다. 특히, 구성원들의 특성을 재빨리 파악하여 조사에 적절하게 응용하여 현장 상황을 잘 이끌어야 하며, 현지인 참여조사 기법을 적용할 때에는 현지 조사원이 전체적인 조사를 이끌고, 조사자는 단순한 채록자의 역할에 그쳐야 자유로운 분위기 속에 다양하고 질 높은 전통지식들이 발굴될 수 있다.

채록자는 채록지에 들어가야 될 항목들은 가능하면 현장에서 모두 정리하여 채우는 것이 바람직하다.

그러나 상황이 여의치 않을 때에는 나중에 정확한 정리를 위해 조사 대상자들에게 양해를 구한다음 조사 상황을 동영상으로 혹은 녹음을 반드시 하여야 한다.

그림 182. 지역사회의 조사하는 모습(전남 구례군 광의면)

그림 183. 지역사회의 조사하는 모습(전남 구례군 산동면)

그림 184. 지역사회의 조사하는 모습(전북 남원시 이백면)

그림 185. 지역사회의 조사하는 모습(전북 장수군 번암면)

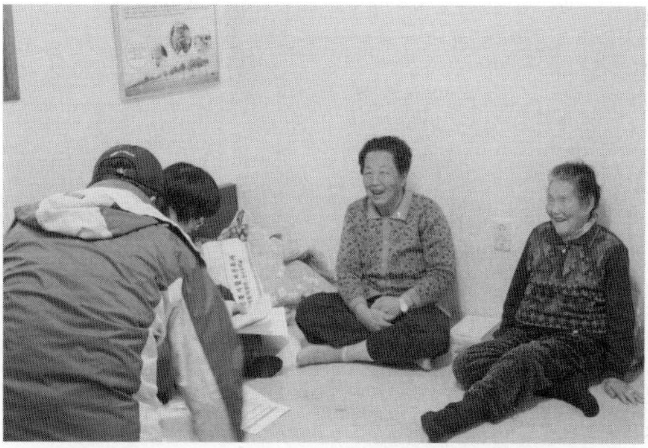

그림 186. 지역사회의 조사하는 모습(전남 구례군 산동면)

그림 187. 지역사회의 조사하는 모습(경남 산청군 시천면)

그림 188. 지역사회의 조사하는 모습(전북 남원시 산내면)

그림 189. 지역사회의 조사하는 모습(경남 산청군 시천면)

그림 190. 지역사회의 조사하는 모습(전북 남원시 산내면)

그림 191. 지역사회의 조사하는 모습(전북 장수군 계남면)

그림 192. 지역사회의 조사하는 모습(전북 장수군 계남면)

그림 193. 지역사회의 조사하는 모습(경남 함양군 마천면)

③ 지역사회 전문인 조사

지역사회의 현장 조사를 나가 보면, 대중이 모인 곳에서는 반드시 전통지식을 많이 알고 있는 사람이 있게 마련이다.

이들은 대개 마을에서 대를 이어 살아온 사람이나 혹은 종가집 일원이었던 사람들로서 가풍이나 문중의 전통을 이어가는 동안 익숙하게 간직하고 있는 전통지식을 많이 소유하고 있다.

대중이 모인 곳에 이런 현지 전문인을 못 찾아낸 경우는 마을 내에 다른 구성원들을 통해서라도 찾는 것이 바람직하다.

찾아낸 현지 전문인을 대상으로 하는 조사는 조사원이 준비된 설문 항목들을 중심으로 집중적인 면담을 통해 전통지식을 채록하는 것이 바람직하다.

주의해야 할 점은, 대부분의 현지 전문인들은 자신이 전승해온 전통지식을 보호하고 보존해야할 의무를 가지고 있는 경우가 많으므로 사전에 대화를 통해 조사의 취지와 목적 그리고 비밀 보장 등과 같은 사전 준비를 철저히 하고 임해야 한다.

이렇게 조사연구자로서의 사전 조치를 하는 것은 사람을 대상으로 한

그림 194. 지역사회의 전문인 조사(경남 함양군 병곡면)

그림 195. 지역사회의 전문인 조사(전북 남원시 산내면)

그림 196. 지역사회의 전문인 조사(전남 구례군 구례읍)

연구에서 지켜야할 연구자의 윤리이기도 하지만, 채록된 전통지식으로 파생될 수도 있는 이익 공유의 문제가 있으므로 반드시 지켜야한다.

이때 사용되는 채록지는 대중이 모인 장소에서 이용하던 일반적인 채록지가 아닌 일지 형태의 채록지를 따로 준비하여 채록에 임하는 것이 좋으며, 조사 대상자의 양해를 반드시 구하여, 가능하면 채록하는 전 과정을 동영상으로 촬영하거나 혹은 녹음을 하여야 한다.

④ 전통장날 조사

장날에서의 조사는 장을 보러온 일반인들이 많으므로 특별한 집중력을 발휘해야하며, 특히, 조사 대상자를 선정할 때, 특별한 경우를 제외하고는 장터에 상점을 가지고 있는 점주 상인이나 혹은 뜨내기 상인을 배제하는 것이 바람직하다. 이들은 많은 전통지식을 알고 있을 수 있지만, 자신들이 실제 이용했거나 혹은 알고 있는 전통지식이라기 보다는 전해들은 내용이 많아 신뢰도가 떨어지기 때문이다.

하지만, 대를 걸쳐 약초상을 하거나 대를 이어 음식을 하는 경우는 예외적으로 질 높은 전통지식을 발굴될 수 있으니 유의해야한다. 주요 조사 대상자로는 인근 마을에서 정기적으로 농축수산물을 가지고 나와 노점에서 파는 노인들이 바람직하다. 이들은 대부분 자신들이 판매하고 있는 농축수산물에 대한 전통적인 이용방법을 알고 있어서 다양한 전통지식을 채록할 수 있다. 그러나 요즘에는 전통장이라 해도 중국산과 같이 외국의 산물들이 노점 상인들을 통해 많이 거래되고 있으므로 주의해야 한다.

장에서 채록되는 전통지식은 변화가 많으므로 면담 설문항을 미리 준비하기 매우 어려우므로, 현장에서 거래되고 상품들을 중심으로 면담 조사해야 한다. 그러므로 장날 조사는 초보자 보다는 경험이 풍부한 사람이 하는 것이 바람직하다. 또한 거의 모두가 경제적인 산물이므로 이러한 경제적인 사항을 잘 기록할 수 있는 채록지를 이용하여 정리하여야 한다. 장날 조사에서도 혼잡하여 어렵기는 하지만, 최소한 채록하는 장면이라도 동영상과 사진으로 남겨 놓은 것이 좋다.

그림 197. 전통장날조사(전남 구례군 구례장)

그림 198. 전통장날조사(경남 함양군 함양장)

그림 199. 전통장날조사(경남 함양군 함양장)

그림 200. 전통장날조사(경남 산청군 산청장)

그림 201. 전통장날조사(경남 산청군 산청장)

그림 202. 전통장날조사(경남 산청군 산청장)

그림 203. 전통장날조사(전북 남원시 인월장)

그림 204. 전통장날조사(경남 함양군 함양장)

그림 205. 전통장날조사(전남 구례군 구례장)

그림 206. 전통장날조사(전남 구례군 구례장)

그림 207. 전통장날조사(경남 함양군 함양장)

⑤ 현장 확인 조사

현장 확인 조사는 마을과 모정 같은 곳에서 이루어지는 현지 지역사회 조사, 지역 사회에 거주하는 현지 전문가 그리고 조사지역 내에 있는 전통시장에서 조사된 전통지식에 대한 확인을 하는 조사이다.

확인은 해당 전통지식을 전해 준 현지인을 통해 현재에도 이용되고 있는지에 대한 것을 기본으로 하고 전통지식에 이용되는 유전자원을 확보하는 일이 주목적이다. 전통지식이 이용되고 있는 현장의 확인은 아주 다양한 정보를 추가로 확보할 수 있는 장점이 많다.

그러나 주의해야할 점은 이런 현장들이 대부분 현지인의 생업과 관련이 있으므로 조사 시 양해를 구하는 것은 물론이고 현장을 공개하는 현지인이 비밀 유지를 원할 경우 약속을 반드시 지켜야 한다.

전통지식과 관련된 유전자원의 확인과 확보 또한 추가로 많은 정보를 얻게 한다. 특히, 전통지식에 이용되는 유전자원의 가공방법이나 대량 증식방법 등은 해당 전통지식의 실용화나 혹은 산업화에 대단히 중요한 정보이므로 유의하여 발굴하여야 한다. 이 경우에서도 동영상과 사진은 전통지식을 입증하고 보존하는데 매우 중요하므로 가능하면 남겨야 한다.

그림 208. 현장 확인 조사(전북 남원시 산내면)

그림 209. 현장 확인 조사(전북 남원시 산내면)

그림 210. 현장 확인 조사(전남 구례군 산동면)

그림 211. 현장 확인 조사(국립공원 지리산 만복대)

그림 212. 현장 확인 조사(전남 구례군)

⑥ 채록지

㉠ 지역사회 전통지식 채록지

마을이나 혹은 모정에서 전통지식을 조사할 때에는 대중이 모여 있어 집단 면담인 경우가 대부분이어서 다양한 의견이 오고가는 사이에 전통지식을 채록하여야 한다. 그러므로 채록지는 이러한 상황에 잘 맞게 설계되어 있어야한다. 하지만, 아무리 노력을 한다고 해도 다양한 논의 속에 전개되는 다양한 주제를 일목요연하게 정리할 수 있는 채록지를 만든다는 것은 불가능에 가까우므로, 경험이 많은 사람이 채록을 맡아 정확하고 명확하게 정리를 잘 해서 채록해야 한다.

지리산 국립공원 민족전통 자생고등식물자원 활용 정보집					
국명	산수유		과명	CORNACEAE	
학명	*Cornus officinalis*				
채집자	김현		채집일		
채집번호			집단		
식생형	산	기후		토양	
생활형	초본	관목	교목	벼과 식물	덩굴식물
기타					
교목, 관목, 덩굴식물일 경우		높이	5m	직경	35cm
꽃의 색깔	황색		열매의 색깔	선홍색	
식물 외형상 다른 특징					
화기	3~4월		실기	4~5월	
지역 명칭	산수유				
용도(1)	정력증진				
처리과정(1)	술을 담가서 먹음				
용도(2)					
처리과정(2)					
용도와 처리과정 중 기타					
정보 제공자	강**	성별	여	나이	84
주소	전라남도 구례군 **면 **리 **마을			연락처	061-***-****
채록자	김현	채록 번호	구례-강**-1	채록일	2010.03.12
비고					

그림 213. 지역사회 전통지식 채록지의 예

㉡ 장날 전통지식 채록지

지역 사회에서 전통지식을 채록하는 상황과는 달리 더 많은 사람들이 모여 각자의 일에 몰두하고 있는 장날은 채록하기가 더욱 어렵다. 특히, 이러한 조사에 경험이 전혀 없는 조사자들은 장날이라는 복잡하고 혼란스러운 분위기에서 조사의 첫걸음인 조사 대상자의 선정에서부터 어려움에 봉착하게 된다. 따라서 장날의 조사는 경험이 풍부한 조사자들이 나서, 모든 상황을 주도해 가며 채록에 임하는 것이 바람직하다.

장날의 채록지도 장의 특성이나 장이 열리는 시기 그리고 채록하는 상황에 따라 매번 달라져야하므로 표준을 정해 만들 수 있는 것이 아니므로, 가장 적합한 채록지를 만든 다음 이를 상황에 따라 적절하게 변용하여 이용하는 것이 가장 바람직하다.

지리산 국립공원 민족전통 자생고등식물 활용 시장조사집

시장의 위치		경남 산청군 산청읍 산청리					
수집자	김 현, 송미장	수집번호	산청장-1	날짜	2010.03.11		
♣ 상인에 대한 정보							
이름	박**	성별	남	나이	74		
주소	경남 산청군 **면 **부락			연락처	018-***-****		
상인의 형태	영구 상점	0	한적 상점		이동 상점		
몇 번 정도 이곳에서 판매하는가?		5~6회/월	다른 시장에서는?				
♣ 수집물에 대한 정보							
지역이름	벌나무(산청목)		생활형	낙엽활엽소교목			
마을	경남 산청군 **면 **부락		식생형				
경작 상태	재배		관리		야생	0	
판매 상태	상인에 의해 수집	0	재판매				
수집물의 종류 수		하나	0	혼합물	종류		
다른 성분들의 이름							
식물의 상태	생체		건조물 (마대자루)에 보관된 것				
가격/단위	20,000원/500g	시장에 나오는 때	매일		주간	0	간혹
조사된 양	상인 (3 kg) 전체 시장 ( )						
유용시기	9~10월						
과거에 비해 얼마나 많이 판매되는가?		더 많이		동일		작음	0
왜?	수확량이 작아서		구매자가 적어서	0	기타		
용도	1. 다려서 먹으면 간에 좋음						
이용부위	1. 줄기						
처리							
기타							
♣ 표본관 정보							
국명	산겨릅나무	과명	단풍나무과				
학명	*Acer tegmentosum* Maxim.						
처리	표본관 표본		액침 표본		비닐 봉투		
분포							
부본							

그림 214. 장날 전통지식 채록지의 예

(3) 조사 결과의 중간 점검

통상 4회 정도 방문이 예정된 조사연구에서 2회 정도 조사가 마무리되면, 조사된 전통지식들을 정리하여, 중간 평가를 해야 한다. 그 이유는 예비조사를 거쳤지만, 이런 준비가 좋은 결과를 완벽하게 보장할 수는 없다. 따라서 조사연구의 계획에 따라 다를 수 있지만, 4회 조사연구 중 2회 정도 조사를 하였으면, 이를 분석해 보고 원래의 계획대로 탐색과 발굴이 진행되는지를 검토해 보아야 한다. 이는 조사연구의 목표를 달성하는 데에 매우 중요한 과정 중의 하나이다.

검토는

첫째, 발굴된 전통지식의 질적인 측면의 검토로써, 조사의 목표와 계획된 내용대로 조사가 진행되고 있는지를 우선적으로 살펴보아야 된다.

둘째, 발굴된 전통지식의 양적인 측면의 검토로써, 주로 채록된 전통지식 별로 정보제공자의 동의 정도(informants consensus factor) 혹은 충실도(fidelity level)와 같은 지수를 이용하여 예비 점검할 수 있다.

이러한 검토를 통해 조사의 방향을 재점검하여 원래 목표하던 바를 보다 효율적으로 얻을 수 있도록 하는 것이 좋다.

제4장 전통지식의 데이터 정리(김과 송, 2008)

1. 전통지식 자료

(1) 전통지식 데이터란 무엇인가?

전통지식 연구자들이 데이터(data)라고 말하는 것들은 통상, 지역민이 자연환경과 어떻게 상호 작용하는지에 대한 광범위한 자료들을 말한다. 자료들은 다양한 형태를 가진다. 즉, 수집된 동 · 식물, 녹음된 면담 자료, 실험실 분석, 사진 그리고 시장 조사 등 매우 다양하다. 데이터 세트(data set)는 체계적인 방법으로 수집된 정보의 수집물이다. 즉, 집단의 여러 구성원들로부터 파악한 해당 지역의 모든 땔감의 목록, 선정된 약용 식물의 화학적인 분석을 통한 검색의 결과 혹은 단위 면적당 교목의 수 등과 같은 목록들이 그 예이다. 연구자들은 최우선적으로 데이터 세트를 정리하기 전에 관심을 갖고 있는 주제나 혹은 영역(domain)을 결정한다. 예를 들면, 위장병에 이용되는 모든 식물들, 식용 곤충 그리고 사람들이 지역의 토양을 설명할 때 이용하는 범주들 등과 같이 연구를 하기 위하여 특정 영역을 한정할 수 있다.

명확한 방법론을 이용한 체계적인 방법으로 데이터 세트를 수집함으로써, 연구자들은 그들이 어떻게 그들의 결론들에 도달했는지를 그들의 동료들에게 보여줄 수 있다. 또한, 다른 연구자들은 이러한 데이터 세트를 재분석할 수도 있고, 그들이 동일한 결과를 얻었다는 사실을 보여주기 위하여 다른 지역에서 비슷한 데이터를 수집할 수도 있다. 그러므로 연구자들은 그들이 관찰한 내용이 하나의 집단을 위해서 혹은 모든 전통 농부들 더 나아가 세계의 모든 사람들에게 적용될 수 있다는 것을 유념하여야 한다.

(2) 데이터 세트의 정리

전통지식 데이터 세트의 완벽한 정리는 불가능하다. 즉, 한 집단이나 지역에 있는 동·식물을 모두 수집하려면, 야외에서 가능하면 조사 대상지에 거주하는 남녀노소 모두에게 그들이 이용하는 모든 생물체의 용도와 이름은 물론이고, 그들이 각 종류들을 어떻게 처리하여 이용하는지를 물어 보아야 할 것이며, 연구자가 지역민들이 자연 환경에 대하여 무엇을 알고 있는지를 파악할 수 있는 전설, 신화 혹은 토론뿐만 아니라 조사되는 모든 생물체의 민속 명칭을 분석하여 학명을 찾아야 할 것이다. 그리고 모든 식용식물들은 실험실에서 분석하여야 할 것이다. 동물 집단에 대해서는 사냥의 영향에 대해서 조사를 해야 하며, 채취가 식물자원에 미치는 영향을 조사하는 데에는 또 다른 생태학적인 방법을 이용할 수도 있다. 결국, 이러한 과정은 집단의 구성원들에게 부담으로 작용함으로써, 전통지식 연구자들이 투자하고자 하는 것보다 더 많은 시간과 돈이 투자되어야 할 것이다.

그러면 정확한 연구 결과를 얻으면서 연구자들의 부담을 줄이는 방법은 무엇인가? 첫째, 연구자들은 연구의 한계를 주의 깊게 결정하여야 한다. 그 다음, 적용할 기법들과 프로젝트에 참여할 사람들을 선택한다. 만약 연구자가 한 마을에서 땔감용으로 채취하는 식물을 파악한다고 가정하면, 연구자는 초본, 양치식물, 덩굴식물 그리고 다른 연구를 위해 필요한 식물들은 제외하고 오로지 교목과 관목들만을 수집해야 할 것이다. 그리고 연구자가 여성과 어린이들만이 땔감을 모우는 지를 알고 싶다면, 연구자는 집단의 구성원들 중에서 조사에 필요한 사람들만이 선정하여 질문을 해야 할 것이며, 소수의 식물만을 알아내면 될 것이다. 그리고 실험실에서는 각 종류의 땔감들에서 얼마나 많은 열량이 방출되는지에 대한 것만을 알아내면 된다. 이때, 만약 수집된 땔감이 생체이라면, 먼저 건조시킨 후 열량을 조사해야 될 것이다. 이러한 일들은 시간 소모가 심한 연구로써 이제는 더 이상 전통지식 조사에서는 하지 않는다.

데이터 세트의 정리에 또 다른 중요한 단계는 환경에 대한 관리와 지역의 지식 정도를 어떻게 파악하여 구별해야 할지를 결정하는 것이다. 범주화(類別, categorization)란 토양형과 식물의 생활형 같이 특정 자료를 다른 부류의 군들로 나누는 것을 말한다. 전통지식 연구에서는 사람들이 그들 자신의 눈을 통하여 사물을 인식하는 방법과 그들 자신의 언어로 사물을 분류하는 방법에서 추론되는 에믹 범주(emic category)들을 사용함으로써, 자료들을 수집하는 것을 선호한다. 예들 들면, 약용식물에 대하여 사람들과 면담할 때, 서양의학의 관점에서 건강의 상태를 설명하는 것보다 질병의 징후나 지역의 질병 명을 언급하는 것이 훨씬 좋다.

때로는 연구자들이 연구자 자신이 인식하고 분류하는 방법인 에틱 범주(etic category)를 이용할 수도 있다. 예를 들면, 전통지식 연구자들은 유용식물들을 식용, 약용, 연료용 그리고 건축용 등으로 나누지만, 그들이 조사를 하는 지역민들은 이와 같이 나누지 않을 수도 있다. 만약 연구자가 에틱 범주를 이용해야만 한다면, 연구에 참여하는 모든 사람들이 직감적으로 알 수 있는 간단한 부류들을 선택해야 할 것이다. 그리고 지역민들이 범주들을 수정할 수 있도록 해야 하며, 필요하다면 새로운 부류를 추가해야 한다. 결국, 연구자는 지역민들의 인식과 분류에 대한 충분한 이해가 없이 자신의 방식대로 지역민들의 지식을 정리하지 않아야 한다.

측정 단위(unit of measure)란 일상생활에서 친숙한 개념으로 관찰한 것을 정량할 수 있게 하는 것이다. 즉, 사람의 나이를 지칭하는 '살', 산의 높이를 지칭할 때 사용하는 '미터' 그리고 몸무게를 잴 때 사용하는 '킬로그램' 등을 말한다. 연구에서 단위를 선택할 때에는 항상 통상적인 예를 따르나 정확한 결과를 얻기 위해서는 관습이나 상대적인 필요성을 감안하기도 하여야 한다. 실제로 야외 조사에서는 지역민이나 연구의 참여자가 익숙하게 사용하는 기법이나 단위를 사용하여야 보다 정확한 측정을 할 수 있다. 이렇게 측정된 자료들은 후일 다른 연구들과 비교를 할 수 있도록 국제적으로 통용되는 단위로 환산하여 정리한다.

그러므로 무엇이든지 측정하기 이전에 연구자가 연구 전 과정을 통하여 동일한 단위, 기법 그리고 척도를 일관되게 사용해야 만이 정확한 결과를 얻을 수 있다. 세밀한 측정은 언제든지 전체적 자료에 합쳐질 수 있지만, 폭넓은 측정은 세밀한 자료로 나눌 수 없다는 점을 유의하여야 한다. 예를 들면, 연구자가 나무의 직경을 밀리미터 단위까지 측정할 수 있다면, 연구자는 나무의 직경 크기를 10~15 cm, 15~20 cm로 나누어 정리할 수 있다. 그렇지만, 연구자가 폭넓게 측정하였다면, 연구자는 특정 나무의 평균 직경을 계산하는 것과 같은 나무의 정확한 직경에 근거한 정확한 계산을 결코 할 수 없을 것이다.

(3) 자료의 체계화

야외면담 조사를 진행하다 보면 즉, 수집 노트와 필사본의 정보, 면담 기록, 분류 작업의 결과, 동료 학자가 보내온 자료 그리고 민족 약학자가 분석한 실험실 자료 등과 같이 다양한 형태의 자료를 모으게 된다. 자료들이 모아진 다음은 자료들로부터 연구자가 찾고자 하는 답을 얻고, 다른 연구자들의 결과와 비교를 하기 위해서는 자료들을 체계화해야 한다.

이 때, 많은 연구자들은 비교해 볼 수 있는 기록 카드 그리고 참조 표시 등이 있는 카드식 목록을 사용한다. 예를 들면, 생물 종에 따라 체계화된 카드식 목록에서는, 서로 다른 동물과 식물 마다 각각 한 장씩의 기록 카드를 만들고 알파벳 순서로 정리한다. 종에 대한 모든 정보 즉, 표본 채집 번호, 지역 명칭, 용도 등은 카드에 일목요연하게 정리해 놓는다. 이런 카드 목록은 연구자가 지역의 모든 참여자들이 동일한 방법으로 부르고 이용하는 종류를 알 수 있게 해 준다.

전통지식 연구자가 지역 명칭이 하나의 생물 종과 일치하는지를 알기 원하거나 혹은 어떤 식물이 피부 질병에 이용할 수 있는지 알기를 원한다면, 지역 명칭에 의해서 정리된 것과 용도에 의해서 정리된 것과 같은 부가적인 카드 목록을 만들어야 하고, 각각의 카드 목록은 다른 카드 목록에 교차로 인용되어야 한다. 카드 목록의 예가 아래에 있다.

◈ Tzeltal 민족전통식물학에 대한 카드 목록 ◈

1960년대 인류학자인 Brent Berlin과 식물학자인 Dennis Breedlove와 Peter Raven은 멕시코의 남부 주인 Chiapa에서 여러 해 동안 야외 조사를 하여 10,000여 점에 달하는 식물을 채집하는 것은 물론이고 Chiapa의 고산 지대에서 마야어를 사용하는 Tzeltal인에게서 수많은 민족전통식물학적인 자료들을 발굴해 냈다.

그림 215. Chiapa의 Tzeltal 여인들

"Tzeltal인들에 의한 식물 분류의 원리(Principles of Tzeltal Plant classification)"라는 그들의 논문에는 식물학적인 자료, 언어학적인 자료 그리고 민족서지학적인 자료 등을 함께 카드목록을 이용하여 기록한 것을 보여 준다(Berlin et al., 1974).

"연구의 초기부터 Tzeltal 수집 목록을 만들었는데, 목록들은 Tzeltal 수집 노트에서 도출하여 만들었으며, 알파벳 순서로 정리하였다. 4 × 6 인치 크기 노트들로 만들어진 수집 목록에는 Tzeltal로부터 수집한 식물들의 번호와 이를 알려준 정보 제공자의 식별 번호가 정리하였다. 8.5 × 11인치 종이로 들어진 부본 목록은 유용할 것 같은 식물학적 특징들을 포함하였다."

Berlin과 그의 동료들이 이용하였던 예는 지역 명칭을 기준으로 정리된 카드로써 표 16에 예시되어 있다. 이 카드에는 Tzeltal 명칭, 수집 번호, 수집과 식물학적 결정을 제공한 정보 제공자의 번호 등이 기록 되어 있다.

표 16. 멕시코 Chiapa의 야외 조사에서 Berlin과 그 동료들이 사용한 Tzeltal인의 민족전통식물학에 대한 카드 목록 중 한 카드의 예

Tzeltal 명	수집 번호	정보 제공자의 수	식물학적 결정
'ac' am te'	204	8	*Rapanea myricoides*
	499	8, 53, 54, 55	*Rapanea myricoides*
	587	8, 56	*Rapanea myricoides*
	6876	2	*Myrica cerifera*
	6954	3	*Rapanea juergensenii*
	7032	1, 2A, 3	*Rapanea myricoides*
	7393	1, 2, 6, 7	*Rapanea myricoides*
	7755	1, 2, 6, 7	*Rapanea myricoides*
	8853	8, 9	*Rapanea myricoides*
	9321	1	*Rapanea myricoides*
	9657	8	*Rapanea myricoides*
	10824	1, 2, 8	*Rapanea myricoides*
	12477	1, 20, 21, 22	*Rapanea myricoides*
	14093	2	*Rapanea juergensenii*
	14121	2	*Rapanea juergensenii*

이 연구자들은 민속 분류에 대한 카드 목록과 Tzeltal인들이 어떻게 식물을 이용하는지에 대한 목록을 교차 인용하였다. 즉, "수집 목록과 교차 색인 목록에 더하여, 여러 정보 제공자들을 위하여 용도에 관한 목록을 만들었다. 자료의 Tzeltal 식물명 카드에는 그 식물의 이용에 관한 정보를 포함하고 있다. 예를 들면, 약용식물이 있다면, 어떤 질병을 치료하는지? 치료하는 데에 어떤 식물의 부위를 이용하는지? 그 식물이 어떤 장소에서 자라는지? 이용할 수 있는 때는 연중 언제인지? 와 같은 정보들이 들어 있다."

다양한 형태의 자료들을 면밀하게 비교함으로써, Berlin은 마침내 Tzeltal 식물 분류의 구조를 파악하게 되었다.

(4) 데이터베이스의 구조

컴퓨터는 데이터의 체계화에 혁명을 가져왔다. 데이터베이스에 일단의 정보를 넣은 다음, 연구자는 순식간에 데이터를 그가 원하는 다양한 순서로 정리하고, 교차 색인을 만들 수 있다. 컴퓨터의 또 다른 장점은 데이터를 통계분석이 용이한 형태로 체계화할 수 있다는 것이다.

컴퓨터를 사용하지 않더라도 데이터베이스를 이용하는 사람들과 같은 방법으로 데이터를 체계화하는 것이 효율적이다. 데이터베이스를 만드는데 있어서 첫 단계는 분야(field)를 확정하는 것이다. 분야는 연구자가 설명하려고 하는 사람들, 식물들, 생태 지구 그리고 이외에 연구하고자 하는 것들이 해당된다. 예를 들면, 연구자의 연구에 참여하는 지역민에 대한 데이터 세트에서 데이터베이스를 만든다면, 분야는 나이, 성, 기혼 여부 등이 될 것이다. 식물 수집에 대한 데이터세트에서는 분야를 수집 번호, 지역 식물 명칭, 학명 등이 될 것이다. 모든 분야는 데이터베이스의 구조(structure)라 한다. 각각 분리된 사람이나 혹은 주제에 대해서 수집된 데이터는 기록번호(record)를 구성한다.

표 17을 보면, 분야의 명칭은 기록표의 상부에 위치하고 각각의 줄에는 데이터가 있고, 각각 열은 분리된 데이터의 기록이며, 표의 오른쪽 여백 부분은 분야와 기록에 일치하는 특정 데이터의 측정값(value)을 넣는다.

표 17. 프로젝트 참여자의 데이터베이스에서 기록번호, 분야 그리고 측정값을 보여주는 데이터 세트

<table>
<tr><th colspan="7">분 야</th></tr>
<tr><td rowspan="9">기
록
번
호</td><td></td><td>이름</td><td>나이</td><td>성별</td><td>기혼 여부</td><td rowspan="9">측
정
값</td></tr>
<tr><td>1</td><td>Jack Smith</td><td>45</td><td>남</td><td>기혼</td></tr>
<tr><td>2</td><td>Clare Smith</td><td>42</td><td>여</td><td>기혼</td></tr>
<tr><td>3</td><td>Helen Jacobs</td><td>53</td><td>여</td><td>미혼</td></tr>
<tr><td>4</td><td>Roger Good</td><td>35</td><td>남</td><td>기혼</td></tr>
<tr><td>5</td><td>Janet Good</td><td>36</td><td>여</td><td>기혼</td></tr>
<tr><td>•</td><td>•</td><td>•</td><td>•</td><td>•</td></tr>
<tr><td>•</td><td>•</td><td>•</td><td>•</td><td>•</td></tr>
<tr><td>•</td><td>•</td><td>•</td><td>•</td><td>•</td></tr>
</table>

이러한 표로부터 카드목록을 만들 수 있다. 각각의 분리된 카드는 각각 다른 기록번호와 일치시키고 각 카드의 특정 공간에 측정 분야를 넣는다. 그림 216a와 같이 실제 카드를 만들어 보면 쉽게 이해가 된다. 다음은 이 카드를 이용하여 그림 216b와 같이 기록 번호에 따른 내용을 적는다.

<table>
<tr><th colspan="2">카 드</th></tr>
<tr><td colspan="2">이 름</td></tr>
<tr><td>나 이</td><td>성 별</td></tr>
<tr><td>기혼여부</td><td>기타</td></tr>
</table>

A

<table>
<tr><th colspan="2">기록번호 #1</th></tr>
<tr><td colspan="2">Jack Smith</td></tr>
<tr><td>45</td><td>남</td></tr>
<tr><td>기혼</td><td>기타</td></tr>
</table>

B

그림 216. 데이터 영역이 표시된 카드의 예(A)와 기록번호 1번의 측정값을 보여주는 카드(B)

연구자가 컴퓨터로 정리된 데이터베이스 또는 손으로 적은 카드를 이용할 때에는, 데이터 입력을 시작하기 전에 분야의 설정, 기록번호의 선택 그리고 측정값을 정확하게 적어 넣을 수 있는 방법 등에 대해 주의 깊게 계획하여야 한다. 프로젝트 전 과정을 통하여 이용될 수 있는 가장 간편한 구조를 갖추도록 한다. 만약 연구자가 프로젝트 중간에 바꾸어야 할 상황이 생긴다면, 연구자는 많은 시간을 들여서 복잡한 과정을 거쳐 기록된 모든 데이터를 교정하여야만 한다.

많은 연구자들이 야외 조사에서 반복되는 같은 정보에 피곤함을 느껴 데이터를 기록할 때 약호, 암호 그리고 동정번호 등을 사용한다. 질병의 증상에 대한 분야에서 예를 들면, 기침은 '기', 목감기는 '목' 등으로 기록할 수 있다. Juan Perez를 정보 제공자 번호 '415'로 바꾸고 그의 아내를 '416'으로 한다. 생태학적 천이 단계를 약호로 표기할 때, 폐경지는 'ESS1'으로, 잡목지는 'ESS2'로 한다.

이러한 작업은 시간은 절약할 수 있을지 모르지만, 데이터의 기록 시 많은 오류를 범할 수 있다. 약호화 된 데이터에서의 오류는 데이터의 양이 많아질 경우 추적하기가 매우 어렵다. 연구자가 야외 노트나 카드 목록에서 남성과 여성의 목록을 만든다고 가정했을 때, 남성의 목록 중에서 Magarita Perez를 찾는다면, 연구자는 오류로 인식할 수 있다. 그리고 정보 제공자 '416'을 찾았다면, 이 사람이 남성인지 여성인지 구별하기 어려울 것이다.

만약 약호를 이용하고 싶다면, 참고문헌을 통해 다른 전통지식 연구자들이 이용하였던 것을 이용하는 것이 좋다. 예를 들면, 특정 지역의 식물상을 조사할 때에는 미국 식물학자인 W. A. Weber가 식물학 잡지인 Taxon에 발표한 3글자 약호를 이용하는 것이 좋다(Weber, 1982). 이 약호들은 식물 과명으로부터 만들어졌기 때문에 연구자들이 기억을 되살리는데 많은 도움을 줄 것이다. 예를 들면, 'AST'는 Asteraceae(국화과), 'POA'는 Poaceae(벼과) 등이다.

(5) 자료 보호

많은 전통지식 연구자들이 데이터를 잃어버린 경험을 가지고 있을 것이다. 열대 지방에서는 주의 깊게 만든 식물 표본이 변할 수 있고, 현지 경찰에게 야외 노트를 압수당할 수도 있으며, 조사된 정보를 컴퓨터에 주의 깊게 입력했지만 지워질 수도 있다. 또한, 시간이 지나면서 변하는 데이터도 있다. 즉, 사진이 변하거나 곤충에 의해 증거 표본이 상하고 질이 안 좋은 잉크나 종이를 사용했을 경우 정리해 놓은 기록이 사라질 수도 있다.

그러면 어떻게 자료를 보호할 것인가? 각종 자료를 보호하려면 반드시 지켜야 할 사항들 있다. 새로운 사진 필름, 무산지 그리고 지워지지 않는 잉크와 같은 품질이 좋은 사무용품을 사용하여야 한다. 자료를 빛, 습기, 곤충 등 기타 자료를 상하게 하는 것들로부터 보호해야 한다. 그리고 잉여 증거표본을 만들고, 야외노트는 복사해 놓으며, 컴퓨터 디스켓은 복사해 놓아야 하고 슬라이드도 부본을 만들어 놓는다. 특히 사진과 동영상의 경우 보관에 특히 유의해야한다. 더 나아가서는 부본들은 다른 장소에 보관하는 것이 좋다.

연구자는 결코 쉬운 일은 아니지만, 자신의 자료가 다른 사람들에 의해서 이용되는 것을 막아야 한다. 연구자는 자신의 원래 아이디어나 자료가 자신이 발표하기도 전에 다른 사람들에 의해서 발표되는 위험에 항상 노출되어 있다. 이러한 가능성으로부터 벗어나는 가장 좋은 방법은 자신의 연구를 학술 잡지, 저서, 자신이 일을 하는 연구소나 비영리 단체의 보고서 등에 발표를 빨리 하는 것이다.

그러나 이렇게 공적으로 연구 결과를 발표함으로써 이차적인 위험에 노출될 수 있음을 알아야 한다. 즉, 연구자의 연구 결과가 특정 개인의 이익을 위해 이용될 수 있고, 조사 지역민을 어렵게 하는 결과를 낳을 수 있으며, 조사지역의 야생세계를 파괴할 수도 있다. 연구에 참여한 집단의 동의 없이 상업적인 목적을 위해 연구 자료들을 이용하는 사람들을 막을 수 있는 효과적인 몇 가지 방법이 있다.

전통지식 연구자들 사이에 지적재산권(Intellectual Property Rights: IPR)에 대한 논의가 활발하게 진행되어 왔다. 그 결과 개인적으로나 혹은 단체들에 의해서 제안된 지침들이 만들어지기도 하였지만, 우선적으로 누가 연구에 대해 관심을 가지고 있는지 그리고 그들이 연구 결과의 어떤 부분에 흥미를 가지고 있는지를 파악하고 있어야 한다. 그리고 개인적으로나 공적으로 연구의 결과들을 연구자에게 개방하지 않는 연구 기관이나 실험실과 함께 일을 할 것인지 아니면 하지 않을 것인지를 결정하는 것도 매우 중요한 일이다. 연구 결과의 상업적인 이용과 연구에 대한 윤리적인 지침을 만들고 따르도록 해야 한다. 마지막으로, 지역민들 스스로 연구를 수행할 수 있도록 지역의 능력을 배양하는데 노력하여야 하고, 연구 결과들이 조사를 하는 지역의 보호와 그곳에 거주하는 집단의 발전에 기여할 수 있도록 노력해야 한다.

(6) 자료의 분석

바람직한 것은 야외에서 조사를 하는 동안 자료에 대한 기본적인 분석을 하는 것이 좋다. 이것은 오랜 시간이 지나기 전에 연구자가 묻고자 하는 질문을 적절한 방법으로 묻고 있는지 그리고 측정 단위는 적절한 것인지를 파악하는데 가장 좋기 때문이다. 연구과정 동안 연구자는 자료의 수집에 사용하는 자신의 방법을 보다 더 효율적으로 어떻게 수정할 것인지 혹은 분석에서 보다 더 효율적인 새로운 방법은 없는지에 대한 질문들을 끊임없이 하여야 한다. 이러한 유연성은 자료를 보다 체계적으로 정리할 수 있게 하는 바람직한 태도이다.

분석은 가능하면 전체 데이터 세트에 유효한 방법으로 하는 것이 좋다. 전통지식에서 가장 성공적인 분석은 채집된 표본들이나 밝혀진 범주들의 전체에 적용되는 생물학적인 자원들의 분류나 혹은 용도를 잘 이해할 수 있도록 도와주는 것이다. 예를 들어, 특정 마을에서 여성이 남성에 비해 약용식물을 더 많이 알고 있다는 것에 대해서 연구를 하고, 여성들이 중요한 약용식물 20 종류 중 15개에 대해서 더 많은 지식을 가지고 있다는 것을 파악했다면, 연구자는 다른 5 종류는 왜 연구자의 예상을 벗어났는지 그 이유를 설명하여야 한다. 연구자가 자신의 자료에 좀 더 집중하고 정밀한 분석을 하려면 연구자가 가지고 있던 원래의 생각을 수정하고, 검정하며, 재평가를 거듭하여야 한다.

분석을 하는데 중요한 기법은 정량적인 연구 결과를 해석하고 요약하는 수학적 방법인 통계학이다(Haysletter, 1968; Kachigan, 1986). 전통지식에서는 주로, 위장병에 카모밀(chamomile)차를 이용하는 12명의 정보 제공자들 중 9명, 땔감으로 참나무를 사용하는 가정은 93% 그리고 면담에 응한 사람들의 평균 나이는 42.3세 등과 같이 자료의 성향을 나타내는 기술통계학(記述統計學, descriptive statistics)을 많이 이용한다.

추리통계학(推理統計學, inferential statistics)이라고 부르는 좀 더 복잡한 통계학은 기술통계학에서 얻는 결과보다 더 깊이 분석된 결과를 얻을 수 있다. 추리 분석은 임의 집단에서 일정한 표본을 추출하여 분석함으로써, 전체에 대한 정보를 얻기 때문에 추론을 잘 해야 한다. 예를 들면, 500명의 집단에서 50명만 면담을 하고, 이를 분석하여 얻은 결과를 나머지 450명에게도 동일한 질문을 하여 얻은 결과로 평가를 한다. 전통지식에서 가장 널리 쓰이는 통계학적인 방법들은 x^2 검정, 분산 분석, 상관관계 그리고 회귀분석 등이다. 이런 통계학적인 방법을 사용하려면 수학에 대한 공부를 많이 하거나 혹은 컴퓨터를 이용하여야 한다. 전통지식 연구자는 이들의 수학적인 공식이 어떻게 유도되는지에 대한 것을 알 필요는 없지만, 어떤 때에 이런 방법들을 적용하는 지와 얻어진 결과를 이해하고 자신의 결론을 다른 사람들에게 설명을 할 수 있어야 한다. 그러므로 통계학에 자신이 없는 사람이 추리통계학적인 방법을 이용하려면, 확률에 대한 설명과 이에 대한 다양한 기법들에 대한 설명이 있는 개론서를 참고하여야 한다.

(7) 자료의 제시

과학적인 저술과 공적인 발표는 그 자체로써 하나의 예술이다. 많은 학문들에서는 다양한 학문적 배경을 가진 동료 학자들이 이해를 잘 할 수 있는 기술적인 방법으로 소통을 하고 있고, 또 분야별로 특화된 어휘들도 소속된 연구자들 모두에 이미 친숙한 것들이다.

연구자가 자신의 결론을 광범위한 부류의 사람들에게 설명을 한다면, 자신만의 학문 분야에서 사용되는 복잡한 방법으로 서술을 하거나 설명을 해서는 안 된다. 전통지식 연구자의 경우, 학문적인 세계에서는 자신의 아이디어를 언어학자, 인류학자, 화학자, 식물학자 드리고 다른 많은 동료들에게 설명해야 한다. 그러나 학문 밖으로는 정부 당국자, 개발 전문가에게도 자신의 생각을 전해야 하고 특히, 자신들의 연구 결과들에 의한 기여가 조사 대상지의 지역민에게 돌아갈 수 있도록 해야 한다. 때문에 전통지식 연구자가 정확하고 이해가 용이한 방법으로 설명할 수 없다면, 자신의 생각을 실천에 옮기기 쉽지 않을 것이다.

어떻게 자신의 아이디어를 간단하고 정확한 방법으로 전달 할 것인가? 여기에는 멕시코와 미국의 남서부 지방에서 활동한 전통지식 연구자인 Gary Nabhan과 같은 자연사에 대한 저술가들의 저술들을 읽고 실제로 배울 수 있는 다양한 과학적 서술 기법들이 있다(Nabhan, 1985, 1989). 즉, 가능한 한 형용사를 축약하거나 쓰지 않고 간결한 문장을 만들어야 한다. 특수 용어와 약어 같은 것은 되도록이면 피한다. 만약 사용하여야 한다면, 처음 사용할 때 간단하게 설명을 해주어야 한다. 서술을 할 때에는 자신의 동료나 친구들에게 하듯이 대화체로 한다. 이 때, 분명히 알아야 할 사항은 결과들을 쉽게 설명하여 여러 사람들이 그것을 이해하는 것은 자신의 과학적인 성과가 줄어드는 것이 아니라는 사실이다. 목표는 기본적인 자료를 준비하여 일반인들에게 쉽게 설명하는 것과 동료들의 요구 사항을 분석하는 것이다.

명확한 서술의 열쇠는 교정이다. 초안을 준비하고 계속하여 교정을 하여야 한다. 특히, 초안에 대한 동료나 친구의 조언을 참조해 여러 번 첨삭한다. 소리 내어서 읽고 어떻게 읽어지는지 듣는다. 그리고 나서 하루나 이틀 후 다시 반복하여 작업을 한다. 이러한 과정을 거치면, 초안에 새로운 구절이 들어가기도 하고 있던 구문이 지워지기도 하면서 많은 수정이 가해질 것이다. 그리고 나서 두 번째 원고는 보다 깔끔해 질것이며, 마지막 수정을 더하면 잘 만들어진 원고가 될 것이다.

2. 시각적 도움

자신의 프로젝트를 지면이나 구두로 발표할 때, 다른 사람들이 쉽게 이해할 수 있도록 하는 방법들을 생각해보자.

① **사진** : 꽃을 접사하여 찍은 사진이나 혹은 전경을 광각(廣角) 렌즈로 찍은 사진은 복잡한 개념을 우리에게 한눈에 전해줄 것이다. 명확한 사진은 상이 뚜렷한 흑백과 중간 회색 색조로 처리된 높은 대조(對照) 때문이다. 사진은 인화지를 광택이 나는 종이를 사용하는 것이 좋고, 사진의 내용을 개략적으로 설명하는 간결한 제목을 넣는다. 칼라 슬라이드는 구두 발표의 성과를 높이지만, 출판할 때에는 흑백 판을 사용할 수 있다. 하지만, 슬라이드와 흑백 인쇄는 연구자가 언제 어디서 사진을 찍던지 그 가치를 더 할 것이다. 야외에서는 일부 전통지식 연구자들은 그들이 찍은 필름들을 정확하게 기록한다. 그들은 각 사진의 주제와 지역, 서식지 그리고 고도 등과 같은 적절한 특징들을 기록한다. 조사지역에서 여러 대의 카메라가 이용되면 한대의 카메라를 지정하여 조사 이후에 그 필름을 공적인 발표에 이용할 수 있고 또 출판도 될 수 있도록 조처를 한다. 칼라 슬라이드나 사진용

필름이 현상된 다음에는 각각 프레임이나 보관철에 적당한 번호와 기록지를 붙여 나중에 식별이 용이하도록 한다. 이와 같이 철저하게 기록하고 정리를 한 사진들은 지역의 문화나 자연 식생의 변화에 대한 대단히 중요한 시각적 기록이 될 것이다.

② **그림** : 손으로 그리든지 컴퓨터를 이용하여 그린 그림은 가장 두드러진 특징을 돋보이게 하여, 간명하게 보여주거나 혹은 연구자가 독자들이 관찰하기 원하는 바를 강조할 수 있다. 꽃의 스냅 사진 대신에 연구자는 잎, 꽃, 열매 그리고 식물의 서식지 등에 대한 것에 대해서 가장 중요한 특징들만 선 그림으로 나타낼 수 있다. 산의 경사 그림에는 고도에 따른 식생의 변화와 농경 지구 등을 생태학적인 측면도로 보여줄 수 있다.

③ **표** : 표는 비교 자료 또는 관련된 범주들을 비교할 수 있도록 열과 줄로 자료들을 나타낸다.

④ **도표** : 도표는 한 범주에 있는 양, 시간 혹은 구성원 등과 같은 자료들을 2차원으로 연관시킨다. 여러 형태의 도표들은 정해진 시간에 한곳만을 보여주는 스냅 사진같이 정적이다.

⑤ **막대 도표** : 막대 도표는 한 집단에서 다양한 연령층의 다수의 사람들이나 혹은 다양한 용도 범위를 갖고 있는 다수의 식물들과 같이 연관된 여러 범주들이나 목표들을 통일된 단위의 양으로 비교를 하게 한다. 각 막대의 높이나 넓이가 도표의 밑이나 옆에 있는 눈금의 양을 가리킨다.

⑥ **파이 도표** : 파이 도표는 말 그대로 둥근 파이를 다양한 크기로 나누어서 나타내므로 붙여진 이름이다. 각 조각은 특정 범주의 상대적인 양이나 비율을 다른 것과 비교하여 나타내게 된다.

⑦ **선 도표** : 선 도표는 하나의 변수가 다른 것과 연관되어 어떻게 변화되는지를 이해할 수 있게 한다. 예를 들면, 사람이 알고 있는 식물명의 수는

그들이 학교에서 몇 년을 배웠는지와 연관이 있다는 사실을 나타낼 때 이용할 수 있다. 다양한 형태의 도표와 표들을 이용하는 예가 아래에 있다.

◈ 표와 도표를 이용한 자료 제시 ◈

자메이카의 한 집단인 중 3명 즉, (A) John Hilton, (B) Mary Jacobs 그리고 (C) Phillip Hodge는 지역의 식물상을 조사하기 위하여 지역 당국에 의해서 선발된 사람들이다. 적절한 훈련과정을 거치고, 식물 압착기, 건조기 등 식물 채집을 위한 도구들을 가지고 3명이 동시에 식물을 채집하기 시작하였다.

이들의 작업 진행을 점검하기 위하여, 집단의 고문은 표 18에서 볼 수 있는 바와 같이 각 채집자들에 의해서 채집되는 채집물의 수를 기록하는 표를 만들었다. 표는 4줄로 구성되어 있으며 왼쪽의 1개월부터 12개월까지를 나타내는 '개월 수'를 나머지 3줄은 채집자들이다. 표의 위에는 표에서 보여주고자 하는 것을 설명하는 제목이 있다. 각 개월 말에는 3명의 채집자들에 의해서 채집된 채집물의 누계를 기록하였다.

표 18. 12개월 동안 3명의 채집자들로부터 채집된 채집물의 누계

개월 수	John Hilton	Mary Jacobs	Phillip Hodges
1	120	25	5
2	250	60	15
3	420	130	35
4	600	210	70
5	700	310	120
6	750	410	180
7	775	500	240
8	788	580	320
9	794	650	425
10	797	710	540
11	799	760	680
12	800	800	800

그런데 고문은 지역 당국과 집단에 연구비를 대주는 비영리 단체에 3개월에 한번 씩 보고를 해야 하므로 그림 217과 같이 채집자들의 성과를 비교하는 막대 도표를 만들었다. 표와 그림에서 볼 수 있는 것은 John Hilton의 경우 프로젝트가 시작되고 난 후 6개월 동안 가장 많은 채집을 하였으나 연말에는 모든 채집자가 동일한 양을 채집하였다는 사실이다.

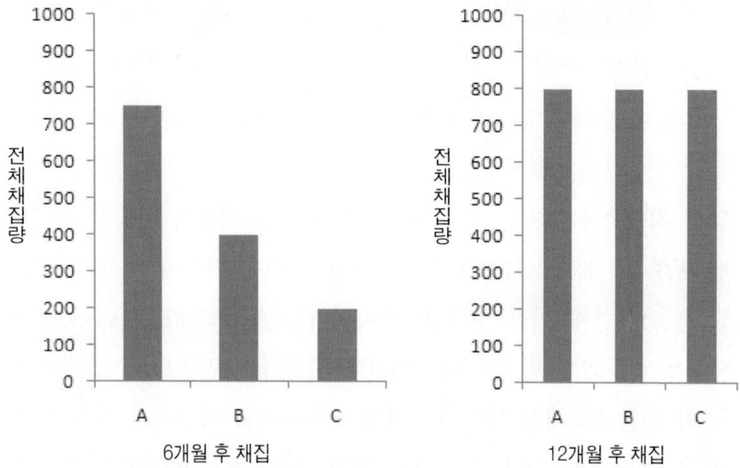

그림 217. 3명의 채집자가 6개월과 12개월 동안 채집한 채집물의 수를 나타낸 막대그림

고문은 이들 결과들은 다른 방향에서 검토하기로 하고 6개월 간격으로 각 참여자들의 전체 채집물의 비율을 파이 도표(그림 218)로 나타내었다. Phillip Hodges의 작업을 돋보이게 하기 위하여 그의 채집 양에 일치시켜 파이 조각을 나누었다.

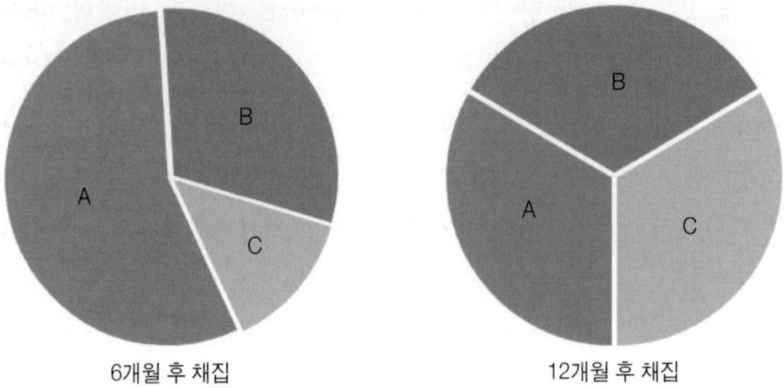

그림 218. 6개월과 12개월 후 각 채집자들의 채집물의 비율을 나타낸 파이 도표

연말에, 지방당국은 지난 12달 동안 채집자들의 작업을 비교할 수 있고, 시간에 따라 각 개인의 채집물량들이 어떻게 변해 가는지 제시하라고 했다. 고문은 첫 번째, 이런 요구를 충족시키는 누적막대도표(stacked-bar graph)라는 하나의 그림으로 나타내기로 하였다. 그림 219와 같이 각 막대들은 참여자들의 채집 양을 3개월씩 4 구간으로 나누어서 나타내었다. 이 그림을 보면, John Hilton은 채집 양이 계속적으로 줄어드는 것을 알 수 있고, Mary Jacobs는 3번째 달과 9번째 달 사이에 많이 채집을 하였으

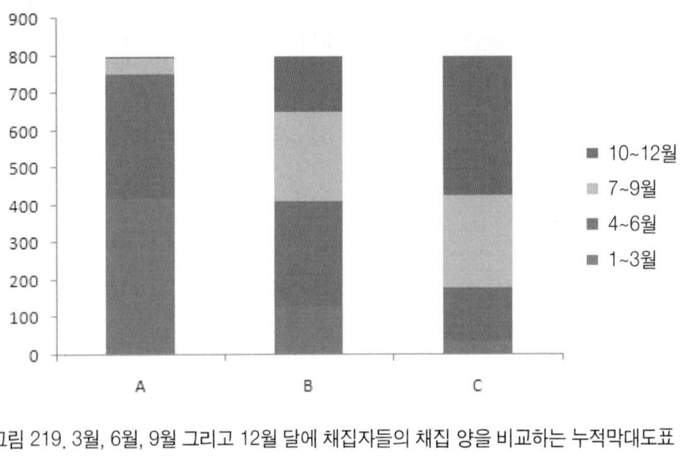

그림 219. 3월, 6월, 9월 그리고 12월 달에 채집자들의 채집 양을 비교하는 누적막대도표

며, Phillip Hodges는 채집 양이 빠르게 증가되는 것을 알 수 있다.

비영리 단체에서는 2년째에는 누가 가장 많이 채집할 것인가를 예측하길 원했다. 그림 220의 선 도표에서는 John Hilton의 채집 양은 처음에는 급격하게 늘어나나 나중에는 수평을 유지하고 있고, Mary Jacobs의 채집 양은 다달이 늘어나나 그 비율이 낮으나, Phillip Hodgers의 채집 양은 계속적으로 늘어나는 것을 알 수 있으므로 차기 년도에 가장 생산성이 높을 것으로 예측할 수 있다.

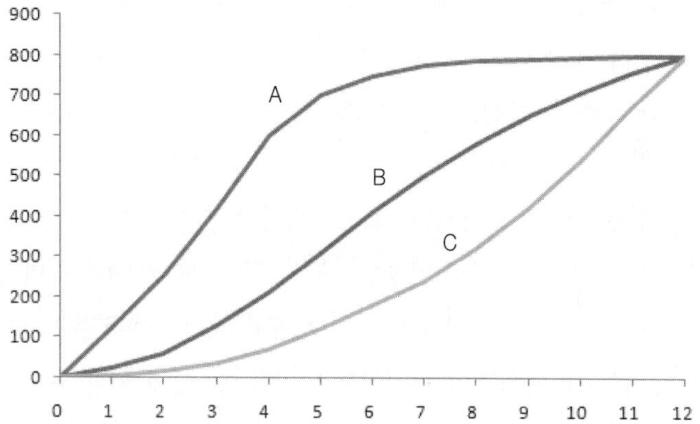

그림 220. 12달 동안 각 채집자의 채집 양이 증가는 것을 보여주는 선 도표

고문은 각 채집자들의 채집 양이 왜 차이가 나는지에 대해서 면담을 하였다. John Hilton은 농부로서 연초에는 채집할 수 있는 시간이 아주 많았으나 후에는 작물을 파종, 재배하고 수확하느라 채집에 많은 시간을 낼 수가 없었다. Mary Jacobs는 학생으로 과정에 따라 채집물의 변동이 있었고, 프로젝트 초기에는 다른 일이 많은 건강 프로모터여서 많이 채집을 못했으나, 8번째 달에는 건강 프로젝트가 끝났고 그 자신이 전통지식 프로젝트에 전념하기로 결심하였다는 것이다.

3. 회신의 감소 법칙

모든 전통지식 연구자들이 제한된 시간과 돈을 가지고 일을 하기 때문에, 연구가 마무리되기 전에 얼마나 많은 자료들이 축적될 것인지를 결정하는 것은 중요하다. 때문에, 얼마나 많은 식물을 채집할 것인지, 어느 정도 조사지역에 머무를 것이지, 연구에 참여자는 몇 명으로 해야 하는지 그리고 조사지역은 얼마나 넓게 잡아야 하는지 등을 결정하는 것에 신중하여야 한다.

자료 수집의 효율성은 회신 감소의 법칙(law of diminishing returns), 즉 연구자가 면담으로부터 새로운 정보를 얻어낼 양이 점차 줄어드는 것에 의해 결정된다. 연구자는 처음 대화하는 사람에게서 많은 것을 알아내게 된다. 두 번째 사람에게서는 새로운 정보와 첫 번째 사람에게서 들은 정보가 반복될 것이다. 세 번째 사람의 경우는 새로운 정보는 보다 적어질 것이다. 결국, 연구자는 이미 다른 사람들에게서 들은 이야기를 하는 새로운 사람을 만나게 되는 것이다. 같은 이야기를 반복해서 여러 번 들으면 자료를 보다 더 확신하게 될 것이며, 정보 제공자들 사이에 불일치를 주목하다 보면, 집단 내 문화적인 불일치를 파악할 수 있게 된다. 그러나 같은 질문을 계속해서 한다는 것은 비효율적이고 무관심해 질 것이다.

이와 같은 원리는 식물과 동물의 수집에도 적용된다. 연구자가 특정 지식에 대한 변이를 조사에 관심이 없을 때, 동일한 종류를 여러 다른 정보제공자들이 수집하는 것은 좋은 것이나 모아지는 표본의 양의 한계를 설정하는 것이 바람직하다.

4. 가설의 검정과 설

전통지식이 왜 광범위한 자료와 표본을 모아야 하는지에 대해서 다음과 같이 설명할 수 있다. 즉,

“민족전통생물학적 전통지식의 연구는 일반적으로 두 가지 점을 간과하기 때문에 비난을 받는다. 첫째는 가공되지 않는 정보를 정리하는 행동

은 어떤 자연과학이든지 기초를 형성하고 있고, 기본적인 목록이 없다면, 이론적인 형식화가 불가능하다는 점이다. 두 번째 전통지식은 발견의 과학이라는 단순한 수준으로 남아 있다는 것이다. 그럼에도 불구하고 실제적으로 인류의 안녕에 대한 기여도를 보면 어떤 학문 분야에 비해서도 적지 않았다. 더 나아가 동 · 식물과 인류 문화의 다양성에 대한 커다란 파괴가 진행되고 있는 이 시대에, 전통지식 연구자들의 역할은 중요하고도 필수적인 일들로 남아 있다."

가공되지 않은 자료를 정리하는 것은 전통지식 연구자들의 기본적인 활동으로써, 인류의 안녕과 과학의 발견을 위해 기여하는 정도는 전통지식의 기초를 형성하고 있는 보편적인 원리(여러 개인들이 관찰에 근거한)를 형식화하는 것과 직접적으로 연결되어 있다. 사람들이 그들의 자연과 어떻게 상호작용하는가에 대한 가정을 검정한다는 것은 연구자가 자료를 더 적극적으로 수집할 수 있게 하는 자극이 되고, 다른 한편으로는 다른 연구자들이 지식에 대한 그들 자신의 탐구를 계속하기 위하여 전통지식 연구자들의 방법론을 재평가하게 할 수 있다.

이러한 이유들 때문에, 연구는 설(theory)과 가설(hypothesis)에 의해서 유도되어야 할 것이다. 설은 자연과 사회적인 현상을 설명하는 원리나 모델이다. 우리는 가설 즉, 관찰과 반복된 검정을 통한 일시적인 가정이나 혹은 자료를 수집하면서 얻게 되는 좀 더 세련된 방법이나 연구 결과에 대한 보다 깊은 해석을 통해 얻는 일시적인 가정으로부터 설을 설정한다. 가설이 연구자의 자료 분석에 의해서 지지를 받을 때, 설은 확립된다. 가설이 연구자의 일시적인 가정과 모순되는 정보를 통하여 거부되면, 설은 수정되거나 폐기되어야 한다.

예를 들면, 한 집단의 사람들은 그들의 일상생활에서 중요한 식물들에 대하여 정보를 서로 전달하고, 후손들에게도 그 지식들을 전해주기 위하여 같은 생물학적 종류에는 같은 이름을 사용한다는 설이 있다. 이 설로부터 유도된 가설은 "같은 언어로 말을 하는 사람들은 그들의 집단 내에서 채집된 생물들에 대해 동일한 이름을 사용할 것이다"라는 것이다.

연구자가 특정 마을의 전체 사람들에게 한 묶음의 생물을 동정할 것을 부탁한다면, 연구자는 문화적으로 중요한 종류들은 꾸준하게 언급되지만, 반면에 용도가 적은 종류들은 다양한 이름으로 불리는 것을 알 수 있다. 이러한 사실은 연구자가 처음에 설정했던 언어적 행동의 일반적인 원리를 수정해야 할 필요성을 제기한 것이다. 즉, '한 집단의 사람들은 생물체에 동일한 이름을 주는 경향이 있지만, 그들의 일관성은 동 · 식물 개개의 문화적인 중요성과 함께 증가 된다' 는 것으로 재고되어야 한다.

최근에는 전통지식에 있어서 자료 축적에 대해서는 과도하게 강조를 하는 반면에, 가설 검정에 대해서는 상대적으로 등한시 한다는 지적을 하고 있다. 전통지식에서 정량적인 접근과 통계적인 가설 검정의 여러 영역이 필수적이며, 이는 전통지식에 있어서 과학적인 접근에 절대적으로 필요한 새로운 경향이다.

페루의 남부에서 mestizo농부들이 어떻게 식물들을 이용하는 지에 대한 연구를 보면, 다른 식물들 사이에 대한 문화적 중요성의 차이, 지역 참여자들의 전통지식 그리고 지역민들의 시각에서 개별 종류들의 이용성을 결정짓는 다양한 생태학적 그리고 식물학적 요인들의 기여도를 비교하기 위하여 통계학을 이용하였다. 그는 또한, 하나 혹은 그 이상의 집단에서 식생 형과 식물들의 중요성을 평가하는 것, 다양한 유용식물들의 상대적인 문화적 중요성을 설정하는 것 그리고 약용식물이 가지고 있는 용도의 기원에 대한 모델을 검정하는 것과 같은 다양한 주제들에 초점을 맞추었던 다른 연구자들의 연구들도 포함하고 있다.

이 모든 질문들의 공통 요소는 연구자들이 가설의 형태를 세울 수 있다는 것이다. 비록 그런 아이디어들에 대한 결정적인 증거는 없지만, 연구자들이 대안적인 해석을 거부할 수 있는 증거를 찾을 수 있게 하며, 이로써 연구자들이 논쟁에 힘을 더한다. 달리 말하자면, 과학자들은 가설을 만들면서 보다 설정된 가설들이 거짓임을 입증하면서 앞으로 나아간다.

통계학자들은 가설을 세우고 받아드리며 거부할 수 있는 효율적인 방법을 가지고 있는데, 이는 두 번 이상의 측정값이나 관찰들 사이에 통계학적인 차이가 없다는 것에 중점을 두고 상정되며, 이를 귀무가설(歸無假說, null hypothesis)이라 한다. 예를 들면, '남성과 여성이 옷차림에 대해서 아는 것에는 차이가 없다' 거나 혹은 '다른 식물과(植物科)들 사이에 문화적 이용성에서 차이가 없다' 와 같은 명제를 만들 때 연구자는 귀무가설을 이용할 수 있다.

이렇게 각각의 명제들을 위하여, 귀무가설이 거부된다면 자동적으로 받아드려지는 대립가설(對立假設, alternative hypothesis)이 있다. 연구자가 한 집단에서 남성과 여성이 옷차림에 대해서 아는 것이 차이가 없다는 가정을 거부할 통계학적 증거가 있다면, 연구자는 통계학적으로 중요한 지식에 대한 성 별 차이가 있다는 대립가설을 자동적으로 받아드린다.

적절한 자료를 수집한 이후에, 추리통계학(推理統計學, inferential statistics)은 가설의 유효성을 분석하기 위하여 이용한다. 추리통계학의 결과들은 문자 p로 나타내는 확률로써 주어진다. 확률은 0.00과 1.00 사이의 숫자로써 소수로 표시된다. 숫자가 높으면 높을수록 확률은 높아진다. 예를 들면, p값이 0.28보다는 0.53의 결과가 더 가능하다는 것을 의미한다. 일반적으로 연구자들은 p값이 0.05보다 작으면 귀무가설을 거부한다. 이는 '결과가 5% 수준의 의미가 있다' 고 표현되기도 한다.

제5장 조사 결과의 질적 분석과 검증

우리나라의 전통지식은 거의 100% 씨족사회를 형성하고 있어 전통지식의 질적인 순도가 아주 높은 열대지방의 원주민들이 이루고 있는 원주민 사회(indigenous community)와는 달리 도시화와 산업화가 급격히 진행된 지역 사회(local community)를 구성하고 있다.

개발이 급속도로 진행되고 있는 지역사회의 전통지식은 지리적으로 점이적 특성과 산포적 특성이 섞여 있는 양상을 보여주고 있고, 지역사회 내부에서도 세대별, 문화별 그리고 지역별로 다른 특성을 보이는 아주 복잡한 다층 구조를 가지고 있다.

이렇게 전통지식이 다층의 복합구조를 가지고 있다는 것은 곧, 전통지식과 현대지식이 혼합되어 있다는 의미이다.

따라서 한국에서 채록된 거의 대부분의 전통지식은 신뢰성 검토를 통해 정리될 필요성이 있다.

특히, 전통지식은 질적 조사에 의해 질적 결과와 양적 결과를 동시에 얻기 때문에 두 가지 결과에 대한 검증을 하는 것이 바람직하다.

1. 질적 결과의 방법과 분석

질적 연구는 일반적으로 민속학적 연구, 자연주의적 연구, 인류학적 연구, 현장 연구 혹은 참여관찰 연구와 같은 연구 방법론으로 수행되는 연구를 말한다.

전통지식을 조사하는데 이용이 많이 되는 민족지적 연구(ethnography), 참여적 관찰(participatory observation), 집중토론 그리고 면담(interview) 등은 대표적인 질적 연구 방법이다.

(1) 민족지적 연구(ethnography)

비교적 적은 수의 사례로 사회현상의 본질을 탐구하는데, 코드화하지 않는 비구조적인 자료를 이용하고 이의 분석은 인간 행동의 의미와 기능의 해석을 포함하며, 분석의 결과물은 수량화된 자료와 통계 분석을 표현한 기술과 설명한다.

인류학적 측면에서 볼 때 특정한 사회적 상황을 기술하고 그 장소와 사람과 사건 등에 대하여 그들 내부의 고유 시각을 가지고 해석하는 가장 포괄적인 종합적인 연구이다.

이 방법은 전통지식의 성격을 파악하는 데에 큰 도움을 받을 수 있다.

(2) 참여적 관찰(participatory observation)

조사하고자 하는 주제에 대하여 체계적으로 참여 및 관찰을 수행하여 자료를 조직화하는 방법을 말한다.

연구 대상의 현장에 직접 들어가 관찰하는 연구 방법으로 면담하기에 민감한 주제에 대해 보다 풍부한 정보를 제공해주고, 현장에서 이해되는 전체적인 상황으로 면담을 보완하고 해석을 수월하게 해주며, 면담자가 주요 정보제공자로부터 얻은 자료를 점검하고 평가할 수 있는 등의 장점을 가지고 있어서 전통지식을 연구하는 데에 이용할 수밖에 없는 연구 방법이다.

(3) 면담(interview)

질적 연구에 있어 면담은 가장 기본적이고 중요한 연구 방법으로 어떠한 형식으로 묻고 대답하는지가 중요한데, 비구조와 면담 혹은 개방형 면담, 구조화된 면담 그리고 반복 변형 질문 면담 등 크게 3가지 종류가 있다.

전통지식을 탐색 발굴하는 데에는 일반적으로 자유로운 형태의 질문으로 연구 내용에 유동성이 높을 때 이용하면 좋은 비구조화 면담 혹은 개방형 면담을 이용한다.

다른 질적 연구들과 같이 전통지식을 조사하는 데에서도 가장 기본적으로 이용되는 연구 방법이다.

(4) 집중토론

이 연구 방법은 조사되어야 할 주제를 깊이 탐구하고 그것의 가능한 원인들이나 혹은 연관된 내용들을 연구할 수 있고, 더 구조화된 설문조사를 위한 예비 설문 질문을 만들 수 있으며, 지역사회에 대한 정보제공자들의 믿음, 태도, 행동 등을 관찰할 수 있고, 하나의 주제에 대하여 상호 모순적인 사실이 알려져 있거나 다루기 예민한 문제를 깊이 이해할 수 있다.

전통지식의 질을 높이는 데에 이용되는 중요한 방법이지만, 정보제공자들의 입장을 충분히 고려하여 이용하여야 한다.

2. 질적 연구의 검증

(1) 다각검증법의 이용 여부

검증에서 가장 먼저 감안해야 하는 사항은 자료, 조사, 이론 그리고 조사 방법 등에서 다각검증법(triangulation)의 이용 여부이다.

① 자료의 다각검증

동일한 질문에 대한 자료를 다양한 소스로부터 얻었는지에 대한 점검이 필요하다.

② 조사자 다각검증

한명의 조사자가 가질 수 있는 편견을 제거하기 위하여 여러 명의 조사자를 조사과정에 포함시켰는지에 대한 점검이 필요하다.

③ 이론 다각검증

자료를 해석하는 데에 다양한 이론이나 혹은 견해를 활용했는지에 대한 점검이 필요하다.

④ 방법론에 대한 다각검증

전통지식을 조사하는 데에 다양한 방법을 활용했는지에 대한 점검이 필요하다.

즉, 다방향 교차검증이나 혹은 참여관찰법과 기록분석법 그리고 심층면접법을 동시에 활용하는 것이 바람직하다.

(2) 민족지적 자료(ethnographic data)의 검증

민족지적 자료에서 가장 먼저 살펴보아야 할 사항은 연구자, 관찰자 혹은 채록자가 자신만의 편견이 조사에 개입되었는지에 대한 사실이다.

두 번째로는 전통지식의 조사는 "집중 민족지적 면담(focus ethnographic interview)", "집중 집단 토론(focus group discussion)" 그리고 참여적 관찰(PRA) 등을 집중적으로 실시하여 수행하는 "약식 민족지 연구 방법(rapid ethnographic method)"를 사용하므로, 여기서 얻어지는 자료의 검증은 자료가 얻어지는 과정의 검증과 결과의 검증으로 나누어 해야 한다.

① 연구자의 편견 혹은 관점의 개입

민족지적 자료를 검증할 때 가장 중요한 점은 연구자, 관찰자 혹은 채록자 등의 편견이 자료에 반영되었는지에 대한 것이다. 이들의 편견이나 혹은 관점은 발굴된 전통지식의 성격이나 특성을 완전히 다른 것으로 변질시킬 수 있기 때문이다.

예를 들면, 전통지식에 대한 조사는 지역사회를 대상으로 하기 때문에, 그 지역에서 얻어지는 전통지식의 범위를 설정하는 것도 매우 중요하다.

이는 발굴된 전통지식으로 인해 파생될 수 있는 이익 공유와도 직접적인 관련이 있기 때문이다.

이외에도 종교, 문화 혹은 지식의 편견을 가지고 전통지식을 조사하면, 편협한 결과를 얻거나 혹은 일부가 강조된 결과를 얻는 등의 생각지도 못한 오류를 범할 수 있다.

② 자료가 얻어지는 과정의 검증

㉠ "집중 민족지적 면담(focus ethnographic interview)"은 대개 현지에 거주하는 전문인들을 대상으로 집중적인 조사를 할 때 이용된다.

그러므로 개인을 대상으로 하는 집중 면담에서 나타날 수 있는 일반적인 현상들, 즉 전통지식이 아닌 개인사에 대한 이야기가 중심이 되거나 혹은 연구자가 연구대상자의 이야기에 빠져 채록하고자 하는 전통지식에 영향을 주는 경우 등이 자료에 반영이 되어 있는지 점검해야 한다.

특히, 연구자는 대부분 현대적인 교육을 받아 있는 경우가 대부분이므로 연구자의 객관적인 관찰자 입장에 변화가 생기면, 채록되는 전통지식의 양과 질에 큰 영향을 줄 수 있으므로 이러한 점도 필히 점검해야 한다.

㉡ "집중 집단 토론(focus group discussion)"에서는 대중이 서로 의견을 개진하므로, 동시에 다양한 전통지식이 거론되는 상황에서는 연구나 혹은 채록자가 놓치는 전통지식이 있었는지 검토해야 한다.

또 한편으로는, 한 가지 전통지식에 대해서만 토론되었거나, 중요하지 않는 전통지식이 자주 거론되었거나 혹은 대다수의 지역주민들이 알고 지식들은 현대의 지식이 다수의 의견으로 전통지식화 되는 경우가 많으므로 주의해야한다.

㉢ "참여적 관찰(PRA)"에서는 현지인을 연구원화하여 조사에 참여시키는

방법이므로, 참여하는 현지인이 소유하고 있었던 전통지식의 양과 질은 채록된 전통지식의 양과 질에 영향을 주기 마련이므로 이런 영향을 최소화하는 방향으로 점검해야한다.

③ 발굴된 전통지식의 검증

채록되어 자료로 정리된 전통지식이 언론이나 건강교육 혹은 다른 경로를 통해 얻어진 현대 과학적 지식인지에 대한 점검은 필수적이다.

제6장 조사결과에 대한 양적 분석과 검증

사람들이 생물에 대해 가지고 있는 판단 기준에서 중요성은 매우 중요한 개념이고, 특히, 전통지식의 양적 분석에서 중심축을 이룬다. 사회과학과 자연과학 중에서 생물학에서 질적인 데이터를 정량화하는 보편적인 도구는 지수이다. 지수들 중에서도 이용가치(UV = Use Value)를 산출할 수 있는 상대적 문화 중요성 지수(RCI = Relative Cultural Importance Index)는 민속 분류군(ethnotaxon)이나 혹은 생물학적 분류군의 가치를 계산하는데 가장 많이 이용되고 있다. 이러한 지수를 산출하는 데에 중요한 사항은 이용에 대한 범주, 표본의 크기 그리고 이들에 대한 통계처리이다. 이들은 전통지식의 조사 결과에 대한 양적 분석과 검증에서 고려해야 될 사항 중에서도 가장 중요한 것이다.

1. 이용 범주(UC = Use Category)

지역사회에서 이용되고 있는 많은 전통지식에의 이용 가치를 산출하는 상대적 문화 중요성 지수들 중에서 이용 범주는 정보제공자에 의해 언급된 특정 이용에 의해서 결정된다. 그래서 범주 및 하위 범주의 개수는 기본적으로 무한하다고 볼 수 있지만, 일반적으로 "건축용", "식용", "약용", "기술용", "땔감용" 그리고 "기타" 등으로 분류된다. 표준화된 범주는 데이터의 정리와 비교를 쉽게 하고, 데이터에 대한 설명 또한 효과적으로 하게 해

준다. 정보제공자들은 통상적으로 생물들을 작은 차이로 다른 이용으로 언급한다(예를 들어 집 들보로 사용하는 나무와 일반적인 기둥에 사용하는 나무).

반면에 연구자가 정의한 이용 범주도 연구자의 주관에 의해 과도하게 세분화될 수 있다. 데이터를 범주화하는 데에 어려움을 보여주는 좋은 예가 있다. 한 나무가 그 자체로 경제적인 소득을 올릴 수 있고, 아울러 벌꿀 수집에도 유용하다고 언급됐다고 가정한다. 이 때, 만약 벌꿀이 지역 사회에서 소득의 중요한 자원이라면, 언급된 두 가지의 이용은 서로 독립성이 부족한 것이다. 이와 같이 이용 범주를 나누는 것은 쉬운 일이 아니며, 특히 주관적으로 이용 범주를 통합 또는 분리를 선택하는 것은 RCI 지수를 증가 또는 감소시키므로 주의를 해야 한다.

최근에는 지역사회에서 생활하고 있는 정보제공자가 정의한 지역사회의 이용 범주가 자주 이용되고 있다. 이렇게 활용된 정보제공자 정의에 따른 범주의 장점은 데이터에 대한 다른 관점을 제시할 수도 있고, 연구자의 편견을 줄임으로 재현성을 향상시켜준다. 그러나 이렇게 정보제공자가 제시하는 이용 범주의 특이적인 성격은 다른 연구와의 비교는 어렵게 한다는 단점이 있다. 이러한 점에 대한 해결책은 연구자와 정보제공자의 정의 범주를 모두 포함시키고 비교하는 것이다.

2. RCI 표본 크기

대부분 전통지식의 조사에서 조사 대상 집단, 즉 정보제공자의 표본 크기는 주관적으로 정해지거나, 야외조사에서 소요되는 시간에 의해 결정된다. 통상적으로 표본 크기는 독립적인 정보 제공자 35명 이상이면 되는데, 정밀하고 정확한 통계가 필요할 경우에는, 표본을 무작위 추출하여 조사하는 것이 바람직하다.

일부 전통지식 연구자들은 적절한 표본의 크기를 결정하기 위해 양적 생태학 방법을 이용하기도 한다. 누적곡선(Accumulation Curve)과 풍부도(Richness Estimator)는 전체 표본 추출의 결과를 설명하는 데에 이용함과 동시에 표본 추출이 지속될 경우 예상되는 종 풍부도(Species Richness)를 측정하기 위해서 이용된다. 평가수식은 주어진 표본 수에서 종의 총 수를 계산하는 데에 이용할 수 있다.

일부 전통지식 연구자들은 누적 곡선의 개념을 적용하여 표본 크기의 문제를 체계적으로 해결했다. 즉, "다용도" 곡선은 반복적인 인터뷰에서 정보제공자에 의해 확인된 이용의 누적수를 비교할 수 있게 해 준다. 즉, '*Vitex gaumeri* Greenm.' 이라는 나무에 관해 이용의 누적수가 16번의 인터뷰 후에 점근선에 이를 수 있었으나, '*Bursera simaruba* (L.) Sarg.' 은 141번의 인터뷰에도 점근선에 이르기에 불충분했다. 또한, 종 풍부도는 특정 종족에 의해 이용된 식물들에 적용하여, 30번의 인터뷰 후에, 다섯 개의 이용 범주에서 유용한 종의 61%~81%가 분류되었다는 사실을 보고하기도 하였다.

전통지식을 연구하는 사람들은 평가 도구를 세 가지 목적을 위해 사용한다. 첫째, 정보제공자 표본의 크기가 충분한지 확인하기 위해, 둘째, 면담에 근거한 유용한 종의 수를 예측하기 위해 그리고 셋째, 각 종에 대한 분명한 이용의 전체수를 평가하기 위해 사용한다.

3. 통계분석

조사 지역의 전통지식에 대한 통계적 결과를 원한다면, 우선 현지인 중에서 연구에 참여하는 사람이 무작위로 선택되어야 하며, 또한 표본 크기가 충분해야한다. 이때 연구 참여자는 가능하면, 통계적인 독립성을 유지하기 위하여 지역사회의 다른 사람들과 격리시켜 인터뷰를 해야 한다. 이 경우, 소수의 특별한 지식을 가진 정보제공자나 혹은 지역의 노인들 그리고 아주 작은 표본 집단은 배제될 수 있다. 일반적으로 현장의 연구 상황은 원래 조사계획에 못 미칠 가능성이 높으며, 통계적으로 정확한 데이터와 논리적 혹은 문화적인 유연성이 서로 상충되거나 모순될 수도 있다.

야외조사에서 면담이 완료되면, 충분한 표본에 의해 얻어진 데이터들은 RCI 지수의 산출을 쉽게 해주고, 통계 분석을 원활하게 하여 가설 검증을 쉽게 한다. 조사된 종류들은 RCI 값으로 등급을 매길 수 있고, 두 종류 간에 중요한 차이점들도 비교할 수 있다. 뿐만 아니라, RCI 값은 식생대들(vegetation zones), 과들(plant families) 혹은 생장형들(growth forms)의 중요성에 대한 검정가설을 비교할 수도 있다.

RCI 데이터의 통계적 분석은 생물의 특성과 생물의 이용 방법 간의 예측적인 관계를 나타내는 데에 이용되기도 한다. 예를 들면, 생물의 빈도, 밀도, 크기, 생장 비율과 생장 양식 등과 같은 요소들을 회귀분석과 변이분석으로 분석할 수도 있다. 이런 분석의 결과는, 조사된 생물의 모든 특성에 대해 중요하고 예측 가능한 "이용가치" 양상을 찾아낼 수 있다. 또한 무작위 기회보다 더 많이 이용된 과(科)를 구별하기 위한 "과별 이용 가치(FUV = Family Use Value)" 도 있다.

일반적으로 주요인분석(Principle Components Analysis)과 판별분석(Discriminate Function Analysis)은 변수간의 복잡한 관계를 밝히는데 사용된다. 좋은 예로 특정 인구학적 그룹과 "이용가치" 경향 사이의 연관관계를 찾기 위해 PCA 분석을 이용하기도 한다. 마찬가지로 유용한 생물의 이용 빈도와 사회학적인 요소간의 관계를 찾기 위해 다중상관관계(Multiple correlation)와 회귀분석(Regression Analysis)을 이용할 수도 있다.

4. RCI 지수의 종류와 적용

지금까지 다양한 논문들에서 적용되어 분석을 이용된 전통지식의 정량적인 분석으로 "연구자의 집계에 의한 언급된 이용의 합계", "연구자가 점수를 부여한 주관적인 정리", "정보제공자의 집계에 의한 지역사회의 이용 의견 결집도" 그리고 "정보제공자가 점수를 부여하여 정리한 지역사회의 이용 의견 결집도" 등을 중심으로 나누어 살펴본다.

(1) 연구자의 집계에 의한 언급된 이용 합계(UT = Use Totaled)

이용합계는 전통지식을 양적으로 평가하는 데에 있어서 가장 먼저 이용된 것으로, 각 종류에 대한 알려진 모든 용도의 간단한 합계이다. 조사 방법상으로는 지역사회 내에 정보제공자와 같이 하는 생물탐색이나 혹은 면담에서 언급된 모든 이용을 기록하는 것을 말한다. 언급된 이용은 이용범주에 나누어 기록된다. 이때 이용 횟수는 합산되고 등급이 매겨진다. 한 분류군의 유사 이용에 대한 편중을 제거하려면, 범주를 제한하여야 한다.

이용 합계에서는 서로 다른 이용들에 대한 상대적인 중요도를 구분하지 않고, 가장 "중요한" 분류군은 언급이 가장 많이 된 종류이다. 하지만, 특정 이용범주 내에서 중요한 생물들의 비율을 계산할 수도 있다. 이 방법은 최소한의 데이터 량이 수집되어도 되기 때문에, 다른 방법에 비하여 야외조사 시간이 덜 소요되며, 문헌 고찰만으로도 조사를 할 수 있다.

그러므로 연구자들은 이용 합계가 통계적 연관성 및 가설 검증의 측면에서 효용성이 매우 낮다는 사실과, 명확성이 부족하고 중요도는 조사의 강도에 따라 달라질 수 있는 결함을 가지고 있음을 알아야 한다. 또한, 이 방법은 데이터가 정보제공자 개개인을 기록하지 않기 때문에 문화 내부의 변화를 파악하기 어렵다. 그리고 결정적으로 현재와 과거의 용도 차이, 이용의 빈도 그리고 상대적인 중요도 등과 같은 문화적 중요도가 무시되는 단점이 있다.

이용 합계에서 범주는 이용성, 분류군 혹은 식생 형에 의해서 결정된다.

$$UT = \Sigma \; Uses_{Species(i)}$$

(2) 연구자가 점수를 부여한 주관적인 정리

이 방법은 "이용합계" 방법에 의해 얻어진 데이터에 점수 또는 순위를 부여하는 것이다. 연구자는 실제적인 지식과 경험에 따라 분류군에 대한 각 이용 범주에 점수를 줌으로써 주요 이용과 소수 이용으로 구분할 수 있다. 좋은 예로 아마존에서 문화적으로 서로 다른 집단에 적용되었던 이용범주를 이용하여 주요 이용에 1점, 소수 이용에 0.5점의 가중치를 더하여 조사지역의 헥타르 당 유용한 식물의 비율을 밝혀낸 연구도 있다.

문화적 중요 지수(CSI = Cultural Significance Index)는 여러 요인에 연구자가 결정한 점수변수 순위를 매김으로써 중요성을 계산한다. 예를 들면, 이용의 강도와 질에 따라 단계별로 점수를 주는데, 이용의 선호도나 혹은 배타성에 근거하여 2, 1 또는 0.5점의 점수를 부여한다. 여기서 주관성을 줄이기 위해서는, 종의 관리, 선호도, 이용 빈도 등을 2점 척도로 수정하기도 한다. 민족지적, 질적인 연구에서 CSI 방법으로 좋은 결과를 얻기 위해서는 상당한 경험과 지역 사회와의 친밀한 관계가 필수적이다.

이렇게 연구자가 주관적으로 점수를 주어 배정하는 방법은 현장에서 시간을 절약할 수 있고 "이용 합계" 방법 보다 더 정교한 데이터를 얻을 수도 있다. 그러나 중요성 및 범주의 정도가 연구자의 평가에만 의존하기 때문에 연구자에게 편견이 개입될 여지가 크며, 정보제공자의 반응은 따로 기록되지 않기 때문에 정보제공자 변이성을 분석할 수 없다는 단점이 있다.

① 이용가치(UVs = Use Value)

종의 "이용가치"는 각 이용에 따라 연구자가 배정한 점수의 합이다. 주요 이용은 1점을 매기는 반면에 소수 이용은 0.5 점을 매긴다. 이용은 구체적인 용도를 의미하는 것이 아니라 이용 범주(건축이나 음식 같은)를 의미한다.

$$UVs = \sum_{i}^{n} Uses_{UseCategory(i)}$$

② 문화 중요성의 지수(ICS = Index of Cultural Significance)

각 생물 종에 대해 언급된 모든 이용에 점수 1부터 n까지를 배정한다. 각 이용에 대한 점수는 중요도에 대한 이용의 질, 강도 그리고 독점성 등과 같은 세 가지 순위 정도에서 산출된 점수를 곱하여 결정된다.

q = 이용의 질 [중요 자원(5)부터 거의 알려져 있지 않음(0)]

i = 이용의 강도 [높음 (5), 낮음(0)]

e = 이용의 독점성 [대체가 가능한지?, (2)-(1)-(0.5)]

$$ICS = \sum_{i=1}^{n} (q * i * e)$$

③ 문화적 중요성에 대한 지역사회 지수(EICS = Ethnic Index of Cultural Significance)

특정 목적(p/u)에 이용되는 생물 부위 혹은 전체 이용 수의 합을

i = 이용의 강도

e = 이용의 독점성(최소한 한 정보제공자가 선호하면 2점,
언급되지 않으면 1점),

그리고 c = 현재 이용성(현재 이용되면 2점, 그렇지 않으면 1점)과 곱한다.

$$EICS = \sum_{i=1}^{n} (p/u * q * i * e)$$

④ 문화적 중요 지수(CSI = Cultural Significance Index)

주관성을 줄이기 위해 두 가지 이용 등급과 의견결집에 대한 이전 지수를 합해서 만든 수식이다.

i = 생물 종류의 관리 여부[비관리 상태(1) 또는 관리 상태(2)]

e = 이용의 선호도[선호하지 않거나(1) 선호하는(2)]

c = 이용의 빈도[드물게 사용(1) 또는 빈번히 사용(2)]

CF = 보정 계수[주어진 생물 종류에 대한 언급된 횟수를 가장 많이 언급된 생물 종류를 언급한 수로 나누는 것]

$$CSI = \sum_{i=1}^{n} (i * e * c) * CF$$

(3) 정보제공자의 집계에 의한 지역사회의 이용 의견 결집도

이용가치를 고려하는 정량적인 방법은 일반적으로 전통지식의 조사에서 편견을 배제하고자 하는 연구자들에게 관심이 많다. 정보제공자의 의견 결집도(Informant Consensus)를 결정하는 방법은 이전에 논의되었던 방법들보다 많은 데이터가 필요하다. 각 생물의 언급은 개별적으로 언급된 건수로 정리되고, 동일한 생물과 동일한 정보제공자는 다수의 건수로 정리한다. 초기 데이터 수집에서는 단순히 수량만 파악하고, 언급된 이용 수는 순위를 매기지 않는다. 언급된 이용 수는 각 정보제공자 별로 합산되고 언급된 총 수로 나누어 계산한다. 마지막으로 종의 이용 가치는 각 정보제공자가 부여한 종의 이용 가치의 합을 주어진 종에 대해 면담을 한 정보제공자 전체 수로 나누어 산출한다.

정보제공자의 의견 결집도는 지난 13년 동안 다른 어떤 RCI 지수보다 많이 이용되어 왔지만, 다음과 같은 몇 가지 한계가 있다.

- 인용된 이용의 평균적인 수만을 분석하기 때문에 중요도가 구분되지 않는다. 따라서 두 가지 용도로 언급된 희귀한 생물이 한 가지 용도로 언급되었지만 선호도가 매우 높은 생물보다 더 중요하게 평가될 수 있다.
- 최고치를 한정하지 않는 집계에서는 단일 범주 용도를 가진 생물들

의 이용 가치가 부풀려진다.

- 언급된 이용과 관찰된 이용을 구분할 수 없다.
- 결과가 생물의 중요성 자체에 관한 것보다 사람의 지식 구조에 관하여 더 많은 것을 알려줄 수 있다.

정보제공자에 의한 의견 결집도를 산출하는 또 다른 방법은 아래와 같다.

1) 충실도(FL = Fidelity Level)는 주어진 목적에 대한 생물 종의 중요성을 정량화하는 것으로 동일한 주목적에 대한 한 종의 이용을 언급한 정보제공자의 수와 종에 대한 다른 이용을 언급한 정보제공자의 전체 수의 비율로 계산한다.

Ip = 특정한 용도에 생물을 언급한 정보제공자의 수

Iu = 어느 용도든지 해당 생물을 언급한 정보제공자의 총 수

RPL(Relative Popularity Level) 값은 0~1 사이의 수

FL = Ip / Iu * 100%

ROP = FL * RPL

2) 이용 가치(UV_{is} = Use Value)

① 한 정보제공자의 종 이용가치(UV_{is} = Species Use-Value for one informant)

주어진 생물 종에 대해 언급한 생물 이용의 횟수의 총계를 언급된 횟수로 나눈다.

U_{is} = i라는 정보제공자가 s라는 생물 종에 대한 언급한 이용 수

n_{is} = 정보제공자 i가 식물 종 s의 이용에 대해 인용한 건 혹은 가지의 수

$$UV_{is} = (\Sigma\ U_{is}) / (n_{is})$$

② 정보 제공자 전체가 가지는 한 종류의 종 이용가치(UVs = Species use Value : for one species across all informants)

생물 종에 대한 정보제공자 이용 가치를 합하고 이를 정보제공자의 전체 수로 나눈다.

n_i = 생물 종 s에 대해 면담한 정보제공자의 전체 수

$$UV_s = (\Sigma\ UV_{is})\ /\ (n_i)$$

③ 과 이용가치(FUV = Family Use Value)

주어진 한 과내의 모든 생물 종에 대한 UV를 합하고 ns로 나눈다.

n_s = 주어진 한 과 내의 생물 종의 전체 종류 수

$$FUV = \Sigma\ UV_s\ /\ (n_s)$$

④ 상대적 이용 가치(RUV_i = Relative Use Value)

모든 정보제공자들 사이의 평균적인 지식에 비하여 한 정보제공자가 얼마나 많은 생물의 이용을 알고 있는지 측정하는 표준화된 방법이다.

n_i = 두 명 혹은 그 이상의 정보제공자로부터 데이터가 얻어진 종류의 의 수

$$RUV_i = \Sigma\ (UV_{is}/UV_s)\ /\ n_i$$

3) 전체 이용 가치(OUV = Overall Use Value)는 각 종으로부터 이용된 식물 부위의 수를 고려한다.

① 보고된 이용 가치(RU = Reported use Value)

각 식물에 대해 보고된 이용의 총 수이다. 이는 각 정보 제공자당 종 언급 건 수 혹은 가지 수는 항상 하나인 것(면담은 반복하지 않음)만 제외하면 UV_{is} 와 같다.

$$\mathrm{RU} = \sum_{i}^{n} Species_i$$

② 식물 부위에 대한 보고된 이용가치[RU = Reported Use Value(per plant part)]

각 식물 부위를 언급한 이용 수

$$\mathrm{RU}_{PlantPart}$$

③ 식물 부위 가치(PPV = Plant Part Value)

각 식물 부위에 대해 보고된 전체 이용 수와 주어진 식물에 대한 전체 이용 수의 비율이다.

$$PPV = \Sigma\ \mathrm{RU}_{(PlantPart)}\ /\ \Sigma\ RU$$

④ 보고된 특별한 용도(SU = Specific Reported Use)

정보제공자에 의해서 보고된 특별한 용도의 횟수(데이터를 이용범주로 나룰 때 이용됨)

⑤ 종내 이용가치(IUV = Intra-specific Use Value)

주어진 식물 부위에 대한 보고된 용도 수와 특별한 용도 수의 비

$$IUV = \Sigma\ SU_{(PlantPart)}\ /\ \Sigma\ \mathrm{RU}_{(PlantPart)}$$

⑥ 전체 이용가치(OUV = Overall use Value)

한 군의 식물들 내에서 용도들의 비교와 등급을 매길 수 있다(다양한 방법으로 계산할 수 있다).

$$OUV = PPV * IUV$$

4) 돌출 가치(SV = Salience Value)는 자유 응답식 면담 과정에서 정보제공자에 의해 언급된 종의 순서와 빈도에 근거하여 중요성을 추론한다.

5) 문화적이고 실질적이며 경제적인 가치는 경제적인 평가와 이용의 현실성을 구분하기 위하여 사용한다.

① 문화적 가치 지수(CVe = Cultural Value Index)

e = 민족종(Ethnospecies : 증거표본이 분류학적인 정명이 아닌 종류)

Uc_e = 민족종에 대해 보고된 이용의 수(자유 응답식 면담에서)를 이용 범주의 전체 수로 나눈 값

Ic_e = 유용한 종으로 기록한 참여자의 수를 참여자의 전체 수로 나눈 값

$\Sigma\ IUc_e$ = 민족종의 이용을 언급한 참여자의 수를 참여자의 전체 수로 나눈 값

$$CV_e = Uc_e * Ic_e * \Sigma\ IUc_e$$

② 실질 가치 지수(PVe = Practical Value Index)

Up_e = 민족종에 대해서 보고된 이용의 수를 이용 범주의 전체 수로 나눈 값

Ip_e = 민족종의 이용을 위해 가정에 가져온 횟수를 참여자의 전체 수로 나눈 값

DUp_e = 가정에 가져온 각 종류들에 대한 이용 기간의 배정

$$PV_e = Up_e * Ip_e * DUp_e$$

③ 경제적 가치 지수(EVe = Economic Value Index)

Oe_e = 민족종을 가정에 가져온 횟수

Pe_e = 시장 가격에 준한 민족종의 가격이나 혹은 식물 종을 얻기 위해

걸리는 시간에 평균 하루 임금을 곱한 값

$EV_e = Oe_e * Pe_e$

④ 종합 가치 지수(Ve = Total Value Index)

민족종의 복합적 지수를 알아보기 위해 세 지수를 합한 값

$V_e = CV_e + PV_e + EV_e$

위의 각 방법들은 각기 다른 방법으로 중요성을 찾아내기 위해 시도했지만, 인용 빈도가 중요성의 지표라는 가정은 공통적이었다. 실제 이용과 언급된 이용은 동일한 중요지수를 나타내지 않을 수 있음을 고려하는 것이 중요하다. 실제 이용은 계절, 자원 부족, 나이, 성별, 전통, 재배관리, 지식의 손실과 문화적 손실에 의해 영향을 받을 수 있다. 대다수 정보제공자들은 현재와 과거, 잘 알려진 것과 그렇지 않은 것, 개인적인 지식과 전해들은 이용을 자유롭게 섞어 사용한다. 의견 결집도는 직접적으로 생물에 대한 인식이나 선호도를 담아내지 않고 또한 실제 이용과 잠재적인 이용을 구분하지 않는다.

(5) 정보제공자가 점수를 부여하여 정리한 지역사회의 이용 의견 결집도

전통지식에 대한 초기의 양적 연구의 결과로, 연구자들은 정보제공자들이 문화 중요성을 결정하는 가장 적합한 사람임을 인식하여, 가장 이상적인 문화적 중요성의 평가는 전통문화 내에서 생활하는 원주민 자체에서 이루어져야 한다는 사실을 인정하게 되었다. 이용의 중요성을 분류하는 연구자들 보다 정보제공자의 판단을 중요하게 생각하는 4 가지 방법은 다음과 같다.

1) 정보제공자 점수(IS_s = Informant score)는 위 "(3) 정보제공자의 집계

에 의한 지역사회의 이용 의견 결집도” 편에서의 이용 가치와 비슷하지만 정보제공자가 만들어낸 점수는 “(2) 연구자가 점수를 부여한 주관적인 정리” 편에서의 결정되는 점수와 비슷하다.

정보제공자는 생물 종류의 중요성을 각 이용범주마다 0.5(사용 가능하지만 차선책), 1(적당함), 1.5(근접하고 적합한) 등으로 평가한다. 언급에 대해 이러한 점수들을 0~7.5 범위 내에서 더해지고, 반복된 언급 횟수의 평균 점수(ISis)는 모든 정보 제공자의 평균 이용가치로 계산된다.

$$IS_s = (\Sigma\ IS_{is})\ /\ (n_i)$$

2) 선택 가치($CV_{species\ 1}$ = Choice Value)는 특정 이용에 대한 상대적인 선호도를 측정하기 위해 대체 종류를 고려한다. 선택 가치는 0부터 100까지 등급이 매겨지는데, 100은 완벽한 선호도 혹은 대체 종류가 없다는 의미이다.

Pc_s = 종 1에 대한 대체 범주를 언급한 정보제공자의 비율을 모든 정보제공자에 의해서 대체 범주로 언급된 전체 종류의 수인 Sc 나눈 값

$$CV_{species\ 1} = P_{cs}\ /\ S_c$$

3) 중요 가치(IV_s = Importance Value)는 가장 중요한 종류로 여기는 정보제공자의 비율을 측정한다. 가치 지수의 범위는 0에서 1까지로 산출된다.

n_{is} = 종 s를 가장 중요한 종류로 생각하는 정보제공자의 수

n = 정보제공자의 총 수

$$IV_s = n_{is}\ /\ n$$

4) 약식 정보제공자 순위(RIR_{taxon} = Rapid Informant Rank)는 정보제공자가 지난 10년간 숲에서 수확한 가장 중요한 종 10개의 목록과 순위를 물어 보아 결정한다.

각 정보제공자는 지난 10년간 수확한 가장 중요한 분류군 10가지를 중요도 순으로 기록한다. 등급은 점수로 변환시킨다(예를 들면, 등급 1은 10점을 줌).

T_m = 남성에 의해 한 종류에 주어진 점수의 합

n_m = 남성 응답자의 수

T_f = 여성에 의해 한 종류에 주어진 점수의 합

n_f = 여성 응답자의 수

$$RIR_{taxon} = \frac{1}{2}\left(\Sigma\ \frac{T_m}{n_m} + \Sigma\ \frac{T_f}{n_f}\right)$$

제7장 조사결과의 유효 공표

전통지식의 유효 공표는 나고야의정서의 발효와 함께 국제적으로는 물론이고 국내에서도 가장 중요한 쟁점이 될 것이 분명하다. 유효 공표는 무형의 지식이 등기부에 기재됨으로써 유형의 자산으로 변하는 과정이므로 국내외적으로 관심을 가질 수밖에 없다.

이를 문헌 전통지식과 구전 전통지식으로 나누어 살펴보았다.

1. 문헌 전통지식

문헌에 기록되어 전해져 내려오는 전통지식의 경우, 그 선행성을 입증 받아 해당 전통지식에 대한 실효권이 있는 유효 공표로 인정받기 쉬울 수 있다.

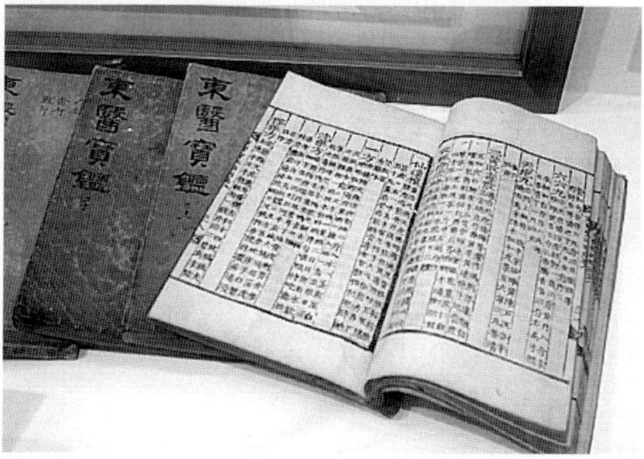

그림 221. 동의보감(25권 25책, 보물 제1,085호, 세계기록유산 등재)

물론, 확실한 고유성을 가지는 문헌들은 문제가 없지만, 그렇지 못한 한의학 관련한 문헌에 실린 전통지식들은 특히 중국과의 관계에서 많은 다툼이 예상된다.

2. 구전 전통지식

문헌 전통지식에 비하여, 구전 전통지식은 이러한 부분에서 상대적으로 한결 자유롭다.

나고야의정서에서도 문헌 전통지식 보다는 구전 전통지식을 우선하는 것이 이러한 이유일 것이다.

구전 전통지식의 경우는 나고야의정서에 명시된 토속사회 혹은 지역사회(indigenous or local community)가 어떤 범위를 가지냐에 따라 국가별 혹은 국내에서도 그 위상이 크게 달라질 수 있다.

그림 222. 유전자원 접근 및 이익 공유(ABS)에 관한 나고야의정서가 채택된 제10차 생물다양성협약 당사국총회(COP10)

그러나 변치 않고 중요한 점은, 구전 전통지식은 지역사회 주민들이 공유하고 있는 지식이라는 점이 명확하게 나타나야 한다는 것이다.

이렇게 지역사회가 공유하고 있는 전통지식임을 증명하는 방법은 조사방법도 전수조사에 기반하여 충분한 조사가 이루어져야하지만, 지역사회를 이루는 주민들의 전체적인 인식 정도와 이를 검증한 자료를 명확하게 제시하는 것이 좋다. 이러한 방법은 앞서 지역사회 전통지식의 과학적 발굴에서 누차 강조하였으니 참고하기 바란다.

(1) 나고야의정서의 지역사회

나고야의정서가 발효되는 시점임에도 불구하고 의정서에서 가장 중요한 개념이기 때문에 정의를 내리는 데에 가장 유의해야 될 "지역 사회"의 개념에 대해 관심이 없는 것이 사실이다.

이러한 상황이 초래된 배경에는 우리 민족이 단일민족이라는 생각이 저변에 깔려있기도 하거니와 그렇기 때문에 지역사회별로 전통지식이 없을 것이라는 생각이 지배적이어서 그렇지 않나 싶다.

이와 더불어 지역사회는 여타 다른 조건이 없어도 규정하기 매우 어려운 경계를 가지고 있으므로, 전통지식과 연관하여 정의를 한다는 것은 더욱 어려워 쉽게 결론을 내릴 수 없을 것이라는 점도 기여했을 것이다.

어떠하든지, 지역 사회에 대한 규정은 될 것이며, 이에 준하여 이익 공유나 기타 국제적인 이해관계에서는 각 국가의 지역사회의 전통지식을 존중해 주는 방향으로 하되 상대가 있을 경우 상호간의 협의에 의해서 이익 공유가 되어야 함이 규정될 것으로 생각된다.

(2) 한국의 지역 사회

나고야의정서의 발효와 더불어, 국제적인 흐름에 대비하여, 하루속히 우리나라에 적용될 지역사회에 대한 정의와 분석이 이루어져야 한다.

한국에는 엄밀한 의미에서 토속사회는 존재하지 않고 지역사회만이 존재한다고도 볼 수 있다.

원래 한국의 지역 사회는 취락구조로 볼 때, 국토의 3면이 바다에 접해 있으면서도 논농사와 밭농사 지역도 있어서, 어촌, 농촌 및 산촌 등으로 뚜렷이 나누어졌었다.

그러나 이러한 지역사회는 급격한 산업화와 도시화를 겪으면서 규정하기 힘든 복합적이고 다층적인 구조로 급격하게 변하고 있다.

이러한 영향은 인구의 다양한 이동을 가져와 지역사회의 내외부가 크게 움직이는 동적인 상황이 지속되고 있다.

물론, 이와 반대로 산간 오지나 혹은 외진 도서 지방의 경우, 노인층만이 남아 정적인 상태가 유지되고 있는 지역사회도 있다.

전통지식의 관점에서 한국 지역사회를 보면, 전통지식의 분포가 지역사회 간에 점이적으로 나타나는 경우도 많지만, 전통지식 별로 산포되어 있는 경우도 상당히 나타나고 있다.

그러므로 연구자들은 지역사회의 특성을 예단하지 말고, 반드시 조심스럽게 예비조사를 거치고 본 조사에 임하는 것이 바람직하다.

3. 구전 전통지식의 유효 공표

구전 전통지식이 유효 공표 되어야 하는 것은, 전통지식 그 자체로는 지식재산권을 행사할 수 없는 비특허 자료에 해당되므로 추후 특허화할 때 선행성을 확보하기 위하여 반드시 필요한 과정이다.

따라서 가장 중요한 것은 발굴된 전통지식이 지역사회의 주민들이 공유하고 있는 지식이어야 하며, 이는 공유의 정도, 충실도와 신뢰성 등이 평가되어 입증되어야한다.

이렇게 지역사회에서 공유되고 있는 지식이라는 개념이 없이 그냥 채록하여 발표하면, 유효한 것으로 간주될 수 있다고 생각하는 사람이 대부분이나, 이는 나고야의정서의 의미를 제대로 파악하지 못한 것이다.

이런 생각을 하고 있는 사람들은 나고야의정서에서 밝히고 있는 전통지식은 지역사회의 전통지식이지, 특정 개인이 소유하고 있는 지식을 말하고 있지 않다는 점을 정확하게 이해를 못하고 있다는 것이다.

다시 말하면, 해당 전통지식이 실용화나 혹은 산업화되어 소유권에 대한 분쟁이 생겼을 때에 지역사회의 전통지식이라는 점이 명확하게 정리되어 있지 않으면, 소유 범위, 즉 소유의 당사자가 불명확해지기 때문에, 이익공유에 많은 문제를 노정시킬 수 있다는 것이다.

이러한 점은 전통지식의 과학적 발굴에 자세히 설명되어 있으니 참고하기 바란다.

(1) 학회 논문 발표

지역 사회에서 발굴된 전통지식을 미래의 지식 재산화에 대비하여 유효하게 대비할 수 있는 공표로는 국내외의 관련 학술논문을 통한 것이 제일 좋은 방법이다. 특히, 한글로 발간되는 국내 논문의 경우는 영문화한 뒤 공표되어야 하지만, 국제적으로 널리 알려져 있고, 영문으로 출판되는 학술잡지에 발표하면, 일석이조의 효과를 얻을 수 있다.

즉, 우선은 한국 지역 사회의 고유한 구전 전통지식을 국제적으로 알리는 효과가 있어, 외국인들이 한국 지역 사회의 전통지식을 자신들의 지적자산으로 하는 사태를 막을 수 있다.

두 번째의 효과는 논문에 실린 전통지식들은 논문 자체가 치밀한 심사를 거쳐 게재가 되었으므로 국제사회에서 정당한 유효 공표로 자연스럽게 인정받을 수 있다는 점이다.

(2) 기타 발표

학회지 이외에, 저서, 연구보고서, 그리고 중앙정부와 지방자치단체에서 발간되는 관련 잡지 등에도 발표될 수 있다.

이 경우, 발굴된 전통지식을 대중이 인지할 수 있는 것이어야 하고, 앞서서도 그 중요성을 여러 번 밝혔지만, 지역사회의 전통지식임을 입증하는 절차를 거쳤다는 자료를 첨부하여야하는 것이 필수적이며, 가능하면 영문화하여 국제적으로도 공표하여야 국제적인 분쟁을 막을 수 있다.

(3) 특허청과 연계

유효 공표된 지역사회의 전통지식들은 특허청의 Database와 연계하여 다른 나라의 관계자들도 자국의 특허를 심사할 때 참고할 수 있도록 Database화해야 한다.

이렇게 했을 때, 한국 고유의 지역사회의 전통지식이 외국인에 의해서 특허로 등록되는 일을 선제적으로 막을 수 있게 된다.

그림 223. 한국 전통지식 포탈 사이트(http://www.koreantk.com)

참고문헌

Alcorn, J. B. 1981. Huastec noncrop resource management: implications for prehistoric rainforest management. Human Ecology 9: 395-417.

Alcorn, J. B. 1989. Process as resource: the traditional agricultural ideology of Bora and Huastec resource management and its implications for research. *In*: Posey, D. A. and Balee, W. (eds) Resouce Management in Arizona: Indigenous and Folk Strategies (Advances in Economic Botany 7). New York Botanical Garden, New York. pp. 63-77.

Aumeeruddy, Y. (n,d.), 1993. Agroforêts et aires de foretes protégées. Representations et practiques agroforestières paysannes en périphérie du Parc National Kerinci Seblat, Sumatra, Indonésie. Doctorial Thesis, Université de Montpelier II, France.

Balée, W. 1989. Nomenclatural Patterns in Ka' apor ethnobotany. Journal of Ethnobiology 9(1): 1-24.

Balée, W. and Gély, A. 1989. Managed forest succession in Amazonia: the Ka' apor case. *In*: Posey, D. A. and W. Balee, Resource Management in Arizona: Indigenous and Folk Strategies (Advances in Economic

Botany 7). New York Botanical Garden, New York. pp. 129-158.

Balick, M. J. 1984. Ethnobotany of palms in the neotropics. *In*: Prance, G. T. and Kallunki, J. A. (eds) Ethnobotany in the neotropics (Advances in Economic Botany 1). New York Botanical Garden, New York. pp. 24-33.

Banack, S. A. 1991. Plants and Polynesian voyaging. *In*: Cox, P. A. and Banack, S. A. (eds) Islands, plants and Polynesians: An introduction to Polynesian Ethnobotany. Dioscorides Press, Portland, Oregon. pp. 25-40.

Barley, N. 1983. The Innocent Anthropologist, Notes from a Mud Hut, Henry Holt, New York.

Bartlett, H. H. 1929. Color Nomenclature in Batak and Malay (Papers of Michigan Academy of Science Arts and Letters) 10: 1-52.

Beck, W. 1992. Aboriginal preparation of Cycas seeds in Austrailia. Economic Botany 46: 133-147.

Berlin, B, Breedlove, D. E. and Raven, P. H. 1974. principles of Tzeltal Plant Classification, Acadmic Press, New York and London.

Berlin, B. 1984. Contributions of native American collectors to the ethnobotany of the neotropics. *In*: Prance, G. T. and Kallunki, J. A. (eds) Ethnobotany in the neotropics (Advances in Economic Botany 1). New York Botanical Garden, New York. pp. 34-40. Berlin, B. 1992. Ethnobiological Classification: Principles of Categorization of Plants and animals in traditional societies. Princeton university Press, Princeton.

Bonet, M. A., Vallès, J. 2007. Ethnobotany of Montseny biosphere reserve (Catalonia, Iberian Peninsula): Plants used in veterinary medicine.

Journal of Ethnopharmacology 110: 130-147.

Boster, J. S. 1980. How exceptions prove the rule: An analysis of informant disagreement in Aguaruna Manioc classification. Unpublished PhD dissertation, University of California, Berkeley.

Boster, J. S. 1984. Classification, cultivation and selection of Aguaruna cultivars of *Manihot esculenta* (Euphorbiaceace). *In*: Prance, G. T. and Kallunki, J. A. (eds) Ethnobotany in the neotropics (Advances in Economic Botany 1). New York Botanical Garden, New York. pp. 34-47.

Boster, J. S. 1985. Requiem for the omniscient informant: there' s life in the old girl yet. *In*: Dougherty, J. (ed) Directions in Cognitive Anthropology. University of Illinois Press, Champaign, Illinois. pp. 177-198.

Brand, J. C. and Cherikoff, V. 1985. The nutritional composition of Australia aboriginal food plants of the desert regions. *In*: Wickens, G. E., Good, J. R., and Field, D. V. (eds) Plants for Arid Lands. Unwin Hyman, London. pp. 53-68.

Brim, J. A. and Sapin, D. H. 1974. Research design in Anthropology: Paradigms and Pragmatics in the testing of Hypotheses, Holt, Rinehart and Winston, New York.

Burch E. S. and Ellanna, L. J. 1994. Key issues in Hunter- Gatherer Research. Berg Publishers inc., Oxford.

Burger, J, 1990. The Gaia Atlas of First Peoples: A Future for the Indigenous World. Robertson MaCarta Ltd, London.

Chambers R., Pacey, A. and Thrupp, L. A. 1989. Farmer First: Farmer Innovation and Agricultural Research. Intermediate Technology

Publications, London.

Concar, D. 1994. How to burn a wilderness. New Scientist 144 (1949): 48-52.

Conklin, H. C. 1954. An ethnoecological approach to shifting agriculture. Transactions of the New York Academy of Science 17: 133-142.

Cotton, C. M. 1996. Ethnobotany: Principles and Applications. John Wiley and Sons. Chichester.

Cox, P. A. 1994. The ethnobotanical approach to drug discovery: strengths and limitations. *In*: Chadwick, D. J., Marsh, J. (eds) Ethnobotany and the Search for New Drugs (Ciba Foundation Symposium 185). Wiley, Chichester. pp. 25-36.

Densmore, F. 1974. How Indians use Plants for Food, Medicine and Crafts. Dover Publications Inc., New York.

Dialla, B. E. 1994. The adoption of soil conservation practices in Burkina Faso. Indigenous Knowledge & Development Monitor 1(3): 17-18.

Drinkwater, M. 1994. Knowledge, consciousness and prejudice: adaptive agricultural research in Zambia. *In*: Scoones, I. and Thompson, J. (eds) Beyond farmer first: Rural people' s knowledge, agricultural research and extension practice. Intermediate Technology Publications, London. pp. 32-41.

Edwards, D. A., Josephson, S. C. and Brenner, C. J. 1994. Burkina Faso-herdsmen and Optimum foraging Theory: a reconsideration. Human Ecology 22: 213-217.

Efron, D. H., Homstedt, B. and Kline, N. S. 1967. Ethno-pharmacologic Search for Psychoactive Drugs. Raven Press, New York.

Ellen, R. F. 1994. Putting plants in their place: anthropological approaches to understanding the ethnobotanical knowledge of rainforest populations. Presentation, UBD-RGS Conference.

Farnsworth, N. R. 1990. The role of ethnopharmacology in drug development. *In*: Chadwick, D. J., Marsh, J. (eds) Bioactive Compounds from plants (Ciba Foundation Symposium 154). Wiley, Chichester. pp. 42-51.

Frechione, J., Posey, D. A. and Silva, F. D. 1989. The perception of ecological zones and natural resources in the Brazilian Amazon: an ethnoecology of lake Coari. *In*: Posey D. A. and Balee, W. (eds) Resource Management in Arizona: Indigenous and Folk Strategies (Advances in Economic Botany 7). New York Botanical Garden, New York. pp. 260-282.

Goody, J. 1993. The Culture of Flowers. Cambridge University press, Cambridge.

Gould, R. A. 1982. To have and have not: the ecology of sharing among hunter-gatherers. *In*: Williams, N. M. and Hun, E. S. (eds) Resource Managers: North American and Australian Hunter-gatherers. Australian Institute of Aboriginal Studies, Canberra. pp. 69-92.

Hadjichambis, A. CH., Paraskeva-Hadjichambi, D., Athena D., Giusti, M. E., Pasquale, C. D., Lenzarini, C., Censorii, E., Gonzales-Tejero, M. R., Sanchez-Rojas, C. P., Ramiro-Gutierrez, J. M., Skoula M., Johnson, C., Sarpaki, A., Hmamouchi, M., Jorhi, S., El-Demerdash, M., El-Zayat, M., Pieroni, A. 2008. Wild and semi-domesticated food plant consumption in seven circum-Mediterranean areas. International Journal of Food Sciences and Nutrition 59(5): 383-414.

Hall, A. L. 1991. Developing Amazonia: Deforestation and Social Conflict in Brazil' s Carajás Programme. Manchester University Press, Manchester.

Haman, O. 1991. The joint IUCN-WWF conservation programme and its interest in medicinal plants. *In*: Akerele, O., Heywood, V. and Synge, H. (eds) Conservation of Medicinal Plants. WHO, ICUN, WWF, Cambridge University Press, Cambridge. pp. 13-22.

Harborne, J. B. 1988. Introduction to Ecological Biochemistry, 3rd edn. Academic Press. London.

Hepburn, G. 1989. Pesticides and drugs from the neem tree. The Ecologist 19: 31-32.

Isman, M. B. 1994. Botanical Insecticides. Pesticide outlook 5: 26-31

Johannes, R. E. 1989. Introduction. *In*: Johannes, R. E. (ed.) Traditional Ecological Knowledge: A Collection of Essays. IUCN, Cambridge. pp. 5-6.

Johnson, M. 1992. Research on traditional environmental knowledge: its development and its role. *In*: Lore: capturing traditional environmental knowledge. Dene Cultural Institute, Forty Hay, Canada. pp. 3-22.

Keesing, R. M. 1981. Cultural Anthropology. 2nd edn. Holt, Rinehart & Winston, Inc., London.

Kim, H. and Song, M. J. 2011a. Ethnomedicinal application of plants in the western plain region of North Jeolla Province in Korea. Journal of Ethnopharmacology 137: 167-175.

Kim, H. and Song, M. J. 2011b. Analysis and recordings of orally transmitted knowledge about medicinal plants in the southern mountainous region of Korea. Journal of Ethnopharmacology 134:

676-696.

Kim, H. and Song, M. J. 2011c. Traditional plant-based therapies for respiratory diseases found in North Jeolla Province, Korea. Journal of Complementary and Alternative Medicine (in press).

Kim, H. and Song, M. J. 2011d. Oral traditional knowledge for the treatment of digestive system diseases investigated in North Jeolla Province, Korea. Journal of Medicinal Plants Research (in press).

Kim, H. and Song, M. J. 2011e. Oral traditional plant-based therapeutic applications for pain relief recorded in North Jeolla province, Korea. Journal of Medicinal Plants Research (in press).

Kim, H., Song, M. J. and Potter, D. 2006. Medicinal efficacy of plants utilized as temple food in traditional Korean Buddhism. Journal of Ethnopharmacology 104: 32-46.

Kottak, C. P. 1991. Anthropology, the Exploration of Human Diversity. 5th edn, McGrew-Hill, New York.

Lebot, V. 1991. Kava (*Piper methysticum* Forst. F). The Polynesian dispersal of an Oceanian plant. *In*: Cox, P. A. and S. A. Banack (eds) Islands, Plants and Polynesians: An Introduction to Polynesian Ethnobotany. Dioscorides Press, Portland, Oregon, pp.169-201.

Levi-Strauss, C. 1966. The Savage Mind, University of Chicago press, Chicago, Illinois.

Ley, S. V. 1990. Synthesis of antifeedants for insects: novel behavior-modifying chemicals from plants. *In*: Chadwick, D. J., Marsh, J. (eds) Bioactive Compounds from Plants (Ciba Foundation Symposium 154). Wiley, Chichester, pp. 80-87.

Lipp, F. J. 1989. Methods for ethnopharmacological fieldwork. Journal of

Ethnopharmacology 25: 139-150.

Ludvico, L. R., Bennett, I. M., and Beckerman, S. 1991. Risk-sensitive feeding behaviour among the Bari. Human Ecology 19: 509-516.

Martin, G. J. 1995. Ethnobotany (A methods manual). Chapman & Ha Co, London. p.xx-xxiv. pp. 95-222.

Maybury-Lewiss, D. 1992. Millennium: Tribal Wisdom and the Modern World. Viking Penguin, New York.

Merculieff, I. 1994. Western society' s linear systems and aboriginal cultures: the need for two-way exchanges for the sake of survival. *In*: Burch, E. S. and Ellanna, L. J. (eds) Key Issues in Hunter-gatherer Research. Berg Publishers Inc. oxford. pp. 405-415.

Millar, D. 1993. Farmer experimentation and the cosmovision paradigm. *In*: de Boef, W., Amanor, K., Wellard, K. Cultivation Knowledge: Genetic Diversity, Farmer Experimentation and Crop Research. Intermediate Technology Publication, London. pp. 44-50.

Moerman, D. E. 1996. An analysis of the food plants and drug plants of native North America. Journal of Ethnopharmacology 52: 1-22.

Moerman, D. E. 1998. Native American Ethnobotany. Timber Press, Inc. U.S.A.

Morris, B. 1976. Whither the savage mind? Notes on the natural taxonomies of a hunting and gathering peoples. Man 11: 542-557.

Nabhan, G. P. 1985. Gathering the Desert. The University of Arizona Press, Tucson, Arizona.

Nabhan, G. P. 1989. Enduring seeds: Native American Agriculture and Wild Plant Conservation. North Point Press, San Francisco, California.

Orlove, B. S. 1980. Biological anthropology. *In*: Siegel, B. J. (ed) Annual Review of Anthropology 9: 235-274.

Parrish, 1994. Indigenous post-harvest knowledge in an Ezyptian oasis. Indigenous knowledge & development monitor 2(1): 7-9.

Pieroni, A., Quavec, C. L., Santorod, R. F. 2004. Folk pharmaceutical knowledge in the territory of the Dolomiti Lucane, inland southern Italy. Journal of Ethnopharmacology 95: 373-384.

Porter, D., Allen, B. and Thompson, G. 1991. Development in Practise: Paved with Good Intentions. Routledge, London.

Posey, D. A. 1990. Intellectual property rights and just compensation for indigenous knowledge. Anthropology Today 6: 13-16.

Posey, D. A. 1994. Ethnobiology and commercial ethics. Presentation, Intecol: VI International Congress of Ecology. Manchester, 21-26 August.

Quansah, N. 1994. Forest conservation and Healthcare Development, Madagascar. Presentation, People and Plants Initiative Annual Reporting and Planning Meeting, Royal Botanic Gardens, Kew, April.

Rhoades, R. 1989. The role of farmers in the creation of agricultural technology. *In*: Chambers, R., Pacey, A. and Thrupp, L. A. (eds) Farmer First: Farmer Innovation and Agricultural Research. Intermediate Technology Publications, London. pp. 3-9.

Richards, P. 1985. Indigenous Agricultural Revolution. Unwin Hyman, London.

Richards, P. 1989. Agriculture as a performance. *In*: Chambers, R., Pacey, A. and Thrupp, L. A. (eds) Farmer First: Farmer Innovation and

Agricultural Research. Intermediate Technology Publications, London. pp. 39-42.

Rocheleau, D., Wachira, K., Malaret, L. and Wanjohi, B. M., 1989. Local knowledge for agroforestry and native plants. *In*: Chambers, R., Pacey, A. and Thrupp, L. A. (eds) Farmer First: Farmer Innovation and Agricultural Research. Intermediate Technology Publications, London. pp. 14-23.

Salas, M. A. 1994. 'The technicians only believe in science and cannot read the sky.' The culture dimension of the knowledge conflict in the Andes. *In*: Scoones, I. and Thompson, J. (eds) Beyond Farmer first: Rural People' s Knowledge, Agricultural Research and Extension Practise. Intermediate Technology Publications, London. pp. 57-69.

Scoones, I. and Thompson, J. 1994. Knowledge, power and agriculture towards a theoretical understanding. *In*: Scoones, I., Thompson, J. (eds) Beyond Farmer first: Rural People' s Knowledge, Agricultural Research and Extension Practice. Intermediate Technology publications, London. pp. 16-31.

Seymour-Smith, C. 1986. Macmillan Dictionary of Anthropology. Macmillan Press Ltd, London.

Sidik. 1994. The current status of jamu and suggestions for further research and development. Indigenous Knowledge & Development Monitor 2(1): 13-15.

Sindiga, I. 1994. Indigenous (medical) Knowledge of the Maasai. Indigenous Knowledge & Development Monitor 2: 16-18.

Soleri, D. and Cleveland, D. A. 1993. Hopi crop diversity and change. Journal of Ethnobiology 13: 203-232.

Trentham, D. E., Dynesius-Trentham, R. A., Orav, E. J., Combitchi, D., Lorenzo, C., Sewell, K. L., Hafler, D. A. and Weiner, H. L. 1993. Effects of oral administration of type II collagen on rheumatoid arthritis. Science 261(5129): 1727-1730.

Ulluwishewa, R. 1993. Indigenous Knowledge, national IK resource centres and sustainable development. Indigenous Knowledge & Development Monitor 1(3): 11-13.

UN. 1993. The Global Partnership for Environment and Development: a Guide to Agenda 21. UN, New York.

Vickery, R. 1985. Unlucky Plants: A Folklore Survey. The Folklore Society, London.

Weller, S. C. and Romney, A. K. 1988. Systematic Data Collection. Qualitative Research Methods Series 10, Sage Publications, Newbury Park, UK.

Western, D. and Dunne, T. 1979. Environmental aspects of settlement site decisions among pastoral Massai. Human Ecology 7: 75-98.

Wilken, G. C. 1987. Good Farmers: Traditional Agricultural Resource Management in Mexico and Central America. University of California Press, Berkeley.

Williams, D. E. 1993. *Lycianthes moziniana* (Solanaceae): an underutilized Mexican plant food with new crop potential, Economic Botany 47: 387-400.

WWF/UNESCO/RBG, Kew, 1993. People and Plants: Ethnobotany and the Sustainable use of Plants Resources. Information Pack, RBG Kew.

김 현, 송미장. 2008. 민족전통식물학. 월드사이언스, 서울.

김 현. 1998. 민족생물학. 아카데미서적. 서울.

김 현. 2009. 자생식물 민족전통학적 이용현황 조사 연구의 사업 보고서. 국립생물자원관.

김 현. 2010. 자생생물의 전통지식 조사 · 연구사업 보고서. 국립 생물자원관.

찾아보기

ㄱ

가설 / 269
강낭콩 / 83
개미 / 95
건축용 / 279
경제 작물 / 103
경제식물학적 연구 / 68
경제적 가치 지수 / 290
계통적 / 130
고자리콩 / 83
공란 기입식 / 179
공시적인(synchronic) 용어 / 44
공식적 / 130
과 이용가치 / 288
과들 / 282
과별 이용 가치 / 282
과학적 발굴 / 209
교차 검정 / 145
구전 전통지식 / 296
구전 전통치료지식 / 210
구전 지식 / 7
구조식 면담 / 131
구조식 상호관계 / 130
굼벵이 / 88
귀무가설(歸無假說) / 271
금작화 / 30
기술용 / 279
기술통계학(記述統計學) / 260
김치 / 112
꽃무지 애벌레 / 88

ㄴ

나고야의정서 / 4
남성 지상주의 / 45
논거미 / 94
놋젓가락나물 / 219
누적곡선 / 281
누적막대도표 / 266
능이 / 90
능이버섯 / 90
님나무 / 100

ㄷ

다각검증법 / 275
다다지 / 93
다마금 / 93
다의성 / 182
다중상관관계 / 282
다학문적 전수조사 / 216
다학문적 조사 / 216
다항목 선택 질문 / 178
단순 채록 / 81
닭뼈곰탕 / 110
대립가설(對立假說) / 271

도토리 / 87
돌출 가치 / 290
동의정도 / 210
땅강아지 / 87
땔감용 / 279

ㅁ

마다가스카르 / 71
막대 도표 / 265
만주점박이꽃무지 / 89
말벌 / 94
면담 / 129, 275
면담 설문 pool / 224
면담자 / 132
목록 / 174
무 / 86
무작위 표본선택 / 134
무형의 지식 / 295
문헌 전통지식 / 295
문헌 지식 / 7
문화 생존 / 73
문화 생태적 이론 / 41
문화 유물론 / 43
문화 중요성의 지수 / 285
문화적 가치 지수 / 290
문화적 선택 / 45
문화적 영향 평가 / 65
문화적 중요 지수 / 284, 285
문화적 중요성에 대한 지역사회 지수 / 285
문화적 터부 / 158
민속 분류 / 255
민속 분류군 / 279
민족생물학 / 205
민족전통과학 지식 / 9
민족전통분류학 / 34
민족전통분류학적 분석 / 34
민족전통생물학 / 68
민족전통생물학적 공예품 / 158
민족전통식물학 / 209
민족전통약학적 조사 / 62
민족전통조류학(民族傳統 鳥類學) / 54
민족종 / 290
민족지적 연구 / 274
민족지학적 기술(民族誌學的 技術) / 129

ㅂ

바스마티 쌀 / 102
반구조식 면담 / 129, 131, 159
반구조식 설문지 / 219
백인과 동양인 / 11
백인과 인디오의 혼혈 / 11
백합 / 29
범주화(類別) / 251
보고된 이용 가치 / 288
보고된 특별한 용도 / 289
본 조사 / 227
불개미 / 95
불결 금기 / 46
비 목재 식물 생산품 / 65

비공식적 / 130
비이버 댐 / 64
비파나무 / 91

ㅅ

사람과 식물을 위한 의제 / 67
사람과 식물을 위한 프로그램 / 66
사우어크라우트 / 112
사전 승인 / 6
사회과학 / 11
사회문화 민족전통생물학 / 29
사회문화적 분석 / 32
사회적 군 / 134
사회학적 변수 / 135
산업화 / 91
삼각검증 / 145
삼자 비교 / 187
상대적 문화 중요성 지수 / 279
상대적 이용 가치 / 288
상징적 분석 / 29
상품화 / 93
생물다양성 / 7
생물다양성협약 / 3
생물산업 / 116
생물상 / 32
생물약탈 / 81
생식질 / 103
생장형들 / 282
생태지리 / 209
서구 과학 체계 / 74
서구 과학지식 / 75
서구지식 / 11
서부 아프리카 위원회 / 61
석이 / 89
선택 가치 / 292
선행성 확보 / 81
선호도 순위 / 131
설 / 269
소수민족 / 122
소재문화 / 11
순위 / 175
식물 부위 가치 / 289
식물 부위에 대한 보고된 이용가치 / 289
식생대들 / 282
식용 / 279
식용식물 / 131
신 치료법 / 117
신뢰성 / 140
신뢰성 검증 / 210
신성한 숲 / 48
신약 개발 / 117
실용특허 / 102
실용화 / 91
실질 가치 지수 / 290
심황 / 99
씨족사회 / 273

ㅇ

아야후아스카 / 104
아유르베다 / 107
아즈텍 문명 / 44

악령처(惡靈處) / 47
알래스카 큰사슴 / 62
야외 일기 / 148
약식 민족지 연구 방법 / 222, 276
약식 정보제공자 순위 / 292
약용 / 99, 279
약용식물 / 122
약의 조제 / 49
약학적 검토 / 96
얌 / 48
양반 벼 / 93
양자 비교 / 195
양적인 접근 / 130
어반미 / 93
에믹 범주 / 251
에틱 범주 / 251
역동성 / 73
염료 / 99
영역 / 249
예비 조사 / 224
옥수수 / 56
왕립 큐 식물원 / 66
왕사마귀 / 88
왕쥐똥나무 / 29
우선 순위 / 65, 183
웅성불임 / 106
원천 기술 / 118
유사성 매트릭스 / 200
유사성(similarity)의 평가 / 175
유용식물 / 71
유전자원 / 5
유전자풀 / 93
유전질(遺傳質) / 56
유형의 자산 / 295
유효공표 / 812, 09, 210
응답자 / 132
의약산업 / 116
이분 선택적 질문 / 178
이용 가치 / 287
이용 범주 / 279
이용가치 / 279, 284
이익 공유 / 4
이행성 / 197
인간 제물 / 44
인구조사 / 137
인디오와 동양인의 혼혈 / 11
인류학적인 연구 / 130
인척 회피 / 46
일일초 / 91
일화성 기록 / 81
일화성 조사 / 217
임상 실험 / 96

ㅈ

자격 / 175
자료 분류 / 131
자연 생태계 / 123
자연 선택 / 43
자연과학 / 11
자원산국 / 5
자원제공국 / 5
자유 기재 / 131

자유 해답식 / 131
자유해답 / 129
적응 / 43
적정 먹이설 / 43
전수조사 / 210
전원인지식(田園人知識) / 10
전체 이용 가치 / 288, 289
전통 식이치료(recipe) / 117
전통 의학 / 71
전통 지식 체계 / 74
전통 치료법 / 71
전통문화 / 209
전통생태지식(傳統生態知識) / 10
전통생태학적인 지식 / 68
전통식물학지식(傳統植物學知識) / 11
전통음료 / 104
전통장날 조사 / 236
전통지식 / 5, 12
전통지식 자료 / 249
전통치료지식 / 122
전호 / 29
전환 분류군 / 39
정량적 방법 / 130
정보 제공자 / 132
정보제공자 점수 / 291
정보제공자의 의견 결집도 / 286
정성적 방법 / 130
정통 의학 / 71
조선족 / 122
종 풍부도 / 281
종교의식 / 104
종내 이용가치 / 289
종려나무 / 29, 30
종합 가치 지수 / 291
종합지식체계(綜合知識體系) / 11
주요 정보 제공자 / 129
주요인분석 / 282
죽나무 / 84
중요 가치 / 292
지구 정상회의 / 76
지식 재산권화 / 81
지역 원주민들의 권리 선언 / 76
지역 전문가 / 129
지역 토착민 / 6
지역사회 / 5, 81
지역사회 전문인 조사 / 234
지역의 상대역 / 132
지의류 / 89
지적재산권 / 259
직접 모형 순위 / 186
질문 / 131
질적인 접근 / 130
집중 면담 / 161
집중 민족지적 면담 / 221, 276
집중 집단 토론 / 221, 276
집중토론 / 275

ㅊ

참여연구 / 64
참여자 / 132
참여자 관찰 / 129

참여적 관찰 / 274
참죽나무 / 84
채록지 / 243
천남성 / 84, 218
천연 방충제 / 83
천연 위장약 / 82
천연방부제 / 89
천연소화제 / 90
촐낭성 / 84
추리통계학(推理統計學) / 260, 271
축어적 반응 / 179
충실도 / 210, 287
측정 단위 / 251
치료의식 / 104

ㅋ

카르타헤나 바이오안정성 의정서 / 4
카리브 연안 프로젝트 / 69
카모밀 / 260
카바 / 103
카사바 / 26, 56, 157
퀴노아 / 105

ㅌ

테오신테 / 93
토속 사회 / 123
토속사회 / 81
토착기술지식(土着技術知識) / 10
토착농업지식(土着農業知識) / 10
토착사회 / 5
통합건강 관리 체계 / 71
특허화 / 92

ㅍ

파이 도표 / 265
판별분석 / 282
평균 회귀율 / 43
표주박 / 56
풍부도 / 281

ㅎ

하늘타리 / 82
학제적인 프로젝트 / 67
한계 가치설 / 43
한계 요인설 / 43
한국 고유 전통지식 / 81
향버섯 / 90
향신료 / 99
향이 / 90
향장용 / 99
향정신성 의약 / 61
현장 확인 조사 / 240
현지인 참여 조사 / 216
현지인 참여조사 기법 / 210
협력자 / 132
협복 / 86
환경 결정론 / 43
회귀분석 / 282

회신 감소의 법칙 / 268
후디아 / 106
흑인과 동양인 / 11

A

ABS / 6
ABS : Access to genetic resources and Benefit-Sharing / 4
Acacia spp. / 25
Accumulation Curve / 281
Aconitum ciliare DC. / 219
adaptation / 43
Afromontane 숲 / 70
agreement level / 210
Agricultural and Processed food Exports Development Authority / 102
Aguaruna 집단 / 157
Aguaruna족 / 54
Aguaruna Jiavaro족 / 56
Ailanthes altissima / 84
Albizia procera (Roxb.) Benth. / 150
Alcorn / 40
alternative hypothesis / 271
anapla kilala 나무 / 150
anecdote investigation / 217
anecdote recording / 81
Antananarivo대학 / 72
Anthriscus sylvestris / 29
Antidesma brunius (L.) Spreng. / 151
APEDA / 102
Apelawa / 106
apug / 151
Areca catechu L. / 151
Arisaema amurense for. *serratum* (Nakai) Kitag. / 84, 218
Aymara / 105
Azadirachta indica / 24
Azadirachta indica A. Juss. / 100
azadirachtin / 26

B

Banisteriopsis caapi (Spruce ex Griseb.) C.V. Morton / 104
Beni 생물 보호구역 / 68
bhindi / 184
biological diversity / 7
biopiracy / 81
Buchnera urticifolia R. Br. / 150
bugnay / 151
bunga area / 151

C

Caboclo / 11
Carajás 개발 계획 / 77
CarajásDevelopment Programmme / 77
Catalonia 지방 / 118
categorization / 251

Catharanthus roseus / 91
Catolaccus grandis / 94
Cedrela sinensis Juss. / 84
census / 137
Chagas병 / 47
chamomile / 260
Chenopodium quinoa Willd. / 105
Chiapa / 253
Chinantec 집단 / 136
Chippewa 인디언 / 21
Cicer arietinum L. / 188
Citrullus colocynthis / 24
COICA / 105
Coicoyan / 155
Comaltepec / 143
competence / 175
Convention on Biological Diversity / 3
convert taxa / 39
Copperbelt / 17
corozo 야자나무 / 47
cross-verification / 145
CSI = Cultural Significance Index / 284, 285
cultural ecological theory / 41
cultural impact assessment / 65
cultural materialism / 43
cultural survival / 73
cultural taboo / 158
Curcuma longa L. / 99
CVe = Cultural Value Index / 290
$CV_{species\ 1}$ = Choice Value / 292

D

Declaration of Indigenous Rights / 76
descriptive statistics / 260
dichotomous question / 178
Dioscorea spp. / 48
Discriminate Function Analysis / 282
documented / 8
Dolawayo 사람 / 169
domain / 249
drug preparation / 49

E

Earth summit / 76
Economic Botany / 27
effective publication / 210
EICS = Ethnic Index of Cultural Significance / 285
El dakhla / 24
emic category / 251
environmental determinism / 43
Eriobotrya japonica / 91
ethnobio-logical artifact / 158
ethnobiology / 205
ethnobotany / 209
ethnography / 274
Ethnopharmacological search /

62
Ethnospecies / 290
ethnotaxon / 279
ethnotaxonomy / 34
etic category / 251
EVe = Economic Value Index / 290
evil spirit homes / 47

F

fauna / 210
fidelity level / 210
fill-in-the-blank format / 179
FL = Fidelity Level / 287
flora / 210
focus ethnographic interview / 221, 276
focus group discussion / 221, 276
focus interview / 161
formal / 130
Formcia yessensis / 95
free-listing / 131
FUV = Family Use Value / 282, 288

G

garifuna / 176
gene pool / 93
genetic resources / 7
germ plasm / 103
germplasm / 56
growth forms / 282
Gryllotalpa orientalis Burmeister / 87

H

Hanunóo족 / 35
Homalanthus nutans / 22
Hoodia gordonii (Masson) Sweet ex Decne. / 106
Hopi 인디언 / 56
human sacrifice / 44
hypothesis / 269

I

IAK / 10
ICS = Index of Cultural Significance / 285
IKS / 11
in-law avoidance / 46
Indigenous agricultural knowledge / 10
indigenous community / 273
Indigenous technical knowledge / 10
inferential statistics / 260, 271
informal / 130
informant / 132
Informant Consensus / 286

Integrated knowledge system / 11
Intellectual Property Rights / 259
interdisciplinary census / 216
interview / 129, 275
inventory / 174
IPR / 259
IS_s = Informant score / 291
ITK / 10
IUV = Intra-specific Use Value / 289
IV_s = Importance Value / 292

J

Jamu / 49
Jua Kali 농부 / 60
Jujun / 146

K

Ka'apor 인디언 / 41
kağwer-rena / 41
kamuti inaswang / 151
kamuti lupaw / 151
Keluru / 171
Kerinci 민족생태학 / 146
Kerinci Seblat 국립공원 / 146
key informant / 129
kingdom / 37
Kung 부시맨 / 106

L

Lagenaria siceraria / 56
law of diminishing returns / 268
Lens culinaris L. / 188
Ligustrum ovalifolium / 29
Lilium spp. / 29
limiting factor theory / 43
Livingston / 176
local communities / 7
local community / 273
local expert / 129
lura pungok / 171
Lycianthes moziniana / 25
líyamlíyam moziniana / 151

M

M. citrata / 34
Maasai족 / 52
mahua / 184
male supremacy / 45
Manihot esculenta / 26, 56
Manihot esculenta Crantz / 157
marginal value theory / 43
mean return rate / 43
Melaleuca alternifolia / 23
Mentha spicata / 34
Mestizo / 11
milpa 농업 / 52
Mindoro / 35
Mixtec 사람 / 155

Montisingloti / 184
Montseny 생물보호구역 / 118
Multiple correlation / 282
multiple-choice question / 178
Musa sapinentum compressa Blco. Teoforo / 151

N

Nagoya Protocol / 5
NAPRALERT database / 27
National Cancer Institute / 22
natural selection / 43
NCI / 22
NGO / 99
Nicotiana tabacum L. / 151
non-timber plant products / 65
Nordeste 프로젝트 / 68
NTPPs / 65
null hypothesis / 271

O

Oaxaca 산악지역 / 133
open-ended / 129, 131
optimal foraging theory / 43
oral / 8
Oryza sativa L. / 102
OUV = Overall Use Value / 288, 289

P

participant observation / 129
participatory observation / 274
participatory research / 64
participatory rural appraisal / 216
Participatory Rural Appraisal Method / 210
People and Plants initiative / 67
People and Plants Programme / 66
Pfizer / 107
Phaseolus vulgaris L. / 188
Phaseolus vulgaris var. humilis Alef. / 83
Philippino / 35
Phyllanthus amarus / 107
Phytopharm / 106
pile-sorting / 131
Piper methysticum Forst. f. / 164
Piper methysticum G. Forst. / 103
Piper nigrum / 108
Pisum sativum L. / 188
plant families / 282
Pohnpei / 168
pollution taboo / 46
polysemy / 182
PPV = Plant Part Value / 289
preference ranking / 131
Principle Components Analysis

/ 282
prostratin / 26
Protaetia mandschuriensis (Schurhoff) / 89
Prunus africana / 70
Pseudomyrmex triplarinus / 95
Psychoactive drugs / 62
Pueblo 인디언 / 56
PVe = Practical Value Index / 290

Q

qualitative method / 130
quantitative method / 130
Quechua / 105
Quercus sp. / 87
questionnaire / 131

R

random sample / 134
ranking / 175
Raphanus sativus L. / 86
rapid ethnographic method / 222, 276
RCI = Relative Cultural Importance Index / 279
Regression Analysis / 282
Richness Estimator / 281
RIR_{taxon} = Rapid Informant Rank / 292
RPK / 10
RU = Reported use Value / 288
RU = Reported Use Value(per plant part) / 289
RUBIA 프로젝트 / 116
Rural people' s knowledge / 10
RUV_i = Relative Use Value / 288

S

Saccharum officinarum L. / 151
sacred groves / 48
sag / 184
saging saba / 151
San족 / 106
San Marcos 의식 / 155
Sarcodon aspratus (Berk.) S. Ito / 90
Sarothamnus scoparius / 30
Scheelea zonensis / 47
SCIR / 106
semi-structured interview / 129, 131, 159
semi-structured questionnaire / 219
Shoshone 인디언 / 77
skelemal tul pimil / 34
sociocultural ethnobiology / 29
Sociological variable / 135
South African Council of Scientific & Industrial Research / 106

Species Richness / 281
stacked-bar graph / 266
structured interaction / 130
structured interview / 131
SU = Specific Reported Use / 289
SV = Salience Value / 290
symbolic analysis / 29
systematic / 130

T

tabaku / 151
tawag kugum buladlad / 150
TBK / 11
TEK / 10
Tenodera sinensis Saussure / 88
teosinte / 93
Texmati / 102
the Coording Body of Indigenous Organizations of the Amazon Bazin / 105
the United Nations Educational, Scientific and Cultural Organization / 66
the World Wide Fund for Nature / 66
theory / 269
timru / 184
TK / 12
Tonga / 167
Trachycarpus excelsa / 29
Traditional botanical knowledge / 11
Traditional ecological knowledge / 10
traditional knowledge / 7, 12
TRAMIL 조사 / 176
transitivity / 197
triangulation / 145, 275
Trichosanthes kirilowii Maxim. / 82
triterpenoid cucurbitacin / 24
tubu minuma / 151
tul pimil / 34
Tupac Amaru / 56
Tzeltal인 / 253
Tzeltal Maya / 34

U

UC = Use Category / 279
Umbilicaria esculenta (Miyoshi) Minks. / 89
UN 총회 / 76
UNESCO / 66
unit of measure / 251
Use Value / 284
UT = Use Totaled / 283
utility patent / 102
UV = Use Value / 279
UV_{is} = Use Value / 287
UVs / 284

V

Vanuatu의 Maewo섬 / 165
Ve = Total Value Index / 291
vegetation zones / 282
verbatim response / 179
vinblastine / 91
vincristine / 91

W

W.R. company / 101
West Africa Commission / 61
Western Samoa의 Upolu섬 / 166
WWF / 66

Y

yach' ixal tul pimil / 34
Yãgaw산 / 36
Yolngu / 32
Yukon강 / 63

Z

Zambia / 17
Zea diploperennis / 93
Zea mays / 56
[Epipogium roseum (D. Don) Lindl.] / 151